Dust Scattering
비산먼지 관리 매뉴얼

환경부

DUST SCATTERING
CARE MANUAL

CONTENTS

비산먼지 관리 매뉴얼

I. 개요

1. 목적 ··· 3
2. 적용범위 ··· 3
3. 비산먼지 발생현황 ··· 5

II. 비산먼지 관리 규정

1. 대기환경보전법 ··· 11
2. 비산먼지 저감대책 추진에 관한 업무처리 규정(환경부 훈령 제1173호) ················ 19
3. 환경오염물질 배출시설 등에 관한 통합지도·점검 규정(환경부 훈령 제1224호) ········ 22
4. 대기환경규제지역의 실천계획 작성지침(환경부 예규 제563호) ····························· 24

III. 사업별 비산먼지 관리

1. 시멘트·석회·플라스터 및 시멘트관련 제품의 제조 및 가공업 ····························· 27
2. 비금속물질의 채취·제조·가공업 ··· 35
3. 제1차 금속제조업 ·· 49
4. 비료 및 사료제품의 제조업 ·· 57
5. 건설업 ··· 63
6. 시멘트·석탄·토사·사료·곡물·고철의 운송업 ··· 71
7. 운송장비 제조업 ·· 73

CONTENTS

8. 저탄시설의 설치가 필요한 사업 ·· 79
9. 고철·곡물·사료·목재 및 광석의 하역업 또는 보관업 ············ 85
10. 금속제품 제조가공업 ·· 88
11. 폐기물매립시설 설치·운영 사업 ·· 92

Ⅳ. 공정별 비산먼지 관리

1. 일반기준 ·· 99
   1-1. 야적 (분체상 물질을 야적하는 경우에만 해당) ············· 99
   1-2. 싣기 및 내리기 (분체상 물질을 싣고 내리는 경우에만 해당) ······ 112
   1-3. 수송 ··· 118
   1-4. 이송 ··· 133
   1-5. 채광·채취 ··· 140
   1-6. 조쇄 및 분쇄 ·· 145
   1-7. 야외 절단 ··· 147
   1-8. 야외 탈청(脫靑) ·· 152
   1-9. 야외 연마 ··· 153
   1-10. 야외 도장 ··· 154
   1-11. 그 밖에 공정 ··· 155
2. 엄격한 기준 ·· 163
   2-1. 야적 ··· 163
   2-2. 싣기 및 내리기 ·· 165
   2-3. 수송 ··· 167

Ⅴ. 비신고대상 건설공사장의 비산먼지 관리

1. 소규모 건설공사 ··· 173
2. 대수선 공사 ··· 177
3. 도장 공사 ··· 180
4. 농지조성 공사 ··· 182

Ⅵ. 비산먼지 관리 체크리스트

1. 개요 ·· 189
2. 사업자용 (자체점검) 체크리스트 ··· 189
3. 관리·감독자용 (지도점검) 체크리스트 ·· 205

Ⅶ. 부록

1. Q&A ·· 209
2. 용어해설 ··· 239
3. 비산먼지 신고대상 여부 확인이 필요한 한국표준산업분류(9차) ····················· 243
4. 참고문헌 ··· 246

I. 개요

1. 목적
2. 적용범위
3. 비산먼지 관련 현황

1 목적

○ 본 매뉴얼은 비산먼지로 인한 국민건강 및 환경 위해를 예방하고, 적정한 대기환경을 지속가능하게 관리·보전하기 위한 것이다.
  - 전체 미세먼지(PM_{10}) 배출량 중 비산먼지가 약 44.3%로 대다수를 차지하고 있다(2013년 CAPSS 기준)
○ 2014년 "(사업별·공정별) 비산먼지 관리 매뉴얼"을 발간하여 비산먼지의 발생을 억제하기 위한 시설을 설치하거나 필요한 조치에 대한 법적, 기술적, 관리적인 사항 및 방법, 우수 및 불량 관리 사례 등을 정리한 바 있으나, 이후 저감기술의 변화와 실제 현장에서의 활용도를 제고시키고자 가독성 및 편의성 측면을 높여 개정판을 발간한다.
○ 또한 이번 매뉴얼에서는 2014년의 이전 매뉴얼에 포함되지 않았던 일부 비산먼지 신고대상 업종 및 신고대상은 아니지만 비산먼지 관리의 필요성이 제기되고 있는 일부 건설업종에 대한 비산먼지 저감방법을 제시하고 있다.
○ 사업주나 환경담당자, 지자체 공무원, 일반 사용자 등이 손쉽게 참고할 수 있도록 비산먼지 관리 매뉴얼을 개정·보급하고자 한다.

2 적용범위

○ 본 매뉴얼은 대기환경보전법 시행령 제44조, 시행규칙 [별표 13] 및 [별표 14]에서 정하는 비산먼지 발생사업 및 배출공정 등에 적용된다.

2-1. 비산먼지 발생사업: [별표 13]의 11개 사업

[별표 13] 비산먼지 발생 사업	
(1) 시멘트·석회·플라스터 및 시멘트 관련 제품의 제조업 및 가공업	(6) 시멘트, 석탄, 토사, 사료, 곡물 및 고철의 운송업
(2) 비금속물질의 채취업, 제조업 및 가공업	(7) 운송장비 제조업
(3) 제1차 금속 제조업	(8) 저탄시설(貯炭施設)의 설치가 필요한 사업
(4) 비료 및 사료제품의 제조업	(9) 고철, 곡물, 사료, 목재 및 광석의 하역업 또는 보관업
(5) 건설업(지반 조성공사, 건축물 축조 및 토목공사, 조경공사로 한정한다)	(10) 금속제품의 제조업 및 가공업
	(11) 폐기물 매립시설 설치·운영 사업(2015.07.20 개정)

2-2. 비산먼지 배출공정: [별표 14]의 11개 공정 및 [별표 15]의 3개 공정

[별표 14] 비산먼지 발생 억제시설 설치 및 필요한 조치에 관한 기준		[별표 15] 비산먼지 발생 억제시설 설치 및 필요한 조치에 관한 엄격한 기준
(1) 야적 (2) 싣기 및 내리기 (3) 수송 (4) 이송 (5) 채광 및 채취	(6) 조쇄 및 분쇄 (7) 야외 절단 (8) 야외 탈청 (9) 야외 연마 (10) 야외 도장 (11) 그 밖의 공정	(1) 야적 (2) 싣기 및 내리기 (3) 수송

2-3. 비신고대상 건설공사장: 4개

비신고대상 건설공사장
(1) 소규모 건설공사장   (2) 대수선 공사   (3) 도장 공사   (4) 농지정리 공사

○ **적용용도 및 법적 구속력**
 - 본 매뉴얼은 상기 적용대상에서 비산먼지의 발생을 억제하기 위한 시설을 설치하거나 필요한 조치 기준에 대한 관련 업무상 참고용으로 한정 적용하며, 법규적 성격의 구속력을 갖지 않는다.

○ **활용도**
 - 본 매뉴얼은 비산먼지 발생 사업장 인허가 및 지도점검 업무에 참고자료로 활용
 - 비산먼지 발생 사업장에 배포하여 사업장의 자발적 비산먼지 저감활동을 위한 지침으로 활용

○ **비산먼지 관리 체계**
 - 환경부 : 비산먼지 규제정책 법제화 등 업무 총괄
 - 지자체 및 (유역·지방) 환경청 : 비산먼지 발생사업장 관리·감독
 - 비산먼지 발생 사업장(사업자) : 비산먼지 발생사업 신고 및 저감시설 설치 등 조치 이행

3   비산먼지 발생현황

○ 비산먼지 정의 및 분류

【비산먼지(날림먼지)의 정의】

- '먼지'란 대기 중에 떠다니거나 흩날려 내려오는 입자상물질(粒子狀物質)을 말하며, **일정한 배출구 없이 대기 중에 직접 배출되는 경우 '비산먼지'라고 총칭함**
  - 비산분진, 날림먼지라고도 하며, 주로 건설업, 시멘트·석탄·토사·골재 공장 등에서 발생함

[대기환경보전법 제2조제6호 및 제43조제1항 본문]

[비산먼지의 분류]

- 비산먼지는 일반적인 먼지와 마찬가지로 입자 크기(직경)에 따라 다음과 같이 구분됨
  TSP(Total Suspended Particles) : 지름이 50㎛ 이하인 대기 중에 부유하는 총먼지
  PM-10(Particulate Matter-10) : 지름이 10㎛ 이하인 미세먼지
  - 건축 및 건물해체, 석탄 및 석유연소, 산업공정, 비포장도로 등에서 발생
  PM-2.5(Particulate Matter-2.5) : 지름이 2.5㎛ 이하인 초미세먼지로 주로 대기 중 화학반응을 통해 발생
  - 석탄, 석유, 휘발유, 디젤, 나무의 연소, 제련소, 제철소 등에서 발생

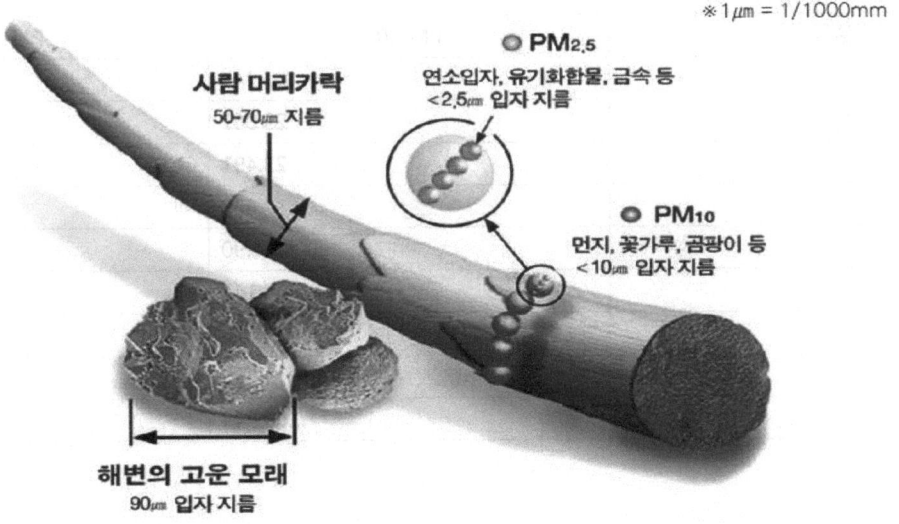

* 출처 : 미국 환경보호청(EPA)

○ **비산먼지 발생량 현황**
- 전국 미세먼지(PM-10) 발생량 중 비산먼지가 44.3%를 차지하고 있으며, 그 중 도로재비산먼지가 45%, 건설공사 22%, 나대지 12%를 차지한다.

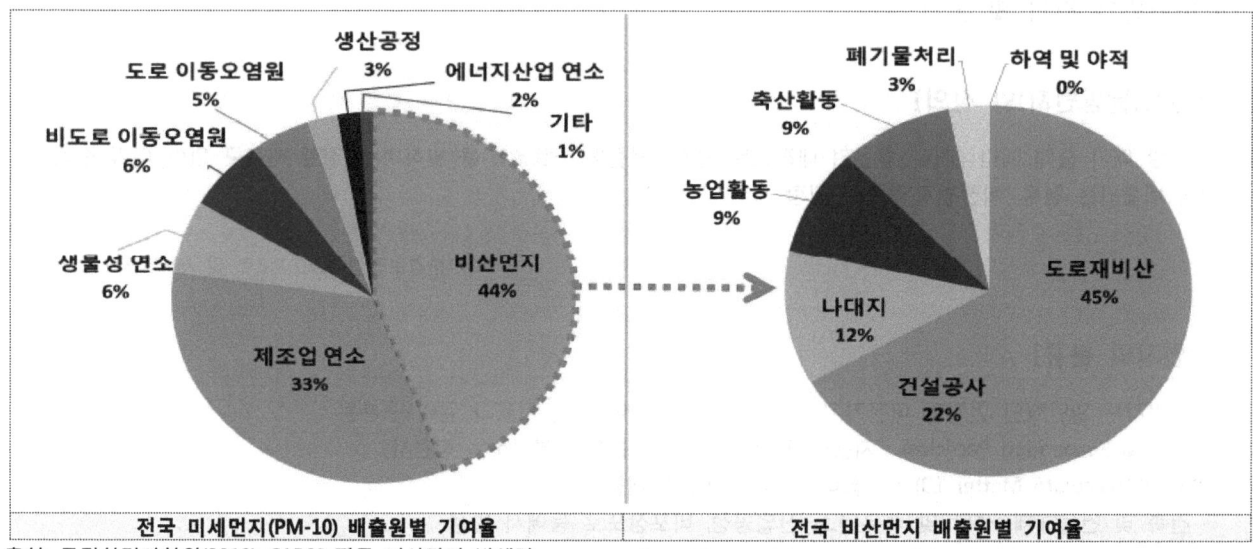

| | 전국 미세먼지(PM-10) 배출원별 기여율 | 전국 비산먼지 배출원별 기여율 |

출처: 국립환경과학원(2013) CAPSS 전국 비산먼지 발생량

- 비산먼지 내 주요 오염원인 건설공사는 PM-10 22%, PM-2.5 14%를 차지하며, 나대지는 PM-10 12%, PM-2.5 11%를 차지한다.

(단위: 톤)

분류	PM-10	PM-2.5
도로재비산먼지	26,243	6,349
비포장도로 비산먼지	23,067	2,307
건설공사	**23,491**	**2,349**
나대지	**12,688**	**1,903**
하역 및 야적	8.90	0.89
농업활동	10,142	2,028
축산활동	9,778	1,837
폐기물처리	3,525	352
총합계	**108,943**	**17,126**

○ 비산먼지 발생 신고사업장(2013~2015년)
- 비산먼지 발생 신고사업장은 2015년 기준 건설업이 84%를 차지하며, 건축물 축조공사(58.9%), 토목공사(36.2%)가 대부분을 차지한다.

(단위: 개소)

사업구분	계	시멘트, 석회 관련 제품 제조·가공업	비금속물질 채취·제조·가공업	1차 금속 제조업	비료, 사료제품 제조업	건설업 (공사장)	운송장비 제조업	저탄시설	고철·곡물·사료 등 하역업	금속제품 제조·가공업
2013	37,683	1,735	2,822	307	478	31,176	394	60	127	563
2014	38,221	1,734	2,849	423	489	31,352	357	58	136	823
2015	40,613 (100%)	1,621 (4%)	2,693 (7%)	392 (1%)	422 (1%)	34,175 (84%)	323 (1%)	62 (0%)	122 (0%)	803 (2%)

출처: 환경부 환경통계포털, '비산먼지발생 신고사업장 현황' 자료

○ 비산먼지 민원발생(2013~2015년)
- 비산먼지 발생사업장 관련 민원 발생건수는 증가 추세이며, 이중 건설업이 대부분(2015년 기준 91%)을 차지한다.

(단위: 건)

민원현황	계	시멘트, 석회 관련 제품제조·가공업	비금속물질채취·제조·가공업	1차금속 제조업	비료, 사료 제품 제조업	건설업 (공사장)	시멘트·토사 등 운송업	운송장비 제조업	저탄시설	고철·곡물·사료 등 하역업	금속제품제조·가공업
2013	15,975	450	959	15	18	14,262	134	71	19	27	51
2014	17,635	440	859	13	26	16,053	53	92	13	28	58
2015	22,827 (100%)	587 (3%)	967 (4%)	29 (0%)	35 (0%)	20,797 (91%)	144 (1%)	126 (1%)	14 (1%)	62 (0%)	65 (0%)

출처: 환경부 환경통계포털, '비산먼지 발생사업장 관련 민원 현황' 자료

비산먼지 관리 규정 II

1. 대기환경보전법
2. 비산먼지 저감대책 추진에 관한 업무처리 규정(환경부 훈령 제1173호)
3. 환경오염물질 배출시설 등에 관한 통합지도·점검 규정(환경부 훈령 제1224호)
4. 대기환경규제지역의 실천계획 작성지침(환경부 예규 제563호)

1 대기환경보전법

대기환경보전법에 따라 비산먼지 발생사업(11개 업종 35개 대상사업)에서 발생하는 비산먼지로 인한 피해를 최소화하기 위하여 비산먼지 발생 억제시설 및 필요한 조치를 한 후 사업을 하도록 규제하고 있다.

○ 비산먼지 규제

비산먼지를 발생시키는 사업을 하려는 자는 특별자치시장·특별자치도지사·시장·군수·구청장에게 신고하고 **비산먼지의 발생을 억제하기 위한 시설을 설치하거나 필요한 조치를** 하여야 한다.
(신고사항을 변경하려는 때에도 같음)
[대기환경보전법 제43조제1항]

○ 비산먼지 발생사업

1. 시멘트·석회·플라스터 및 시멘트 관련 제품의 제조업 및 가공업
2. 비금속물질의 채취업, 제조업 및 가공업
3. 제1차 금속 제조업
4. 비료 및 사료제품의 제조업
5. 건설업(지반 조성공사, 건축물 축조 및 토목공사, 조경공사로 한정한다)
6. 시멘트, 석탄, 토사, 사료, 곡물 및 고철의 운송업
7. 운송장비 제조업
8. 저탄시설(貯炭施設)의 설치가 필요한 사업
9. 고철, 곡물, 사료, 목재 및 광석의 하역업 또는 보관업
10. 금속제품의 제조업 및 가공업
11. 폐기물 매립시설 설치·운영 사업(2015.07.20. 개정)

[대기환경보전법 제43조제1항 전단, 동법 시행령 제4조, 동법 시행규칙 제57조 및 별표 13]

○ 비산먼지 발생사업 신고

비산먼지 발생사업(시멘트·석탄·토사·사료·곡물·고철의 운송업은 제외)을 하려는 자[건설업(지반 조성공사, 건축물 축조 및 토목공사, 조경공사에 한정)을 도급에 따라 시행하는 경우에는 발주자로부터 최초로 공사를 도급받은 자를 말함]는 **비산먼지 발생사업 등 신고서를 사업 시행 전**(건설 공사의 경우는 착공 전)에 특별자치시장·특별자치도지사·시장·군수·구청장(자치구의 구청장을 말함. 이하 '시장·군수·구청장'이라 함)에게 제출하여야 한다.

[대기환경보전법 제43조제1항, 동법 시행규칙 제58조제1항 본문 및 별지 제24호 서식]

※ 신고대상 사업이 「건축법」 제16조에 따른 **착공신고 대상 사업인 경우에는 그 공사의 착공 전**에 비산먼지 발생사업 신고서와 「폐기물관리법 시행규칙」 제18조제2항에 따른 사업장폐기물배출자 신고서를 함께 제출할 수 있다(「대기환경보전법 시행규칙」 제58조제1항 단서).

※ **공사지역이 둘 이상의** 특별자치시·특별자치도·시·군·구(자치구를 말함. 이하 '시·군·구'라 함)에 걸쳐 있는 건설공사이면 **그 공사지역의 면적 또는 길이가 가장 많이 포함되는 지역**을 관할하는 시장·군수·구청장에게 신고해야 한다(「대기환경보전법 시행규칙」 제58조제3항 전단).

○ 비산먼지 발생사업 변경신고

> 비산먼지 발생사업(시멘트·석탄·토사·사료·곡물·고철의 운송업 제외) 신고를 한 자[건설업(지반 조성공사, 건축물 축조 및 토목공사, 조경공사로 한정)을 도급에 따라 시행하는 경우에는 발주자로부터 최초로 공사를 도급받은 자를 말함]가 **신고한 사항을 변경하려는 경우**에는 비산먼지 발생사업 등 **변경신고서를 변경 전***에 시장·군수·구청장에게 제출하여야 한다.
> [대기환경보전법 제43조제1항, 동법 시행규칙 제58조제1항 본문 및 별지 제24호 서식]

* 사업장의 명칭 또는 대표자를 변경하는 경우에는 이를 변경한 날부터 **30일 이내**,
  건설공사의 경우 공사기간 연장인 경우에는 이를 변경한 날부터 **7일 이내** 변경신고서 제출

① 변경신고 사항 [대기환경보전법 제43조제1항 단서, 대기환경보전법 시행규칙 제58조제2항]
  √ 사업장의 명칭 또는 대표자를 변경하는 경우
  √ 비산먼지 배출공정을 변경하는 경우
  √ 사업의 규모를 늘리거나 그 종류를 추가하는 경우
  √ 비산먼지 발생억제시설 또는 조치사항을 변경하는 경우
  √ 공사기간을 연장하는 경우(건설공사의 경우에 한정)

② 신고증명서 발급 [대기환경보전법 시행규칙 제58조제8항 및 별지 제26호 서식]
  √ 신고인은 비산먼지 발생사업 등 신고증명서를 시장·군수·구청장으로부터 발급받는다.

○ 비산먼지 발생 억제시설 설치 및 조치

> 비산먼지 발생사업자는 해당 사업에 따라 비산먼지의 발생을 억제하기 위한 시설을 설치하고 이에 따른 필요한 조치를 해야 한다.
> [대기환경보전법 시행규칙 제43조제1항 및 제58조제4항 및 별표 14]

> **비산먼지 시설기준 변경신청**을 하려는 사업자는 비산먼지 시설기준 변경신청서와 비산먼지 시설기준에 맞는 다른 시설의 설치 및 조치의 내용에 관한 서류를 첨부하여 시장·군수·구청장에게 제출해야 한다.
> [대기환경보전법 시행규칙 제58조제7항 및 별지 제25호 서식]

○ 비산먼지 발생을 억제하기 위한 시설의 설치 및 필요한 조치에 관한 엄격한 기준

> 비산먼지 시설기준을 준수해도 주민의 건강·재산이나 **동식물의 생육(生育)에 상당한 위해(危害)를 가져올 우려가 있다고 인정되는** 다음의 어느 하나에 해당하는 비산먼지 발생사업자는 비산먼지 발생을 억제하기 위한 시설의 설치 및 필요한 조치에 관한 **엄격한 기준이 전부 또는 일부 적용될 수 있다.**

- 시멘트 제조업자
- 콘크리트제품 제조업자
- 석탄제품 제조업자
- 건축물 축조공사자
- 토목공사자

[대기환경보전법 시행규칙 제58조제5항 및 별표 15]

○ 벌칙 및 과태료

위반사항	근거법령	벌 칙
(1) 비산먼지 발생시설 등에 대한 사용제한 등의 명령을 위반한 자	법 제91조 제3호	1년 이하의 징역이나 1천만원 이하의 벌금
(2) 비산먼지 발생사업 신고를 하지 아니한 자	법 제92조 제4의2호	300만원 이하의 벌금
(3) 비산먼지 발생억제 시설의 설치 및 필요한 조치를 하지 아니한 자(운송업자 제외)	법 제92조 제5호	300만원 이하의 벌금
(4) 비산먼지 발생억제 시설의 설치나 조치의 이행 등의 명령을 이행하지 아니한 자	법 제92조 제6호	300만원 이하의 벌금
(5) 비산먼지의 발생억제 시설의 설치 및 필요한 조치를 하지 아니하고 분체상 물질을 운송한 자	법 제94조 제4항제6호	200만원 이하의 과태료
(6) 비산먼지 발생사업 변경신고를 하지 아니한 자	법 제94조 제5항제3호	100만원 이하의 과태료

○ 행정처분 (대기환경보전법 제84조, 시행규칙 제134조 [별표 36])

위반사항	근거법령	행정처분 기준	
		1차	2차
(1) 법 제43조에 따른 비산먼지 발생사업과 관련된 다음의 경우 (가) 비산먼지 발생사업의 신고 또는 변경신고를 하지 아니한 경우 (나) 법 제43조제1항에 따른 필요한 조치를 이행하지 아니한 경우	법 제43조 제1항 및 제2항	경고 조치이행 명령	사용중지 사용중지
(2) 법 제43조제1항에 따른 시설이나 조치가 기준에 맞지 아니한 경우	법 제43조 제2항 및 제3항	개선명령	사용중지
(3) 법 제43조제2항에 따른 조치의 이행 또는 개선명령을 이행하지 아니한 경우	법 제43조 제3항	사용중지	

비고 : 1. 위반사항이 두 가지 이상인 경우에는 각 위반사항에 따라 각각 처분
      2. 위반행위의 횟수에 따른 행정처분기준은 그 위반행위를 한 날 이전 최근 1년간 같은 위반행위로 행정처분을 받은 경우에 적용

○ 양벌규정

법인의 대표자나 법인 또는 개인의 대리인, 사용인, 그 밖의 종업원이 그 법인 또는 개인의 업무에 관하여 제89조, 제90조, 제90조의2, 제91조부터 제93조까지의 어느 하나에 해당하는 위반행위를 하면 그 행위자를 벌하는 외에 그 법인 또는 개인에게도 해당 조문의 벌금형을 과(科)한다. 다만, 법인 또는 개인이 그 위반행위를 방지하기 위하여 해당 업무에 관하여 상당한 주의와 감독을 게을리하지 아니한 경우에는 그러하지 아니하다.

[대기환경보전법 제95조]

[별표 13] 비산먼지 발생 사업(제57조 관련)

<개정 2015.7.21.>

발생사업	신 고 대 상 사 업
1. 시멘트.석회.플라스터 (Plaster) 및 시멘트관련 제품의 제조 및 가공업	가. 시멘트제조업.가공 및 저장업 나. 석회제조업 다. 콘크리트제품제조업 라. 플라스터제조업
2. 비금속물질의 채취 . 제조.가공업	가. 토사석광(石鑛)업(야적면적이 100m² 이상인 골재보관.판매업을 포함한다) 나. 석탄제품제조업 및 아스콘제조업 다. 내화요업제품제조업 라. 유리 및 유리제품제조업 마. 일반도자기제조업 바. 구조용 비내화 요업제품제조업 사. 비금속광물 분쇄물 생산업 아. 건설폐기물처리업
3. 제1차 금속제조업	가. 금속주조업 나. 제철 및 제강업 다. 비철금속 제1차 제련 및 정련업
4. 비료 및 사료 제품의 제조업	가. 화학비료제조업 나. 배합사료제조업 다. 곡물가공업(임가공업을 포함한다)
5. 건 설 업	가. 건축물축조공사(건축물의 증.개축 및 재축을 포함하며, 연면적 1,000제곱미터 이상인 공사만 해당한다. 다만, 굴정공사는 총연장 200미터 이상 또는 굴착토사량 200세제곱미터 이상인 공사만 해당한다) 나. 토목공사(구조물의 용적 합계가 1,000세제곱미터 이상이거나 공사면적이 1,000제곱미터 이상 또는 총연장이 200미터 이상인 공사만 해당한다) 다. 조경공사(면적의 합계가 5,000제곱미터 이상인 공사만 해당한다) 라. 지반조성공사 중 건축물해체공사(연면적이 3,000제곱미터 이상인 공사만 해당한다), 토공사 및 정지공사(공사면적의 합계가 1,000제곱미터 이상인 공사만 해당하되, 농지정리를 위한 공사는 제외한다) 마. 그 밖에 공사(가목부터 라목까지의 공사에 준하는 공사로서 해당 가목부터 라목까지의 공사 규모 이상인 공사만 해당한다)
6. 시멘트.석탄.토사.사료. 곡물.고철의 운송업	시멘트.석탄.토사.사료.곡물.고철의 운송업
7. 운송장비제조업	가. 강선건조업과 합성수지선건조업 나. 선박구성부분품제조업(선실블록제조업만 해당한다) 다. 그 밖에 선박건조업
8. 저탄시설의 설치가 필요한 사업	가. 발전업 나. 부두, 역구내 및 기타 지역의 저탄사업 다. 석탄을 연료로 사용하는 사업(저탄면적 100m² 이상만 해당한다)
9. 고철.곡물.사료 . 목재 및 광석의 하역업 또는 보관업	수상화물취급업
10. 금속제품 제조가공업	가. 금속처리업 나. 구조금속제품 제조업
11. 폐기물 매립시설 설치 · 운영 사업	가.「폐기물처리시설 설치촉진 및 주변지역지원 등에 관한 법률」에 따른 폐기물매립시설을 설치·운영하는 사업 나.「폐기물관리법」에 따른 폐기물최종처분업 및 폐기물종합처분업

비고
1. 제5호의 건설업 토목공사 중 신고대상사업 규모 미만인 가스관.전선로.수도관.하수관거 및 통신선로 등의 매설공사는 해당 지방자치단체의 조례로 신고대상사업의 범위에 포함할 수 있다.
2. 제5호의 건설업으로서 공사를 분할하여 발주하는 경우에는 총 공사 규모를 기준으로 한다.

[별표 14] 비산먼지 발생 억제시설 설치 및 필요한 조치에 관한 기준(제58조제4항 관련)
<개정 2015.12.10.>

배출공정	시설의 설치 및 조치에 관한 기준
1. 야적 (분체상 물질을 야적하는 경우에만 해당한다)	가. 야적물질을 1일 이상 보관하는 경우 방진덮개로 덮을 것 나. 야적물질의 최고저장높이의 1/3 이상의 방진벽을 설치하고, 최고저장높이의 1.25배 이상의 방진망(막)을 설치할 것. 다만, 건축물축조 및 토목공사장·조경공사장·건축물해체공사장의 공사장 경계에는 높이 1.8m(공사장 부지 경계선으로부터 50m 이내에 주거·상가 건물이 있는 곳의 경우에는 3m) 이상의 방진벽을 설치하되, 둘 이상의 공사장이 붙어 있는 경우의 공동경계면에는 방진벽을 설치하지 아니할 수 있다. 다. 야적물질로 인한 비산먼지 발생억제를 위하여 물을 뿌리는 시설을 설치할 것(고철 야적장과 수용성물질 등의 경우는 제외한다) 라. 혹한기(매년 12월 1일부터 다음 연도 2월 말일까지를 말한다)에는 표면경화제 등을 살포할 것(제철 및 제강업만 해당한다) 마. 야적 설비를 이용하여 작업 시 낙하거리를 최소화하고, 야적 설비 주위에 물을 뿌려 비산먼지가 흩날리지 않도록 할 것(제철 및 제강업만 해당한다) 바. 공장 내에서 시멘트 제조를 위한 원료 및 연료는 최대한 3면이 막히고 지붕이 있는 구조물 내에 보관하며, 보관시설의 출입구는 방진망(막) 등을 설치할 것(시멘트 제조업만 해당한다). 사. 가목부터 바목까지와 같거나 그 이상의 효과를 가지는 시설을 설치하거나 조치하는 경우에는 가목부터 바목까지 중 그에 해당하는 시설의 설치 또는 조치를 제외한다.
2. 싣기 및 내리기 (분체상 물질을 싣고 내리는 경우만 해당한다)	가. 작업 시 발생하는 비산먼지를 제거할 수 있는 이동식 집진시설 또는 분무식 집진시설(Dust Boost)을 설치할 것(석탄제품제조업, 제철·제강업 또는 곡물하역업에만 해당한다) 나. 싣거나 내리는 장소 주위에 고정식 또는 이동식 물을 뿌리는 시설(살수반경 5m 이상, 수압 3kg/㎠ 이상)을 설치·운영하여 작업하는 중 다시 흩날리지 아니하도록 할 것(곡물작업장의 경우는 제외한다) 다. 풍속이 평균초속 8m 이상일 경우에는 작업을 중지할 것 라. 공장 내에서 싣고 내리기는 최대한 밀폐된 시설에서만 실시하여 비산먼지가 생기지 아니하도록 할 것(시멘트 제조업만 해당한다) 마. 조쇄를 위한 내리기 작업은 최대한 3면이 막히고 지붕이 있는 구조물 내에서 실시 할 것. 다만, 수직갱에서의 조쇄를 위한 내리기 작업은 충분한 살수를 실시할 수 있는 시설을 설치할 것(시멘트 제조업만 해당한다) 바. 가목부터 마목까지와 같거나 그 이상의 효과를 가지는 시설을 설치하거나 조치하는 경우에는 가목부터 마목까지 중 그에 해당하는 시설의 설치 또는 조치를 제외한다.
3. 수송 (시멘트·석탄·토사·사료·곡물·고철의 운송업의 경우에는 가.나.바.사.자의 경우에만 해당하고, 목재수송은 사.아.자의 경우에만 해당한다)	가. 적재함을 최대한 밀폐할 수 있는 덮개를 설치하여 적재물이 외부에서 보이지 아니하고 흘림이 없도록 할 것 나. 적재함 상단으로부터 5cm 이하까지 적재물을 수평으로 적재할 것 다. 도로가 비포장 사설도로인 경우 비포장 사설도로로부터 반지름 500m 이내에 10가구 이상의 주거시설이 있을 때에는 해당 마을로부터 반지름 1km 이내의 경우에는 포장, 간이포장 또는 살수 등을 할 것

	라. 다음의 어느 하나에 해당하는 시설을 설치할 것
	  1) 자동식 세륜(洗輪)시설
	    금속지지대에 설치된 롤러에 차바퀴를 닿게 한 후 전력 또는 차량의 동력을 이용하여 차바퀴를 회전시키는 방법으로 차바퀴에 묻은 흙 등을 제거할 수 있는 시설
	  2) 수조를 이용한 세륜시설
	    - 수조의 넓이 : 수송차량의 1.2배 이상
	    - 수조의 깊이 : 20센티미터 이상
	    - 수조의 길이 : 수송차량 전체길이의 2배 이상
	    - 수조수 순환을 위한 침전조 및 배관을 설치하거나 물을 연속적으로 흘려보낼 수 있는 시설을 설치할 것

배출공정	시설의 설치 및 조치에 관한 기준
	마. 다음 규격의 측면 살수시설을 설치할 것 　- 살수높이 : 수송차량의 바퀴부터 적재함 하단부까지 　- 살수길이 : 수송차량 전체길이의 1.5배 이상 　- 살 수 압 : 3kg / ㎠ 이상 바. 수송차량은 세륜 및 측면 살수 후 운행하도록 할 것 사. 먼지가 흩날리지 아니하도록 공사장안의 통행차량은 시속 20km 이하로 운행할 것 아. 통행차량의 운행기간 중 공사장 안의 통행도로에는 1일 1회 이상 살수할 것 자. 광산 진입로는 임시로 포장하여 먼지가 흩날리지 아니하도록 할 것(시멘트 제조업만 해당한다) 차. 가목부터 자목까지와 같거나 그 이상의 효과를 가지는 시설을 설치하거나 조치하는 경우에는 가목부터 자목까지 중 그에 해당하는 시설의 설치 또는 조치를 제외한다.
4. 이송	가. 야외 이송시설은 밀폐화하여 이송 중 먼지의 흩날림이 없도록 할 것 나. 이송시설은 낙하, 출입구 및 국소배기부위에 적합한 집진시설을 설치하고, 포집된 먼지는 흩날리지 아니하도록 제거하는 등 적절하게 관리할 것 다. 기계적(벨트컨베이어, 바켓엘리베이터 등)인 방법이 아닌 시설을 사용할 경우에는 물뿌림 또는 그 밖의 제진(除塵)방법을 사용할 것 라. 기계적(벨트컨베이어, 바켓엘리베이터 등)인 방법의 시설을 사용하는 경우에는 표면 먼지를 제거할 수 있는 시설을 설치할 것(시멘트 제조업과 제철 및 제강업만 해당한다). 제철 및 제강업의 경우 표면 먼지를 제거할 수 있는 시설은 스크래퍼 또는 살수시설 등으로 한다. 마. 이송시설의 하부는 주기적으로 청소하여 이송시설에서 떨어진 먼지가 재비산되지 않도록 할 것(제철 및 제강업만 해당한다) 바. 가목부터 마목까지와 같거나 그 이상의 효과를 가지는 시설을 설치하거나 조치하는 경우에는 가목부터 마목까지 중 그에 해당하는 시설의 설치 또는 조치를 제외한다.
5. 채광·채취 (갱내작업의 경우는 제외한다)	가. 살수시설 등을 설치하도록 하여 주위에 먼지가 흩날리지 아니하도록 할 것 나. 발파 시 발파공에 젖은 가마니 등을 덮거나 적절한 방지시설을 설치한 후 발파할 것 다. 발파 전후 발파 지역에 대하여 충분한 살수를 실시하고, 천공시에는 먼지를 포집할 수 있는 시설을 설치할 것 라. 풍속이 평균 초속 8미터 이상인 경우에는 발파작업을 중지할 것 마. 작은 면적이라도 채광·채취가 이루어진 구역은 최대한 먼지가 흩날리지 아니하도록 조치할 것 바. 분체형태의 물질 등 흩날릴 가능성이 있는 물질은 밀폐용기에 보관하거나 방진덮개로 덮을 것 사. 가목부터 바목까지와 같거나 그 이상의 효과를 가지는 시설을 설치하거나 조치하였을 경우에는 가목부터 바목까지 중 그에 해당하는 시설의 설치 또는 조치는 제외한다.
6. 조쇄 및 분쇄 (시멘트 제조업만 해당하며, 갱내 작업은 제외한다)	가. 조쇄작업은 최대한 3면이 막히고 지붕이 있는 구조물에서 실시하여 먼지가 흩날리지 아니하도록 할 것 나. 분쇄작업은 최대한 4면이 막히고 지붕이 있는 구조물에서 실시하여 먼지가 흩날리지 아니하도록 할 것 다. 살수시설 등을 설치하여 먼지가 흩날리지 아니하도록 할 것 라. 가목부터 다목까지와 같거나 그 이상의 효과를 가지는 시설을 설치하거나 조치를 하였을 경우에는 가목부터 다목까지 중 그에 해당하는 시설의 설치 또는 조치는 제외한다.
7. 야외절단	가. 고철 등의 절단작업은 가급적 옥내에서 실시할 것 나. 야외절단 시 비산먼지 저감을 위해 간이 칸막이 등을 설치할 것 다. 야외 절단 시 이동식 집진시설을 설치하여 작업할 것. 다만, 이동식집진시설의 설치가 불가능한 경우에는 진공식 청소차량 등으로 작업현장에 대한 청소작업을 지속적으로 실시할 것 라. 풍속이 평균초속 8m 이상(강선건조업과 합성수지선건조업인 경우에는 10m 이상)인 경우에는 작업을 중지할 것 마. 가목부터 라목까지와 같거나 그 이상의 효과를 가지는 시설을 설치하거나 조치하는 경우에는 가목부터 라목까지 중 그에 해당하는 시설의 설치 또는 조치를 제외한다.
8. 야외 탈청(脫靑)	가. 탈청구조물의 길이가 15m 미만인 경우에는 옥내작업을 할 것 나. 야외 작업시에는 간이칸막이 등을 설치하여 먼지가 흩날리지 아니하도록 할 것 다. 야외 작업 시 이동식 집진시설을 설치할 것. 다만, 이동식 집진시설의 설치가 불가능할 경우 진공식 청소차량 등으로 작업현장에 대한 청소작업을 지속적으로 할 것

배출공정	시설의 설치 및 조치에 관한 기준
	라. 작업 후 남은 것이 다시 흩날리지 아니하도록 할 것 마. 풍속이 평균초속 8m 이상(강선건조업과 합성수지선건조업인 경우에는 10m 이상)인 경우에는 작업을 중지할 것 바. 가목부터 마목까지와 같거나 그 이상의 효과를 가지는 시설을 설치하거나 조치하는 경우에는 가목부터 마목까지 중 그에 해당하는 시설의 설치 또는 조치를 제외한다.
9. 야외 연마	가. 야외 작업 시 이동식 집진시설을 설치·운영할 것. 다만, 이동식 집진시설의 설치가 불가능할 경우 진공식 청소차량 등으로 작업현장에 대한 청소작업을 지속적으로 할 것 나. 부지 경계선으로부터 40m 이내에서 야외 작업 시 작업 부위의 높이 이상의 이동식 방진망 또는 방진막을 설치할 것 다. 작업 후 남은 것이 다시 흩날리지 아니하도록 할 것 라. 풍속이 평균초속 8m 이상(강선건조업과 합성수지선건조업인 경우에는 10m 이상)인 경우에는 작업을 중지할 것 마. 가목부터 라목까지와 같거나 그 이상의 효과를 가지는 시설을 설치하거나 조치하는 경우에는 가목부터 라목까지 중 그에 해당하는 시설의 설치 또는 조치를 제외한다.
10. 야외 도장 (운송장비제조업 및 조립금속제품제조업의 야외구조물, 선체외판, 수상구조물, 해수담수화설비제조, 교량제조 등의 야외도장시설과 제품의 길이가 100m 이상인 제품의 야외도장공정만 해당한다)	가. 소형구조물(길이 10m 이하에 한한다)의 도장작업은 옥내에서 할 것 나. 부지경계선으로부터 40m 이내에서 도장작업을 할 때에는 최고높이의 1.25배 이상의 방진망(개구율 40% 상당)을 설치할 것 다. 풍속이 평균초속 8m 이상일 경우에는 도장작업을 중지할 것(도장작업위치가 높이 5m 이상이며, 풍속이 평균초속 5m 이상일 경우에도 작업을 중지할 것) 라. 연간 2만톤 이상의 선박건조조선소는 도료사용량의 최소화, 유기용제의 사용억제 등 비산먼지 저감방안을 수립한 후 작업을 할 것 마. 가목부터 라목까지와 같거나 그 이상의 효과를 가지는 시설을 설치하거나 조치하는 경우에는 가목부터 라목까지 중 그에 해당하는 시설의 설치 또는 조치를 제외한다.
11. 그 밖에 공정 (건축물축조공사장, 토목공사장 및 건물해체공사장의 경우만 해당한다)	가. 건축물축조공사장에서는 먼지가 공사장밖으로 흩날리지 아니하도록 다음과 같은 시설을 설치하거나 조치를 할 것 1) 비산먼지가 발생되는 작업(바닥청소, 벽체연마작업, 절단작업, 분사방식에 의한 도장작업 등의 작업을 말한다)을 할 때에는 해당 작업 부위 혹은 해당 층에 대하여 방진막 등을 설치할 것. 다만, 건물 내부공사의 경우 커튼 월(curtain wall) 및 창호공사가 끝난 경우에는 그러하지 아니하다. 2) 철골구조물의 내화피복작업시에는 먼지발생량이 적은 공법을 사용하고 비산먼지가 외부로 확산되지 아니하도록 방진막 등을 설치할 것 3) 콘크리트구조물의 내부 마감공사 시 거푸집 해체에 따른 조인트 부위 등 돌출면의 면고르기 연마작업시에는 방진막 등을 설치하여 비산먼지 발생을 최소화할 것 4) 공사 중 건물 내부 바닥은 항상 청결하게 유지관리하여 비산먼지 발생을 최소화할 것 나. 건축물축조공사장 및 토목공사장에서 철구조물의 분사방식에 의한 야외 도장 시 방진막 등을 설치할 것 다. 건축물해체공사장에서 건물해체작업을 할 경우 먼지가 공사장 밖으로 흩날리지 아니하도록 방진막 또는 방진벽을 설치하고, 물뿌림 시설을 설치하여 작업 시 물을 뿌리는 등 비산먼지 발생을 최소화할 것 라. 가목부터 다목까지와 같거나 그 이상의 효과를 가지는 시설을 설치하거나 조치하는 경우에는 가목부터 다목까지에 해당하는 시설의 설치 또는 조치를 제외한다.

※ 비고 : 분체(粉體)형태의 물질이란 토사·석탄·시멘트 등과 같은 정도의 먼지를 발생시킬 수 있는 물질을 말한다.

대기환경보전법 시행규칙 제58조(비산먼지 발생사업의 신고 등) (5) 시장·군수·구청장은 다음 각 호의 비산먼지 발생사업자로서 별표 14의 기준을 준수하여도 주민의 건강·재산이나 동식물의 생육에 상당한 위해를 가져올 우려가 있다고 인정하는 사업자에게는 제4항에도 불구하고 별표 15의 기준을 전부 또는 일부 적용할 수 있다.

① 시멘트 제조업자
② 콘크리트제품 제조업자
③ 석탄제품 제조업자
④ 건축물 축조공사자
⑤ 토목공사자

[별표 15] 비산먼지 발생 억제시설 설치 및 필요한 조치에 관한 엄격한 기준(제58조제5항 관련)

<개정 2013.5.24>

배출공정	시설의 설치 및 조치에 관한 기준
1. 야적	가. 야적물질을 최대한 밀폐된 시설에 저장 또는 보관할 것 나. 수송 및 작업차량 출입문을 설치할 것 다. 보관.저장시설은 가능하면 한 3면이 막히고 지붕이 있는 구조가 되도록 할 것
2. 싣기와 내리기	가. 최대한 밀폐된 저장 또는 보관시설 내에서만 분체상물질을 싣거나 내릴 것 나. 싣거나 내리는 장소 주위에 고정식 또는 이동식 물뿌림시설(물뿌림반경 7m 이상, 수압 5kg/㎠ 이상)을 설치할 것
3. 수송	가. 적재물이 흘러내리거나 흩날리지 아니하도록 덮개가 장치된 차량으로 수송할 것 나. 다음 규격의 세륜시설을 설치할 것 금속지지대에 설치된 롤러에 차바퀴를 닿게 한 후 전력 또는 차량의 동력을 이용하여 차바퀴를 회전시키는 방법 또는 이와 같거나 그 이상의 효과를 지닌 자동물뿌림장치를 이용하여 차바퀴에 묻은 흙 등을 제거할 수 있는 시설 다. 공사장 출입구에 환경전담요원을 고정배치하여 출입차량의 세륜.세차를 통제하고 공사장 밖으로 토사가 유출되지 아니하도록 관리할 것 라. 공사장 내 차량통행도로는 다른 공사에 우선하여 포장하도록 할 것

※ 비고: 시·도지사가 별표 15의 기준을 적용하려는 경우에는 이를 사업자에게 알리고 그 기준에 맞는 시설 설치 등에 필요한 충분한 기간을 주어야 한다.

2 비산먼지 저감대책 추진에 관한 업무처리 규정(환경부 훈령 제1173호)

○ 비산먼지 저감대책 추진에 관한 업무처리 규정

이 훈령은 「대기환경보전법」(이하 "법"이라 한다) 제43조, 같은 법 시행령(이하 "영"이라 한다) 제44조, 같은 법 시행규칙(이하 "규칙"이라 한다) 제57조 및 제58조에 따른 비산먼지 관리업무를 효율적으로 추진하기 위하여 필요한 사항을 정함을 목적으로 한다.

· 제2장 특별관리지역·공사장·사업장의 지정 및 관리

제4조(특별관리지역·공사장·사업장의 지정 등) ① 시·도지사는 **제2조제3호부터 제5호까지**에 해당하는 공사장, 지역 또는 사업장을 각각 특별관리공사장, 특별관리지역 또는 특별관리사업장으로 지정할 수 있다. ② 시·도지사는 제1항에 따라 특별관리공사장 및 특별관리지역을 지정한 경우에는 동 사업장의 비산먼지 발생 저감을 위하여 규칙 별표 15에 의한 엄격한 기준을 일부 또는 전부를 적용할 수 있다. ③ 시·도지사는 제2항에 따라 엄격한 기준을 적용하고자 하는 경우에는 다음 각 호의 사항을 사업자에게 미리 알려 엄격한 기준에 적합한 시설 설치 등을 할 수 있는 충분한 기간을 주어야 한다. 1. 특별관리공사장 또는 지역으로 지정하는 기간 2. "비산먼지의 발생을 억제하기 위한 시설의 설치 및 필요한 조치에 관한 엄격한 기준" 적용에 관한 사항 3. 비산먼지발생 억제공법의 사용에 관한 사항 4. 비산먼지 발생사업장에 대한 지도·점검시 확인사항 **제5조(특별관리지역·공사장·사업장 관리)** ① 시·도지사는 건축·건설등 각종공사 허가신청시 반드시 환경관련 부서에서 비산먼지 발생사업 해당여부를 확인할 수 있도록 다음 각 호를 준수하여야 한다. 1. 공사허가내역을 환경부서에 통보하고, 환경부서는 통보받은 허가내역중 비산먼지발생대상사업에 해당하는 사업장에 비산먼지관련 신고절차(신고시기 및 신고주체 등) 안내 2. 도로점용허가시는 도로상에서의 비산먼지발생억제대책 수립여부를 확인후 허가하도록 관련부서에 협조 3. 표준품셈에 의한 각종 비산먼지억제시설 등 환경보전에 필요한 예산확보 여부 ② 시·도지사는 특별관리공사장 및 특별관리지역내의 사업장에 대한 지도·점검은 분기1회 이상 실시하되, 비산먼지가 많이 발생하는 시기에는 월1회 이상 실시할 수 있다. ③ 시·도지사는 특별관리사업장에 대하여 분기 1회 이상 지도·점검을 실시하여야 한다. ④ 시·도지사는 특별관리공사장에 대하여 사업자에게 건축법 시행규칙 제18조에 따라 설치하는 건축허가표지판에 비산먼지발생사업과 관련한 신고사항 및 관리책임자 등을 기재하도록 하여야 한다.	**제2조(정의)** 3. "특별관리공사장"이란 건축물축조공사, 토목공사, 조경공사, 건축물해체공사, 토공사 및 정지공사 중 비산먼지 발생사업 신고대상 최소규모의 10배 이상 공사장을 말한다. 4. "특별관리지역"이란 단지지역내 건축물축조공사의 연면적이 비산먼지 발생사업신고 대상 최소규모의 100배 이상 또는 굴절공사, 토목공사, 조경공사, 건축물해체공사의 연면적이 비산먼지 발생사업 신고대상 최소규모의 10배 이상 되는 공사장이 있는 지역을 말한다. 5. "특별관리사업장"이란 시멘트 제조공정에 석회석의 채광·채취 공정이 포함된 시멘트 제조사업장을 말한다.

제6조(특별관리공사장 먼지저감 조치)
①시·도지사는 제4조의 규정에 의거 지정된 특별관리공사장에 대하여는 규칙 제62조제3항에 따른 엄격한 기준을 적용하는 등 사업자에게 먼지발생 저감을 위하여 적정조치를 강구토록 하여야 한다.
②시·도지사는 당해 사업자에게 특별공사장내 차량통행 도로에 대하여 우선포장토록 하여야 하며, 건축물축조공사장은 건물바닥을 1일 2회 이상 청소하도록 하여야 한다.
③시·도지사는 공사장으로부터 도로에 토사유출 및 출입차량의 세륜·세차이행여부를 확인하기 위하여 공사장출입구에 먼지관리 전담요원을 배치토록 하여야 한다.
④시·도지사는 공사 인·허가시 먼지발생이 최소화 될 수 있는 공법을 사용토록 적극 권장하고 환경관련부서와 인·허가부서와의 유기적인 협조하에 지도·감독을 철저히 하여야 한다.

제7조(특별관리지역내 공사장 및 특별관리사업장의 효율적 관리)
①시·도지사는 특별관리지역내 신규사업장에 대하여 다음 각 호의 사항을 포함한 비산먼지 저감대책을 사업시행 이전에 제출토록 하여 적정여부를 검토하고 필요시 보완조치 할 수 있다.
  1. 사업의 개요
  2. 비산먼지로 인한 주변환경에의 영향 예측
  3. 공정별 비산먼지 세부저감방안
  4. 저감방안 이행시 예상효과
②시·도지사 등은 제1항의 규정에 의거 제출된 사업장별 비산먼지 저감대책 중 공동으로 추진이 가능한 비산먼지 관련 저감시설 등은 상호 협의하여 공동으로 설치하게 할 수 있다.
③시·도지사는 특별관리지역내 공사장 및 특별관리사업장에서 발생되는 비산먼지로 인하여 동 지역외의 인근도로에 영향이 미친다고 판단되는 경우에는 당해 사업자로 하여금 도로청소 등 필요한 조치를 하게 할 수 있다.
④시·도지사는 특별관리지역내의 공사장 먼지저감조치는 제6조에서 정하는 바에 따라 관리하여야 한다.

· 제3장 도로등 기타 먼지관리

제8조(도로먼지 관리) 시·도지사는 도로먼지 관리를 위하여 다음 각 호의 사항을 철저히 준수하여야 한다.
1. 도로굴착공사시에는 비산먼지의 저감을 위하여 신속하게 공사가 준공될 수 있도록 하여야 하고, 공사중에는 도로청소차량 등을 이용하여 토사류가 도로에 방치되지 않도록 청소 실시
2. 비산먼지 발생대상사업 신고규모 미만인 도로굴착공사에 대하여도 공사시행자가 공사장 주위를 수시로 청소하여 먼지가 흩날리지 않도록 필요한 조치를 강구
3. 도로굴착공사로 인한 비산먼지의 발생을 억제할 수 있도록 주민신고센터를 운영하여 주민들이 이용할 수 있도록 반상회보 등을 활용하여 홍보
4. 도로중앙분리대, 화단 등의 경계석은 가급적이면 ━┓┏━는 ┗━━┛로 제작·설치하고, 흙은 경계석 상단으로부터 5cm 이하까지만 복토하여 토사유출이나 먼지의 비산을 방지하기 위한 잔디식재 등 표면 노출 방지 조치 시행
5. 도시가스, 상·하수도 등 도로굴착공사는 관계기관과 협조하여 가급적 동 일 시기에 실시

제9조(분체상물질 운반차량 비산먼지 관리)
①시·도지사는 분체상물질 운반차량에 대하여 규칙 제58조 별표 14에 의한 기준 준수여부를 주기적으로 확인하여야 한다.
②제1항에 의한 확인시에는 다음 각 호의 사항을 중점 점검한다.
 1. 적재물에 방진덮개를 적정하게 설치하여 먼지의 흩날림이 없는지 여부
 2. 적재함 상단으로부터 수평 5cm이하까지만 적재물을 적재하였는지 여부
 3. 세륜 및 측면살수를 적정하게 실시하였는지 여부

제10조(배출사업장, 나대지등의 비산먼지관리)
①시·도지사는 관내 시멘트 제조업체, 레미콘 제조업체등 먼지다량 배출사업장과 배출업소의 공한지 등에 잔디, 수목 식재 등 녹화사업이 적극 추진되도록 권장, 계도하여야 한다.
②또한, 도시지역의 나대지나 채광이 완료된 광산, 휴식중인 광산, 토석채취장 등에 대하여도 꽃밭조성, 잔디 및 수목 식재 등을 적극 장려하여 비산먼지 발생이 저감될 수 있도록 조치하여야 한다.

제11조(분체상물질 저장시설의 비산먼지관리)
①시·도지사는 각종 분체상물질은 가능한 한 지하저장시설의 설치·이용을 권장하고, 이 경우 운반차량 또는 운반시설이 지하에서 하역 및 이송작업이 이루어지도록 하여야 한다.
②지상시설이 부득이 한 경우, 가능한 한 3면이 막히고 지붕이 있는 구조가 되도록 하며, 운반차량 등의 통행이 가능하고 저장물질이 저장시설의 외부로 유출되지 않도록 하는 등 바람에 의한 먼지발생이 극소화 되도록 하여야 한다.

제12조(비산먼지 발생 저감공법)
①시·도지사는 비산먼지가 적게 발생하는 [별표]의 비산먼지 발생저감공법을 비산먼지발생 사업자에게 적극 권장하여야 한다.

제13조(교육 및 홍보)
①시·도지사는 특별관리지역·공사장·사업장에 대하여 매월 하루를 "비산먼지 저감의 날"로 지정·운영토록 권장하고 필요한 경우 간담회 등을 개최하여 관계공무원 및 공사장 관계자에게 먼지저감방법·기술 등의 교육을 실시하여야 한다.
②시·도지사는 지도·점검등 현지조사시 비산먼지 저감공법·저감시설 등에 관한 우수사례를 적극 발굴, 여타 사업장에 전파하여 비산먼지 저감대책에 활용할 수 있도록 하여야 한다.

3. 환경오염물질 배출시설 등에 관한 통합지도·점검 규정(환경부 훈령 제1224호)

○ **환경오염물질 배출시설 등에 관한 통합지도·점검 규정**

이 규정은 환경오염물질배출시설("배출사업장 및 관련시설"을 포함한다)의 통합지도·점검에 관하여 필요한 사항을 정함으로써, 지도·점검의 투명성과 효율성을 제고하고 배출시설 및 방지시설의 정상가동과 적정관리를 유도하여 쾌적한 환경보전을 도모함을 목적으로 한다.

제1장 총칙

제3조(적용범위) 대기환경보전법 시행규칙 **별표 13**에 따른 **비산먼지 발생 사업**

제2장 환경오염물질 배출사업장 지도·점검

제1절 통칙

제5조(지도·점검 대상사업장의 분류) ① 점검기관은 지도·점검 업무를 효율적으로 수행하기 위하여 해당 사업장을 우수관리, 일반관리, 중점관리 3등급으로 분류하여야 한다.

구분	지도점검 대상사업장 분류		
우수관리	최근 2년간의 지도·점검결과 위반이 없었던 사업장 및 시설		
일반관리	우수관리 및 중점관리 등급을 제외한 나머지 사업장 및 시설		
중점관리	[별표 4] 중점관리등급 기준으로 정하는 사업장 및 시설		
	분야	적용기준(최근 2년 이내 지도점검결과)	
	비산먼지	· 특별관리공사장(건축물축조공사, 토목공사, 조경공사 및 건축물해체공사 중 비산먼지 발생사업 신고대상 최소규모의 10배 이상 공사장)	
		· 특별관리지역내 공사장(단지지역내 건축물축조공사장의 연면적이 비산먼지 발생사업 신고대상 최소규모의 100배 이상 또는 토목공사, 조경공사, 건물해체공사의 연면적이 비산먼지 발생사업 신고대상 최소규모의 10배 이상이 되는 공사장이 있는 지역)	

제6조(지도·점검 대상사업장의 관리) ① 점검기관은 관할사업장에 대하여 다음 각 호에 따라 사업장 현황카드를 작성·비치하고, 사업장의 현황관리 상황을 늘 수정·보완하는 등 기록·관리하여야 한다.
  3. 비산먼지 발생사업장 : 별지 제1호 서식(3)

제8조(지도·점검 방법) ① 점검기관의 지도·점검 관련 부서장은 당일 점검대상 사업장 및 검사항목을 지정하여 지도·점검을 하도록 조치할 수 있다.
② 지도·점검업무의 수행은 2명 이상을 1개조로 편성하여 실시하는 것을 원칙으로 하고, 특별한 사유가 있는 경우에는 따로 정하여 실시할 수 있다.
③ 지도·점검 공무원이 지도·점검을 목적으로 사업장에 출입하는 경우에는 점검목적, 점검사항 등을 밝히고, 지도·점검자의 신분을 명시한 증표(공무원증 등)를 제시하여야 한다.
④ 지도·점검 공무원은 별지 제1호서식(3)에 따른 사업장 현황카드와 별표 5(배출시설별 지도·점검착안사항)을 사전에 숙지하여 사업장 관계인의 입회하에 지도·점검을 실시하여야 한다.

제10조(지도·점검 서식) ① 환경오염물질 배출사업장에 대한 지도·점검은 다음의 서식을 활용하되 사업장의 특성 등을 고려하여 서식에 기재된 내용을 실정에 맞게 조정하여 실시할 수 있다.

지도·점검대상	서식
2. 비산먼지 발생 사업장	제2호 서식(3) 비산먼지 발생 사업장 지도·점검표

제2절 자치단체장의 정기 및 수시점검

제19조(지도·점검의 종류 및 기준) ① 자치단체의 장은 정기지도·점검과 수시지도·점검으로 구분하여 실시하되 **정기지도·점검은** 특별한 사유가 없을 때에는 **별표 2**의 기준에 따라 실시한다.

③ 수시지도·점검은 별표 3과 같은 사유가 발생한 경우에 실시하되, 해당 년도 정기지도·점검계획 횟수의 3분의1 이상 추진할 수 있도록 계획을 수립하여야 한다.

구분	[별표 2] 비산먼지 정기점검횟수	[별표 3] 수시 지도·점검기준
우수관리	-	1. 가뭄, 장마철, 추석·설 연휴 등 환경오염 취약시기 2. 환경오염관련 민원 다발지역, 오염우심지역 및 취약지역 3. 오염피해 진정 등의 민원이 있는 경우 4. 제17조에 따른 무허가(신고)배출시설설치운영여부를 확인 할 경우 5. 사업자가 허가(변경허가)·신고(변경신고), 심사·등록·승인 및 배출시설의 가동개시 신고를 할 경우와 개선명령·조업정지 등의 행정처분에 대한 현장 확인이 필요할 경우 등 6. 환경오염사고(폐수 무단방류, 화재, 폭발 등)가 발생하였거나 지도·점검 결과 생산공정 또는 배출시설 및 방지시설의 노후화 등으로 사고발생 우려가 높은 사업장
일반관리	1회/년	
중점관리	3회/년	

제20조(통합 지도·점검의 실시) ① 자치단체의 장이 사업장을 점검할 경우에는 통합 지도·점검을 실시하여야 한다. 다만, 민원발생·환경오염사고·언론보도, 광역감시활동 또는 지도·점검 인력과 장비의 운영상 통합 지도· 점검이 곤란하다고 인정되는 경우에는 그렇지 않을 수 있다.
② 여러 기관이 한 사업장에 같은 날 지도·점검업무를 수행하게 될 경우에는 환경부(소속기관 포함) 또는 상급기관이 관련 사항을 지휘·총괄하여 합동으로 지도·점검을 실시하여야 한다.

제21조(지도·점검결과에 따른 행정처분 등) ① 자치단체의 장은 관할사업장에 대한 지도·점검 결과, 법령위반 사항을 확인한 경우 다음 각 호의 기한까지 별지 제4호서식(행정처분명령서)에 따라 필요한 행정처분을 하여야 한다.

제22조(행정처분의 사후관리 등) ① 자치단체의 장은 제21조제1항에 따라 행정처분한 사업장에 대하여 행정처분 이행 완료 시까지 처분내용에 대한 이행여부를 관리하여야 하며, 이행상태가 부실하거나 처분사항을 이행하지 않은 경우에는 관계규정에 따라 필요한 조치를 하여야 한다.
② 제1항에 따라 이행여부를 확인하여야할 행정처분은 조업정지·영업정지·사용중지·폐쇄명령·허가(등록, 인가 등 포함)취소 등 그 처분에 따라 해당 시설의 설치, 가동 또는 영업행위 등이 중단되는 처분으로 한다.
③ 자치단체의 장은 별표 6의 행정처분 사후관리기준에 따라 사후관리를 실시하여야 한다.

[별표 6] 행정처분 사후관리기준

행정처분 사항		확 인 시 기		확인횟수
처분명	처분기간	최초확인	최종확인	(확인주기)
조업 또는 영업정지	1개월 미만	처분개시일로부터 2일 이내	처분종료일	2회 이상
	1개월~6개월 미만	위와 같음	처분종료일 이전 3일 이내	3회 이상
	6개월 이상	위와 같음	위와 같음	4회 이상
사용중지, 폐쇄명령, 허가취소		위와 같음	행정명령이행 완료시 까지	(처분개시일로부터 1개월 간격)

④ 자치단체의 장이 제3항에 따라 행정처분에 대한 이행여부를 확인하는 경우에는 별지 제6호서식(2)의 행정처분 이행실태 확인결과 보고서를 작성하고, 이를 5년간 보존하여야 한다.
⑤ 자치단체의 장은 사업자가 「대기환경보전법 시행령」제21조제4항에 따라 개선계획서를 제출한 경우, 개선기간 중에 오염도 검사결과가 배출허용기준 이하이거나 제출한 내용보다 과도하게 낮은 경우에는 오염도를 재검사하여 개선계획서 제출제도가 적정하게 운영되도록 사후관리를 하여야 한다.
⑥ 자치단체의 장은 환경청장으로부터 지도·점검결과에 대한 행정처분을 의뢰 받은 경우에는 관련 법령에 따라 행정처분을 하고 그 처분결과를 즉시 환경청장에게 알려야 한다.
1. 자체 지도·점검결과 법령위반 사항을 확인한 날부터 2일 이내
2. 제4조제5항에 따라 지도·점검결과를 통보 받은 날부터 3일 이내
3. 점검기관과 수사기관이 합동단속을 실시하여 법령위반 사항을 확인한 경우에는 5일 이내

비고 1) 비산먼지발생사업장이 대기오염물질 배출시설에 해당되는 경우에는 대기오염물질 배출시설에 대한 지도·점검을 병행하여 실시하여야 한다.
2) 우수관리사업장 및 생활악취시설에 해당하는 경우로서 비산먼지로 인한 민원이 거의 없어 현황카드를 작성하여 관리할 필요성이 적다고 판단되는 경우는 지도·점검을 생략할 수 있다.
3) 비산먼지발생사업장은 사업(공사)개시 후 10일 이내에 현지조사를 하여 신고사항과 일치여부, 시설의 정상가동여부 등을 확인하여야 하고 공사 완공시까지 공정률을 고려하여 1회 이상 수시점검을 실시하여야 하며, 정기점검은 비산먼지가 많이 발생하는 봄철(3~5월)에 실시함을 원칙으로 한다.

4. 대기환경규제지역의 실천계획 작성지침(환경부 예규 제563호)

○ 대기환경규제지역의 실천계획 작성지침

IV. 대기질 개선을 위한 실천계획
 3. 오염원별 오염물질 저감계획
  □ 면오염원 관련
  ○ 비산먼지 관리방안
  - 대기환경보전법 시행령 제44조 및 시행규칙 제58조의 규정에 의한 비산먼지발생사업장에 대하여는 건축·건설 등 각종 공사 허가 신청 시 환경담당과 철저한 협조체제를 구축하여 지속적인 지도·점검이 이루어질 수 있도록 하되, 야간 등 취약시간대에 중점적으로 단속할 수 있도록 하는 체계적인 관리방안을 마련하여 제시
  - 주기적으로 **도로의 비산먼지를 제거하는 작업을 수행**하기 위하여 살수차, 흡입식 진공청소차량 등을 확충방안을 수립·시행하고, 그에 따른 비산먼지 삭감량 제시
  - **나대지**에 대하여는 잔디나 수목 등으로 조경을 하거나 녹지화 계획을 수립하여 시행하는 한편, 비포장도로에 대한 차량 통행속도 제한이나 조기 도로포장 등의 방안 제시
  - 건설공사 관련 유관기관 및 단체(조달청, 국토교통부, 한국수자원공사, 한국토지주택공사, 대한건설협회, 지자체의 상수도사업본부 등) 등과 협의하여 분야별·공정별 먼지저감공법을 개발하여 적용할 수 있도록 흙먼지 저감공법이나 지침을 마련하여 교육을 실시하는 등의 환경교육과 홍보 및 계몽을 강화하는 방안을 제시
  - 건설공사장이나 농경지 등에서의 불법소각 금지에 대한 행정지도와 단속을 강화 방안을 마련 등 해당 지역에 적합한 비산먼지 관리대책 제시

Ⅲ 사업별 비산먼지 관리

1. 시멘트·석회·플라스터 및 시멘트관련 제품의 제조 및 가공업
2. 비금속물질의 채취업, 제조업 및 가공업
3. 제1차 금속제조업
4. 비료 및 사료제품의 제조업
5. 건설업
6. 시멘트·석탄·토사·사료·곡물 및 고철의 운송업
7. 운송장비 제조업
8. 저탄시설의 설치가 필요한 사업
9. 고철·곡물·사료·목재 및 광석의 하역업 또는 보관업
10. 금속제품제조가공업
11. 폐기물 매립시설 설치·운영 사업

1. 시멘트·석회·플라스터 및 시멘트관련 제품의 제조 및 가공업

1 비산먼지 발생 신고 대상사업

가. 시멘트제조업·가공 및 저장업
나. 석회제조업
다. 콘크리트제품제조업
라. 플라스터제조업

(대기환경보전법 시행규칙 [별표 13] 비산먼지 발생 사업(제57조 관련))

가. 시멘트제조업·가공 및 저장업

○ **시멘트 제조업**이란?

석회석을 소성하여 각종 **시멘트**를 생산하는 산업활동을 말한다. 실리카, 알루미나 또는 철 등을 함유한 물질을 첨가할 수도 있다.

<예 시>
· 푸조라나 시멘트 제조   · 로만 시멘트   · 점토 시멘트 제조
· 백색 시멘트 제조   · 섬유질 시멘트 제조 · 알루미나 시멘트 제조
· 시멘트 **클링커** 제조   · 포틀랜드 시멘트 제조

다음 한국표준산업분류체계상의 업종을 포함, 제외한다.

한국표준산업분류 업종	
해당 업종	제외 업종
· 시멘트 제조업(23311) · 섬유시멘트 제품 제조업(23324) 등	· 치과용 시멘트 제조(213) · 킨스 시멘트 또는 잉글리쉬 시멘트 제조(23312) · 제철용광로 슬래그 생산활동(2411) 등

[통계청 한국표준산업분류(KSIC-9) 코드]

○ **공정도**

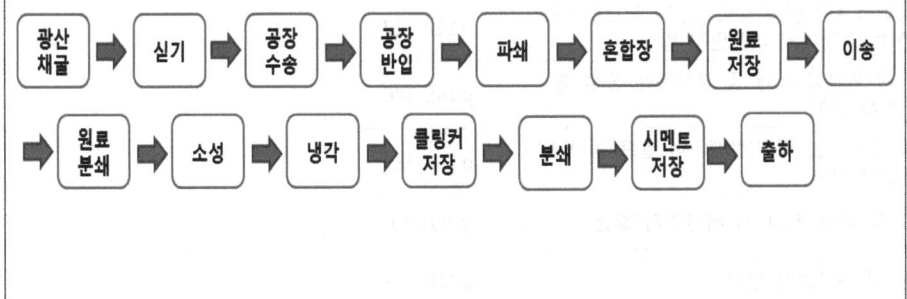

· **시멘트**: 건축·토목 공사에 사용되는 수경성(水硬性)의 고운 분말

· **클링커**: 점토와 석회석 따위를 섞어서 불에 구워 굳힌 덩어리로 가루로 잘게 부수어 시멘트를 만듦

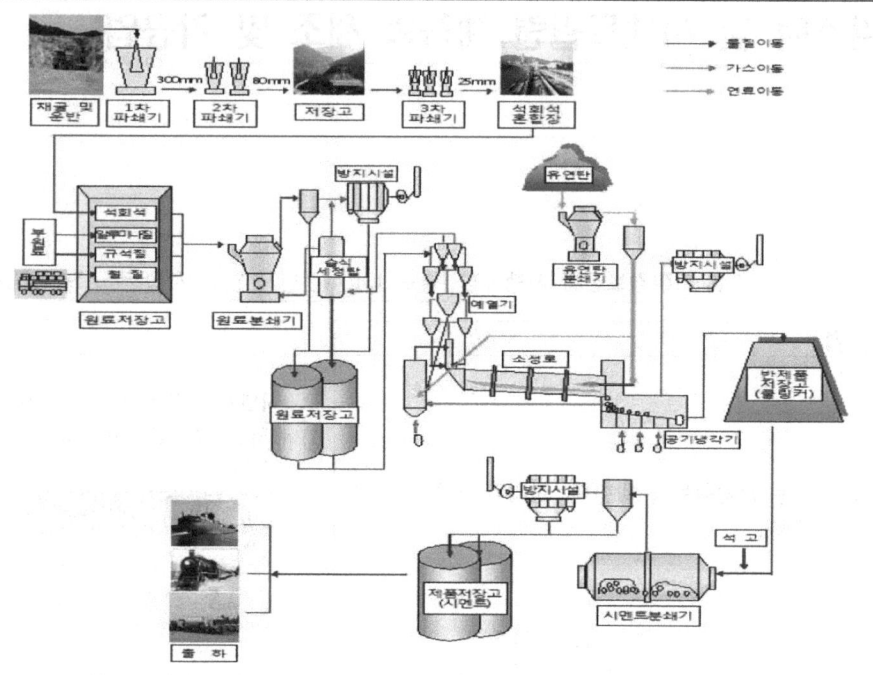
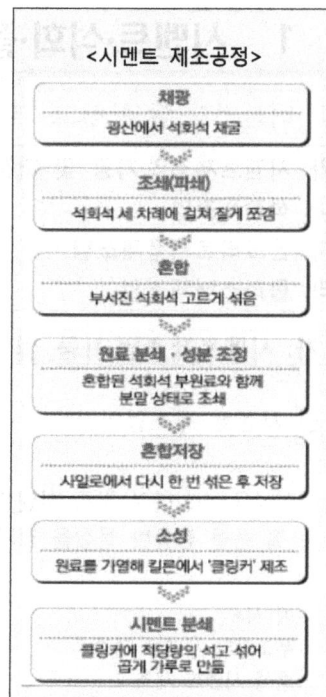

○ 비산먼지 발생 주요공정

시멘트 제조업의 비산먼지 발생 주요공정은 채광·채취 및 야적, 싣기 및 내리기, 수송, 이송, 조쇄 및 분쇄 등이며, 비산먼지 발생요인은 다음과 같다.

구분	공정	비산먼지 발생요인	세부관리기준
광산 내	채광·채취 및 야적	·착암, 발파, 파쇄, 야적 등에 의한 원료 채굴 과정에서 비산먼지 발생	p.99-111 p.140-144
광산 → 공장	채굴장 내 싣기 및 내리기	·채굴된 원료를 공장까지 운반하기 위해 덤프 등 차량에 싣기를 하는 과정	p.112-117
공장 내	원료 수송	·덤프 등 차량을 이용한 공장까지의 수송 시 비산먼지 발생	p.118-132
출하	공장 내 싣기 및 내리기	·공장에서 수송된 차량으로부터 원료를 내리기 하는 과정에서 비산먼지 발생	p.112-117
	조쇄 및 분쇄	·수송된 원료를 조쇄 및 분쇄하는 공정 중 비산먼지 발생	p.145-146
	이송	·원료 이송시설 라인(컨베이어 벨트 등)에서 비산먼지 발생	p.133-139
	공장 내 저장 및 야적	·원료 및 제품 저장 시 비산먼지 발생	p.99-111
	제품 수송	·수송 시 비산먼지 발생	p.118-132

▶ p.33~34, "② 비산먼지 억제시설 및 조치기준" 참고

· **착암**: 암반에 구멍을 뚫는 것

비산먼지는 주로 ① 착암(Drilling)공정, ② 발파(Blasting)공정, ③ 석회석을 채광한 후 나대지화된 채광사면과 석회석 야적장 등에서 바람에 의해 발생된다.

① 착암 시 비산먼지 발생 ② 발파 시 비산먼지 발생 ③ 노천광산

④ 광산 내 싣기 작업 ⑤ 광산 내 내리기 작업

출처: 환경부(2009), 시멘트 사업장의 비산먼지 관리 요령

· 시멘트의 주원료인 석회석은 주로 노천광산에서 계단식 채굴방법에 의해 채광된다. 석회석의 채광사면에 착암기로 일정한 간격으로 구멍을 뚫고 (착암공정), 여기에 폭약을 장착하여 폭파시켜 석회석을 깎아냄

· 대기환경보전법 시행규칙 [별표 8] 배출허용기준
- 시멘트 제조시설: 0.3mg/S㎥
- 그 밖의 배출시설: 0.5mg/S㎥

· 대기오염공정시험기준 (환경부고시 제2016-211호)
① 비산먼지 측정방법

측정방법	측정원리 및 개요	적용범위
고용량 공기 시료채취법 (High Volume Air Sampler)	고용량 펌프 (1,133~1,699L/min)를 사용하여 질량농도를 측정	먼지는 대기 중에 함유되어 있는 액체 또는 고체인 입자상 물질로서 먼지의 질량농도를 측정하는데 사용된다.
저용량 공기 시료채취법 (Low Volume Air Sampler)	저용량 펌프 (16.7L/min 이하)를 사용하여 질량농도를 측정	
베타선법 (Beta-Ray Absorption Method)	여과지 위에 베타선을 투과시켜 질량농도를 측정	

< 시멘트 제조공정별 비산먼지 발생량 비교 >

공정	발생량(lb/ton)	1차 조쇄 발생량이 1일 때 발생량 비율
1차 조쇄	0.017	1
2차 조쇄	0.62	36
이송	2.2	129
수송(덮개설치)	0.61	36
수송(덮개미설치)	1.5	88

출처: Countess Environmental(2006), Western Regional Air Partnership Fugitive Dust Handbook; 환경부(2009), 시멘트 사업장의 비산먼지 관리 요령

○ 시멘트 제조 시설의 비산먼지 배출허용기준

대기환경보전법 시행규칙 [별표 8] 배출허용기준에 의해 시멘트 제조 시설의 비산먼지 배출허용기준은 **0.3mg/S㎥**이므로 정기적으로 자가 측정을 실시하도록 한다.

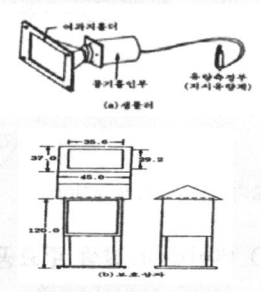

고용량공기시료채취기

① 소성로 여과집진기 교체 ② 연·원료 치장 비산먼지 방진벽(망) 설치 ③ 공장 순환자원 저장고

[출처: 쌍용양회 홈페이지]

② 시료채취 장소: 발생원의 부지 경계선상에서 선정하며 풍향을 고려하여 비산먼지 농도가 가장 높을 것으로 예상되는 지점 3개소 이상 선정

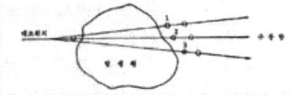

나. 석회제조업

○ 석회제조업이란?

석회석을 소성하여 **생석회**, **소석회** 및 **수경성 석회**를 생산하는 산업활동을 말하며, 다음 한국표준산업분류체계상의 업종을 포함, 제외한다.

<예 시>
· 생석회 및 소석회 제조   · 돌로마이트 석회 제조   · 플라스터 제조
· 잉글리쉬 시멘트 제조   · 킨스 시멘트 제조   · **하소**석고 제조

한국표준산업분류 업종	
해당 업종	제외 업종
· 석회 및 플라스터 제조업(23312) 등	· 석고 및 경석고 채취활동(07111) · 치과용으로 특별히 가공한 플라스터 제조(21300) 등

[통계청 한국표준산업분류(KSIC-9) 코드]

○ 공정도

원료입고 ▶ 원료저장 ▶ 원료이송 ▶ 소성 ▶ 수화 ▶ 숙성 ▶ 건조 ▶ 입도분리 ▶ 제품저장 ▶ 제품상차 ▶ 제품출하

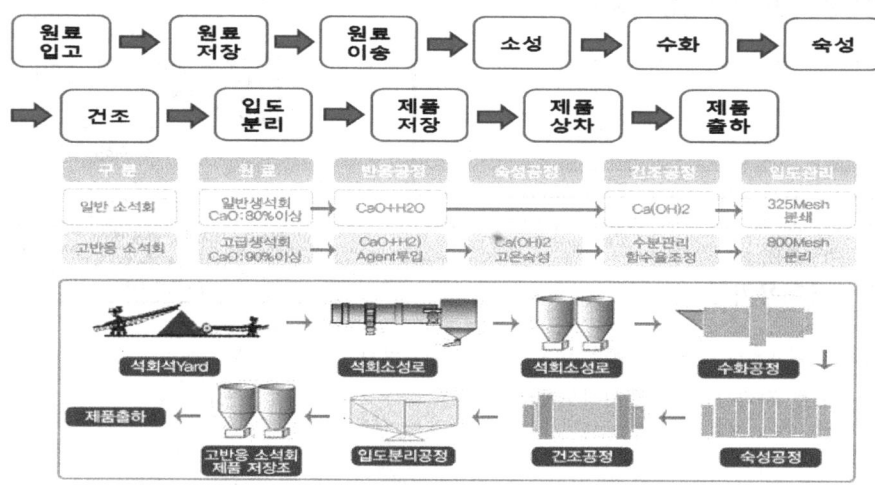

[출처: (주)포스그린 홈페이지]

<제품생산공정도>

○ 비산먼지 발생 주요공정

석회제조업에서 비산먼지가 발생되는 주요공정은 원료 내리기, 원료 야적, 원료 및 제품 이송, 제품 싣기, 수송 등이며, 비산먼지 발생요인은 다음과 같다.

공정	비산먼지 발생요인	비고	세부관리기준
내리기	· 석분 등의 원료 입고 후 원료 저장소 투입 시 비산먼지 발생	원료 입고	p.112-117
야적	· 원료 저장소 보관 시 비산먼지 발생	원료 저장	p.99-111
이송	· 컨베이어 벨트 등을 이용한 원료 및 제품 이송 중 비산먼지 발생	원료 및 제품	p.133-139
싣기	· 제품의 상차 시 비산먼지 발생	제품 상차	p.112-117
수송	· 차량을 통한 제품 수송시 비산먼지 발생		p.118-132

▶ p.33~34, "② 비산먼지 억제시설 및 조치기준" 참고

· **석회**: 횟돌이나 백악, 조개껍질 따위의 석회석을 태워 이산화탄소를 제거하여 얻는 생석회와 생석회에 물을 부어 얻는 소석회를 통틀어 이르는 말

· **생석회**: 산화칼슘(CaO)으로, 수분을 잘 흡수하며 물에 용해되면 염기성을 나타냄
- 공장 굴뚝에서 배출되는 이산화항의 제거에 사용, 석회 플라스터로서 토목 건축 재료로 사용

· **소석회**: 수산화칼슘($Ca(OH)_2$)을 말함. 백색의 분말로 물에 약간 녹으며, 그 수용액을 석회수라고 한다. 용도에 따라 건축용 소석회, 비료용 소석회, 공업용 소석회 등이 있음

· **수경성**: 시멘트나 석고 등이 물과 화학 반응을 일으켜 응결·경화하는 성질(포틀랜드 시멘트, 알루미나 시멘트 등이 수경성 시멘트임)

· **수경성 석회**: 점토질 석회석을 태워 제조하는 일부 수경성이 있는 소석회

· **수화**: 수용액 속에서 용해된 용질 분자나 이온을 물 분자가 둘러싸고 상호작용하면서 마치 하나의 분자처럼 행동하게 되는 현상을 말함. 시멘트 응결은 시멘트 입자의 수화작용에 의해 일어남

· **하소**: 하소의 영어 낱말 calcination은 석회를 태운다는 뜻의 라틴어 낱말 calcinare에서 유래한다. 이는 석회석(탄산칼슘)을 산화칼슘(석회)와 이산화탄소로 분해하여 시멘트의 원료를 만드는 과정에서 비롯되기 때문임[환경부, 2014]

다. 콘크리트제품제조업

○ 콘크리트 제조업이란?

콘크리트 제품 제조 공정은 시멘트, **골재**(모래, 자갈 등) 등의 원료를 입고하여 저장, 이송, 배합하여 레미콘 등을 생산한다.
다음 한국표준산업분류체계상의 업종을 포함한다.

한국표준산업분류 업종
· 비내화모르타르제조업(23321)
· 레미콘 제조업(23322)
· 콘크리트 타일, 기와, 벽돌 및 블록 제조업(23325)
· 콘크리트관 및 기타 구조용 콘크리트제품 제조업(23326)
· 그외 기타 콘크리트 제품 및 유사제품 제조업(23329) 등

[통계청 한국표준산업분류(KSIC-9) 코드]

○ 공정도

원료 입고 → 원료 저장 → 원료 이송 → 제품 생산 → 제품 상차 → 제품 출하 → 운반

○ 비산먼지 발생 주요공정

콘크리트 제조업에서 비산먼지가 발생되는 주요공정은 원료 야적, 싣기 및 내리기, 수송, 이송이며, 비산먼지 발생요인은 다음과 같다.

공정	비산먼지 발생요인	세부관리기준
야적	· 원료(시멘트, 자갈, 모래 등) 입고 후 야적 시 비산먼지 발생	p.99-111
싣기 및 내리기	· 원료 야적 중 운반기계(덤프트럭 등) 하역 시 비산먼지 발생	p.112-117
수송	· 차량 운반 시 야적장 바닥 및 사업장 등의 이동 중 비산먼지 발생	p.118-132
이송	· 제품 제조 시 골재 이송시설라인 비산먼지 발생	p.133-139

▶ p.33~34, "② 비산먼지 억제시설 및 조치기준" 참고

① 골재 야적장

② 골재 야외 야적관리

· **콘크리트:** 콘크리트는 로마시대에 화산회와 석회석을 써서 만들어진 것이 그 시초라고 하나, 일반적으로는 19세기 초기에 포틀랜드 시멘트(Portland cement)가 발명된 후 1867년 프랑스에서 철망으로 보강된 콘크리트가 만들어진 것이 최초이다. 그 후 독일을 중심으로 철근콘크리트의 개발이 계속되어 근년에는 댐이나 도로포장·교량 등의 토목공사나 건축용 구조재료의 중심이 되고 있음[환경부, 2014]

· **골재:** 하천, 산림, 공유수면, 기타 지상, 지하 등에 부존되어 있는 암석(쇄석용에 한함), 모래, 자갈로서 건설공사의 기초재로 쓰이는 것을 말함
(골재채취법 제2조 제1항)

라. 플라스터제조업

○ 플라스터제조업이란?

플라스터를 주재료로 한 혼합물 및 플라스터 제품을 제조하는 산업활동을 말한다. 다음 한국표준산업분류체계상의 업종을 포함, 제외한다.

한국표준산업분류 업종	
해당 업종	제외 업종
· 플라스터 제품 제조업(23323) 등	· 섬유시멘트제품 제조업(23324) 등

[통계청 한국표준산업분류(KSIC-9) 코드]

○ 공정도

(석고제조업 유사)

○ 비산먼지 발생 주요공정

플라스터제조업의 비산먼지 발생 주요공정은 원료 내리기, 원료 야적, 이송, 제품 치장, 싣기, 수송이며, 비산먼지 발생요인은 다음과 같다.

공정명	비산먼지 발생요인	비고	세부관리 기준
내리기	· 석분 등의 원료 입고 후 원료 저장소 투입 시 비산먼지 발생	원료 입고	p.112-117
야적	· 원료저장소 보관 시 비산먼지 발생	원료 저장	p.99-111
이송	· 컨베이어 벨트 등을 이용한 원료와 제품 이송 중 비산먼지 발생	원료 및 제품	p.133-139
치장	· 제품 석고의 치장 시 비산먼지 발생	**제품 치장**	☞
싣기	· 제품의 상차 시 비산먼지 발생	제품 상차	p.112-117
수송	· 차량을 통한 제품 수송시 비산먼지 발생		p.118-132

▶ p.33-34, "② 비산먼지 억제시설 및 조치기준" 참고

① 원료 반입(내리기)

② 원료 저장 및 이송

③ 육로 출하(제품 출하, 싣기)

④ 철도 출하(제품 출하, 싣기)

· **플라스터(plaster)**: 모르타르나 시멘트와 비슷한 물질임. 플라스터라는 용어는 일반적으로 석고 플라스터, 석회 플라스터, 시멘트 플라스터를 가리킴

· **모르타르(mortar)**: 시멘트, 석회, 모래, 물을 섞어서 물에 갠 것으로 벽돌·블록·석재를 접합하는데 씀

· **석고**: 황산칼슘($CaSO_4$)을 주성분으로 하는 매우 부드러운 황산염 광물로 황산칼슘의 2수염을 주로 일컬음

· **제품 치장(治粧)**
: 제품을 매만져 곱게 꾸미거나 모양을 냄

※ **제품 치장시 비산먼지 저감방안**
· 제품 치장은 밀폐화하여 치장 작업 중 먼지의 흩날림이 없도록 하여야 한다.
· 먼지발생 부위에는 후드, 덕트 등 집진시설을 설치하고, 주기적으로 집진시설의 효율을 점검하여 적정시기에 교체 관리한다.
· 집진시설에 포집된 먼지는 재비산되지 않도록 처리하며, 낙하지점 및 출입구 내부는 주기적으로 청소하여 먼지가 쌓이지 않도록 한다.

<집진시설>

2 비산먼지 억제시설 및 조치기준(시멘트.석회.플라스터 및 시멘트 관련 제품의 제조 및 가공업)

※ 별표 14, 15 중 해당 사업에 적용되는 기준이며, 자세한 사항은 "Ⅳ. 공정별 비산먼지 관리"의 해당 세부관리기준 참조

배출공정	비산먼지 억제시설 및 조치기준	비고	세부관리 기준
1. 야적 (분체상 물질을 야적하는 경우에만 해당)	가. 야적물질을 1일 이상 보관하는 경우 방진덮개로 덮을 것		p.99-102
	나. 야적물질의 최고저장높이의 1/3 이상의 방진벽을 설치하고, 최고저장높이의 1.25배 이상의 방진망(막)을 설치할 것		p.103-106
	다. 야적물질로 인한 비산먼지 발생억제를 위하여 물을 뿌리는 시설을 설치할 것	고철 야적장과 수용성물질 제외	p.107-110
	바. 공장 내에서 시멘트 제조를 위한 원료 및 연료는 최대한 3면이 막히고 지붕이 있는 구조물 내에 보관하며, 보관시설의 출입구는 방진망(막) 등을 설치할 것	시멘트 제조업만 해당	p.111
	[엄격한 기준] 가. 야적물질을 최대한 밀폐된 시설에 저장 또는 보관할 것 나. 수송 및 작업차량 출입문을 설치할 것 다. 보관.저장시설은 가능하면 3면이 막히고 지붕이 있는 구조가 되도록 할 것	시멘트제조업, 콘크리트제품 제조업만 해당	p.163-164
2. 싣기 및 내리기 (분체상 물질을 싣고 내리는 경우에만 해당)	나. 싣거나 내리는 장소 주위에 고정식 또는 이동식 물을 뿌리는 시설(살수반경 5m 이상, 수압 3kg/㎠ 이상) 설치	곡물작업장의 경우 제외	p.113-114
	다. 풍속이 평균초속 8m 이상일 경우에는 작업을 중지할 것		p.115-116
	라. 공장 내에서 싣고 내리기는 최대한 밀폐된 시설에서만 실시	시멘트 제조업만 해당	p.116-117
	마. 조쇄를 위한 내리기 작업은 최대한 3면이 막히고 지붕이 있는 구조물 내에서 실시 다만, 수직갱에서의 조쇄를 위한 내리기 작업은 충분한 살수 시설 설치	시멘트 제조업만 해당	
	[엄격한 기준] 가. 최대한 밀폐된 저장 또는 보관시설 내에서만 분체상 물질을 싣거나 내릴 것 나. 싣거나 내리는 장소 주위에 고정식 또는 이동식 물뿌림시설(물뿌림반경 7m 이상, 수압 5kg/㎠ 이상)을 설치할 것	시멘트제조업, 콘크리트제품 제조업만 해당	p.165-166
3. 수송	가. 적재함을 최대한 밀폐할 수 있는 덮개를 설치하여 적재물이 외부에서 보이지 아니하고 흘림이 없도록 할 것 나. 적재함 상단으로부터 5㎝ 이하까지 적재물을 수평으로 적재할 것 다. 도로가 비포장사설도로인 경우 비포장사설도로로부터 반지름 500m 이내 10가구 이상의 주거시설이 있는 경우 반지름 1km 이내의 경우 포장, 간이포장 또는 살수할 것 라. 1) 자동식 세륜시설(금속지지대에 설치된 롤러에 차바퀴를 닿게 한 후 전력 또는 차량의 동력을 이용하여 차바퀴를 회전시키는 방법으로 차바퀴에 묻은 흙 등을 제거할 수 있는 시설) 2) 수조를 이용한 세륜시설(수조넓이: 수송차량의 1.2배 이상, 수조깊이: 20센티미터 이상, 수조길이: 차량 전체길이의 2배 이상) 마. 측면 살수시설(살수높이: 바퀴부터 적재함 하단부까지, 살수길이: 차량 전체길이의 1.5배 이상, 살수압: 3kg/㎠ 이상) 바. 수송차량은 세륜 및 측면 살수 후 운행하도록 할 것 사. 먼지가 흩날리지 아니하도록 공사장안의 통행차량은 시속 20km 이하로 운행 아. 통행차량의 운행기간 중 공사장 안의 통행도로에는 1일 1회 이상 살수할 것		p.118-131
	자. 광산 진입로는 임시로 포장하여 먼지가 흩날리지 아니하도록 할 것	시멘트 제조업만 해당	p.132

배출공정	비산먼지 억제시설 및 조치기준	비고	세부관리 기준
	[엄격한 기준] 가. 적재물이 흘러내리거나 흩날리지 아니하도록 덮개가 장치된 차량으로 수송할 것 나. 다음 규격의 세륜시설을 설치할 것 　금속지지대에 설치된 롤러에 차바퀴를 닿게 한 후 전력 또는 차량의 동력을 이용하여 차바퀴를 회전시키는 방법 또는 이와 같거나 그 이상의 효과를 지닌 자동물뿌림장치를 이용하여 차바퀴에 묻은 흙 등을 제거할 수 있는 시설 다. 공사장 출입구에 환경전담요원을 고정배치하여 출입차량의 세륜.세차를 통제하고 공사장 밖으로 토사가 유출되지 아니하도록 관리할 것 라. 공사장 내 차량통행도로는 다른 공사에 우선하여 포장하도록 할 것	시멘트제조업, 콘크리트제품 제조업만 해당	p.167-169
4. 이송	가. 야외 이송시설은 밀폐화하여 이송 중 먼지의 흩날림이 없도록 할 것 나. 이송시설은 낙하, 출입구 및 국소배기부위에 적합한 집진시설을 설치하고, 포집된 먼지는 흩날리지 아니하도록 제거하는 등 적절하게 관리할 것 다. 기계적(벨트컨베이어, 바켓엘리베이터 등)인 방법이 아닌 시설을 사용할 경우 물뿌림 또는 그 밖의 제진방법을 사용할 것		p.133-138
	라. 기계적(벨트컨베이어, 바켓엘리베이터 등)인 방법의 시설을 사용하는 경우 표면 먼지를 제거할 수 있는 시설을 설치할 것	시멘트 제조업만 해당	p.138
5. 채광·채취	가. 살수시설 등을 설치하도록 하여 주위에 먼지가 흩날리지 아니하도록 할 것 나. 발파 시 발파공에 젖은 가마니 등을 덮거나 적절한 방지시설을 설치한 후 발파할 것 다. 발파 전후 발파 지역에 대하여 충분한 살수를 실시하고, 천공시에는 먼지를 포집할 수 있는 시설을 설치할 것 라. 풍속이 평균 초속 8미터 이상인 경우에는 발파작업을 중지할 것 마. 작은 면적이라도 채광·채취가 이루어진 구역은 최대한 먼지가 흩날리지 아니하도록 조치할 것 바. 분체형태의 물질 등 흩날릴 가능성이 있는 물질은 밀폐용기에 보관하거나 방진덮개로 덮을 것	갱내작업은 제외	p.140-144
6. 조쇄 및 분쇄	가. 조쇄작업은 최대한 3면이 막히고 지붕이 있는 구조에서 실시하여 먼지가 흩날리지 아니하도록 할 것 나. 분쇄작업은 최대한 4면이 막히고 지붕이 있는 구조물에서 실시하여 먼지가 흩날리지 아니하도록 할 것 다. 살수시설 등을 설치하여 먼지가 흩날리지 아니하도록 할 것	시멘트 제조업만 해당 갱내작업은 제외	p.145-146
7. 야외 절단	가. 고철 등의 절단작업은 가급적 옥내에서 실시할 것 나. 야외절단 시 인근 주위에 간이 칸막이 등을 설치하여 먼지가 흩날리지 아니하도록 할 것 다. 야외절단 시 이동식 집진시설을 설치하여 작업할 것. 다만, 이동식 집진시설의 설치가 불가능한 경우에는 진공식 청소차량 등으로 작업현장에 대한 청소작업을 지속적으로 실시할 것 라. 풍속이 평균초속 8m 이상인 경우에는 작업을 중지할 것		p.147-151
8. 야외 탈청	가. 탈청구조물의 길이가 15m 미만인 경우에는 옥내작업을 할 것 나. 야외 작업시에는 간이칸막이 등을 설치하여 먼지가 흩날리지 아니하도록 할 것 다. 야외 작업 시 이동식 집진시설을 설치할 것. 다만, 이동식 집진시설의 설치가 불가능한 경우 진공식 청소차량 등으로 작업현장에 대한 청소작업을 지속적으로 할 것 라. 작업 후 남은 것이 다시 흩날리지 아니하도록 할 것 마. 풍속이 평균초속 8m 이상인 경우에는 작업을 중지할 것		p.152
9. 야외 연마	가. 야외 작업 시 이동식 집진시설을 설치.운영할 것. 다만, 이동식 집진시설의 설치가 불가능할 경우 진공식 청소차량 등으로 작업현장에 대한 청소작업을 지속적으로 할 것 나. 부지 경계선으로부터 40m 이내에서 야외 작업 시 작업 부위의 높이 이상의 이동식 방진망 또는 방진막을 설치할 것 다. 작업 후 남은 것이 다시 흩날리지 아니하도록 할 것 라. 풍속이 평균초속 8m 이상인 경우에는 작업을 중지할 것		p.153

2 비금속물질의 채취·제조·가공업

1 비산먼지 발생 신고 대상사업

가. 토사석광업(야적면적이 100㎡ 이상인 골재보관·판매업을 포함한다)
나. 석탄제품제조업 및 아스콘제조업
다. 내화요업제품제조업
라. 유리 및 유리제품제조업
마. 일반도자기제조업
바. 구조용 비내화 요업제품제조업
사. 비금속광물 분쇄물 생산업
아. 건설폐기물처리업

(대기환경보전법 시행규칙 [별표 13] 비산먼지 발생사업(제57조 관련))

가. 토사석광업

○ **토사석광업**이란?

토사석(土砂石)을 채취하는 광업으로, 야적면적이 100㎡ 이상인 골재보관·판매업을 포함하고, 다음 한국표준산업분류체계상의 업종을 포함한다.

한국표준산업분류 업종	
051 석탄 광업	· 석탄 광업(05100)
071 토사석 광업	· **석회석** 광업(07111) · **고령토 및 기타 점토 광업**(07112) · 건설용 **석재** 채굴업(07121) · **건설용 쇄석 생산업**(07122) · 모래 및 자갈 채취업(07123)
072 기타 비금속광물 광업	· 그외 기타 비금속광물 광업(07290) 등

[통계청 한국표준산업분류(KSIC-9) 코드: 05 석탄, 원유 및 천연가스 광업, 07 비금속광물 광업: 연료용 제외 등]

○ 공정도(예시)

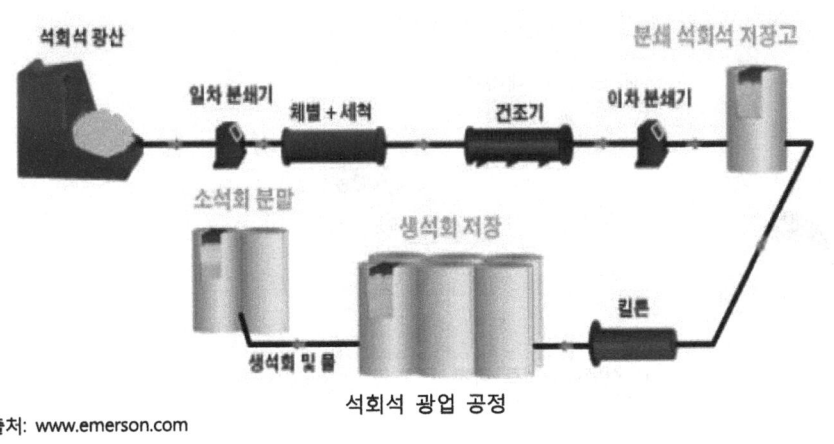

석회석 광업 공정

출처: www.emerson.com

- **석회석**: 탄산칼슘($CaCO_3$)을 주성분으로 하는 수성암의 일종으로 품질의 규격은 용도에 따라 다르지만 CaO가 45% 이상인 것이 채굴되고 있음

- **고령토 및 기타 점토 광업**
  각종용의 고령토, 고령토질의 점토 및 기타 점토와 기타 내화용의 토사석을 채굴하는 산업활동을 말함

예시	제외
·점토 채취 ·납정석, 규선석 채취 ·내화재광물 채취 ·불라이트, 샤모트 채취 ·홍주석 채취 ·다이나스어스 채취	·백운석광 채굴(07111) ·천연마그네슘광 채굴(0721) ·흑연, 장석, 백류석, 규조토 채굴(0729)

- **석재**: 토목용, 건축재, 석공예 그밖에 석제품으로 사용할 가치가 있는 산림 안의 암석

- **건설용 쇄석 생산업**
  각종 암석을 채굴하고 이를 직접 분쇄하여 건축용 재료, 도로포장재 및 철도 노반용 등 건설용에 적합한 상태의 쇄석 및 석분을 생산하는 산업활동을 말함

예시	제외
·쇄석 채굴 생산(건설용)·암석 채굴 분쇄 ·사암 채굴 분쇄·반려암 채굴 분쇄	·구입한 석재로 쇄석 및 석분 생산(23993)

- **쇄석**: 석재를 파괴해 만든 불규칙한 형상의 거친 골재

○ 비산먼지 발생 주요공정

토사석광업의 비산먼지 발생 주요공정은 채광·채취, 분쇄, 싣기 및 내리기, 이송, 야적(저장), 수송 등이며, 비산먼지 발생요인은 다음과 같다.

공정	비산먼지 발생요인	세부관리기준
채광·채취	· 발파작업시 비산먼지 발생	p.200-205
분쇄	· 토사석을 분쇄하는 과정에서 비산먼지 발생	p.140-158
싣기 및 내리기	· 토사를 차량에 싣고 내리는 과정에서 비산먼지 발생	p.153-167
이송	· 제품 제조 시 골재이송시설 라인에서 비산먼지 발생	p.168-190
야적(저장)	· 토사 저장 시 비산먼지 발생	p.206-209
수송	· 차량 운반 시 작업로 이동 중 비산먼지 발생	p.191-199

▶ p.47-48, "② 비산먼지 억제시설 및 조치기준" 참고

① 발파 　② 광산 내 싣기

③ 광산 내 운반 　④ 광산 내 내리기

⑤ 조쇄공정 투입구 　⑥ 컨베이어벨트 하부

나. 석탄제품제조업 및 아스콘제조업

○ 석탄제품제조업이란?

석탄제품을 제조하는 산업활동을 말하며, 다음 한국표준산업분류체계상의 업종을 포함한다.

한국표준산업분류 업종
· **코크스 및 관련제품 제조업**(19101)   · **연탄 및 기타 석탄 가공품 제조업**(19102) 등

[통계청 한국표준산업분류(KSIC-9) 코드]

○ 아스콘제조업이란?

광물성 역청물질 및 타르피치 등을 주재료로 하여 굳지 않은 상태의 역청물질 혼합제품을 생산하여 공급하는 산업활동을 말한다.

<예시>
· 천연아스팔트, 석유아스팔트, 광물성 **타르** 또는 광물성 타르피치혼합물 제조(굳지 않은)

다음 한국표준산업분류체계상의 업종을 포함한다.

한국표준산업분류 업종
· 아스콘 제조업(23991) 등

[통계청 한국표준산업분류(KSIC-9) 코드]

○ 공정도 (아스콘 제조)

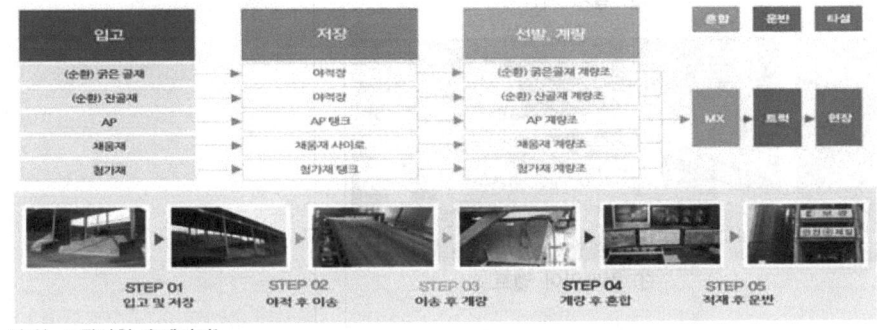
[출처: 보광산업 홈페이지]

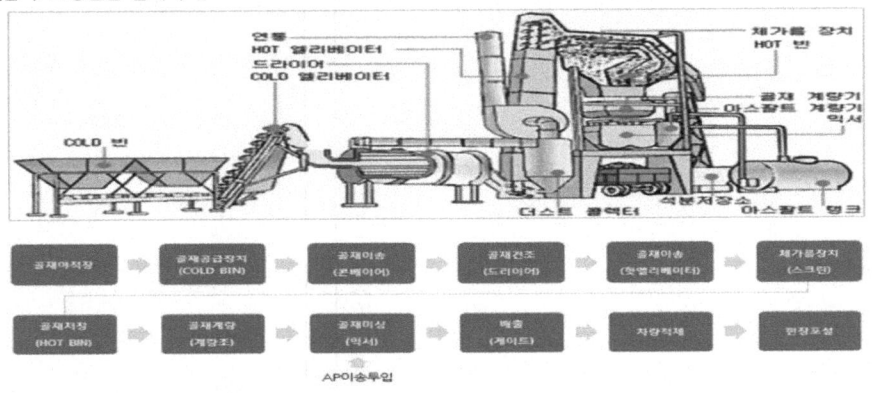
[출처: ㈜호남아스콘산업 홈페이지]

· **코크스 및 관련제품 제조업**
: 석탄, 갈탄, 토탄 등을 코크스로에서 처리하여 코크스 또는 반성코크스, 피치 및 피치코크스, 분류카본, 콜타르피치 등을 생산하는 산업활동을 말한다. 코크스의 응집처리활동도 여기에 포함된다.

예시	제외
·코크스로(爐) 운영·코크스 응집처리 ·코크스로 가스 제조·석탄증류 타르 제조 ·광물성타르 제조·토탄 증류타르 제조	·콜타르증류 활동(20119) ·코크스 가스, 수성가스, 발생로 가스 및 기타 연료용 제조가스생산 활동(35200)

· **연탄 및 기타 석탄 가공품 제조업**
: 석탄과 수분을 혼합하거나 탄화물, 피치, 석회 등의 점결제 등을 혼합하여 성형 건조시킨 고체연료를 제조하는 산업활동을 말한다.
<예시>
· 연탄 제조 ·응집 석탄제품 제조

· **아스콘**: 모래, 쇄석, 자갈 등의 골재 90~95%의 가열 혼합물
· 일반적인 아스콘은 아스팔트와 굵은 골재, 잔골재 및 포장용 채움재 등을 가열 또는 상온으로 혼합한 것으로 도로포장이나 주차장 바닥 등 포장면에 사용됨

· **타르**: 목재, 석탄, 석유 등 유기물을 분해증류할 때 나오는 점성의 검은색 액체

○ 비산먼지 발생 주요공정

석탄제품 및 아스콘 제조업에서 비산먼지가 발생되는 주요공정은 싣기 및 내리기, 분쇄, 야적, 이송, 수송 등이며, 비산먼지 발생요인은 다음과 같다.

공정명	비산먼지 발생요인	세부관리기준
싣기 및 내리기	· 덤프트럭에서 원료를 싣고 내릴 때 비산먼지 발생	p.112-117
분쇄	· 수송된 원료를 **조쇄** 및 분쇄하는 공정 중 비산먼지 발생	p.145-146
야적	· 옥내·외 야적장에서 야적 시 비산먼지 발생	p.99-111
이송	· 야적장에서 **페이로더**로 **호퍼**에 이송, 공장내부 컨베이어 이송 등 비산먼지 발생	p.133-139
수송	· 차량 운반 시 야적장 바닥 및 이동 시 비산먼지 발생	p.118-132

▶ p.47-48, "② 비산먼지 억제시설 및 조치기준" 참고

① 골재 야적장

② 골재 계량기

③ 분쇄

④ 컨베이어 벨트

- **조쇄**: 채광장에서 채광된 원광을 일차적으로 파쇄하는 것

- **페이로더(셔블로더)**: 광석·석탄 등을 셔블로 퍼올려서 목적지까지 운반하여 배출하는 적재기

- **호퍼**: 한 쪽의 입이 다른 쪽보다 큰 각추상의 통

다. 내화요업제품제조업

○ 내화요업제품제조업이란?

규산질, **흑연** 등의 점토 또는 비점토질의 내화용 원료를 성형한 후 이를 구워서 **내열성** 또는 **내화성** 요업제품을 제조하는 산업활동을 말한다. 부정형의 내화제품 및 내화모르타르 제조를 포함하며 이는 소성처리 여부를 불문한다.

다음 한국표준산업분류체계상의 업종을 포함, 제외한다.

한국표준산업분류 업종	
해당 업종	제외 업종
· **구조용 정형내화제품 제조업**(23221) · **기타 내화요업제품 제조업**(23229) 등	· 일반도자기 제조업(2321) · 구조용 비내화 요업제품 제조업(2323) 등

[통계청 한국표준산업분류(KSIC-9) 코드]

○ 공정도

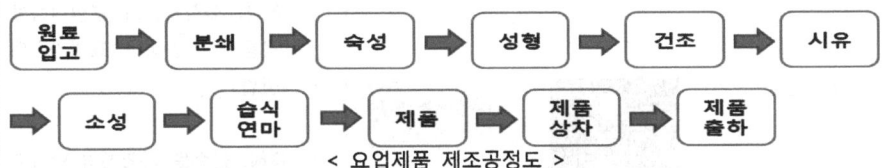

< 요업제품 제조공정도 >

○ 비산먼지 발생 주요공정

내화요업제품제조업에서 비산먼지가 발생되는 주요공정은 싣기 및 내리기, 원료 야적, 혼합 및 분쇄, 수송, 이송 등이며, 비산먼지 발생요인은 다음과 같다.

공정명	비산먼지 발생요인	세부관리기준
싣기 및 내리기	· 원료 야적 중 운반기계(덤프트럭 등) 하역 시 비산먼지 발생	p.112-117
야적	· 원료 입고 후 야적 시 비산먼지 발생	p.99-111
혼합 및 분쇄	· 혼합 및 분쇄 시 비산먼지 발생	p.145-146
이송	· 컨베이어 벨트 등을 이용한 원료와 제품 이송 중 비산먼지 발생	p.133-139
수송	· 차량 운반 시 야적장 바닥 및 사업장 등의 이동 중 비산먼지 발생	p.118-132

▶ p.47~48, "② 비산먼지 억제시설 및 조치기준" 참고

① 야적　　② 싣기　　③ 수송　　④ 혼합

- **구조용 정형내화제품 제조업**
  각종 내화용 원료로 건축용 또는 구조용의 단열 및 내화용 정형제품을 제조하는 산업활동을 말함
  <예시>
  ·내화벽돌 및 타일 제조 ·구조용 내화도자기제품 제조
  ·건설용 내화도자기제품 제조 ·건축용 내화요업제품 제조
  <제외>
  ·내화 모르타르 및 내화용의 비구조용 정형제품 제조(23229)

- **기타 내화요업제품 제조업**
  기타 내화물 및 내화용 조제배합원료를 제조하는 산업활동을 말함. 부정형의 내화제품은 소성처리 여부를 불문함
  <예시>
  ·레토르트 제조 ·도가니 제조
  ·반응그릇 제조 ·머플 제조
  ·노즐 제조 ·플럭 제조
  ·튜브와 파이프 제조 ·내화물용 조제배합원료 제조
  ·내화시멘트, 내화모르타르, 내화콘크리트 및 기타 내화용 혼합물 제조

- **규산질**: 규산이 65% 이상 포함된 것

- **흑연**: 결정구조가 육방정계인 광물로 흑색을 띠며 금속광택을 가진 것

- **내열성**: 고열에서 재료가 변형이나 변질이 일어나지 않고 견딜 수 있는 특성

- **내화성**: 화재 또는 연소에 대한 저항성

라. 유리 및 유리제품 제조업

○ 유리 및 유리제품 제조업이란?

용융석영, 용융실리카를 포함하여 각종 형태 용도의 유리, 유리섬유 및 기타 유리제품을 제조하는 산업활동을 말한다. 유리솜 및 유리사 제조, **망입**·장식·착색·강화 또는 **적층**·**식각** 및 기타 가공유리의 생산활동도 포함된다.

다음 한국표준산업분류체계상의 업종을 포함, 제외한다.

한국표준산업분류 업종	
해당 업종	제외 업종
· 판유리 제조업(23110) · 유리섬유 및 광학용 유리 제조업(23121) · 판유리 가공품 제조업(23122) · 기타 산업용 유리제품 제조업(23129) · 가정용 유리제품 제조업(23191) · 포장용 유리용기 제조업(23192) · 그외 기타 유리제품 제조업(23199) 등	· 유리사 직물 제조(1321) · 광섬유케이블 제조(28301) · 주사기를 포함한 의료시험장비 제조(271) · 광섬유 제조(27321) · 광학요소(광학적으로 가공된) 제조(273) · 분상, 입상 및 플레이크상의 유약용 유리제품 제조(20422) 등

[통계청 한국표준산업분류(KSIC-9) 코드]

○ 공정도

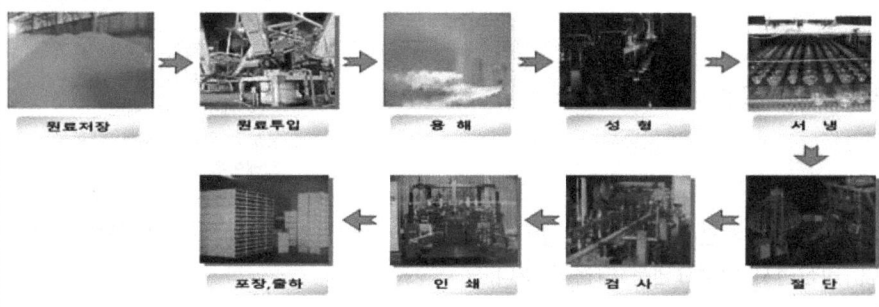

원료저장 → 원료투입 → 용해 → 성형 → 서냉 → 절단 → 검사 → 인쇄 → 포장,출하

○ 비산먼지 발생 주요공정

유리 및 유리제품제조업의 비산먼지 발생 주요공정은 원료 내리기, 야적, 수송, 이송 등이며, 비산먼지 발생요인은 다음과 같다.

공정명	비산먼지 발생요인	세부관리기준
내리기	· 원료(**규사**, **소다회**, **석회석**) 입고 후 원료 저장소 투입 시 비산먼지 발생	p.112-117
야적	· 원료저장소 보관 시 비산먼지 발생	p.99-111
수송	· 차량(지게차 등)을 통한 원료와 제품 수송시 비산먼지 발생	p.118-132
이송	· 컨베이어 벨트로 원료 이송 시 비산먼지 발생	p.133-139

▶ p.47~48, "② 비산먼지 억제시설 및 조치기준" 참고

① 원료 입고(내리기)

② 원료 저장(야적) 및 수송

· **용융석영**: 자외, 가시, 적외의 스펙트럼 영역에 걸쳐 투과율이 높은 광학용의 부품으로서 쓰이는 광학 재료인데 석영을 용융시켜 만듦

· **망입유리**: 두꺼운 판유리에 철망을 넣은 것

· **적층유리**: 2개 이상의 층을 가진 유리

· **식각**: 화학약품의 부식작용을 응용한 소형이나 표면가공의 방법

· **용해**: 금속을 가열하여 액상으로 녹이는 것

· **서냉**: 고온으로부터 서서히 냉각하는 조작

· **규사**: 유리원료 중의 제1의 주원료이며 규사만으로도 유리를 만드는 것이 가능함(석영유리)

· **소다회**: 용융점이 낮아 융제로서 작용하여 용점을 낮춘다. 규사와 소다회로만 만든 유리를 물유리 또는 규산소다라고 함

· **석회석**: 유리에 작업특성을 부여해 주며 적당량 첨가하면 유리의 내화학성을 증가시키고 수용성 방지에도 효과가 큼

마. 일반도자기제조업

○ **일반도자기제조업**이란?

재료를 성형한 후 이를 고온에서 구워서 각종 도기, 자기, 토기, 사기 등의 비내화성, 비구조용 요업제품을 제조하는 산업활동을 말한다. 여기에는 식탁 및 주방용품, 배관 부착물 및 비품, 전기산업용품, 장식용품, 실험실 및 이화학용 또는 공업용 및 농업용품, 화분 등의 제조활동이 포함되며 이들은 **유약처리** 여부를 불문한다.

· **유약처리**: 도자기 포면을 피복시키기 위해 유리질의 잿물을 도자기 표면에 바르는 것

다음 한국표준산업분류체계상의 업종을 포함, 제외한다.

한국표준산업분류 업종	
해당 업종	제외 업종
· 가정용 및 장식용 도자기 제조업(23211) · 위생용 도자기 제조업(23212) · 산업용 도자기 제조업(23213) · 기타 일반 도자기 제조업(23219) 등	· 내화용 도자제품 제조(2322) · 건축 또는 구조용 도자제품 제조, 비내화성 (2323) · 인조치아 제조(2719) · 모조 장식용품 조립 제조(3312) 등

[통계청 한국표준산업분류(KSIC-9) 코드]

○ 공정도

원료입고 → 분쇄/여과 → 필터프레스작업 → 토련작업 → 포장

· **필터 프레스**: 가압식의 거르개

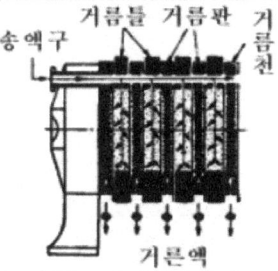

○ 비산먼지 발생 주요공정

일반도자기제조업의 비산먼지 발생 주요공정은 싣기 및 내리기, 야적, 분쇄, 수송 등이며, 비산먼지 발생요인은 다음과 같다.

공정명	비산먼지 발생요인	세부관리 기준
싣기 및 내리기	· 덤프트럭에서 원료를 싣고 내릴 때 비산먼지 발생	p.112-117
야적	· 원료 입고 후 야적 시 비산먼지 발생	p.99-111
분쇄	· 분쇄 시 비산먼지 발생	p.145-146
수송	· 차량 운반 시 야적장 바닥 및 사업장 등의 이동 중 비산먼지 발생	p.118-132

· **토련**: 흙의 수분과 입자를 균일하게 하는 것

▶ p.47~48, "② 비산먼지 억제시설 및 조치기준" 참고

① 야적

② 분쇄

바. 구조용비내화 요업제품 제조업

○ 구조용비내화 요업제품 제조업이란?

점토를 성형하고 구워서 벽돌, 블록, 판석, 기와, 타일, 파이프, 도관 및 배관연결구류, 스토브라이닝, 굴뚝 등의 구조용 비내화 요업제품을 제조하는 산업활동을 말한다. 이들은 유약처리 여부를 불문한다.

다음 한국표준산업분류체계상의 업종을 포함, 제외한다.

한국표준산업분류 업종	
해당 업종	제외 업종
· 점토 벽돌, 블록 및 유사 비내화 요업제품 제조업(23231) · 타일 및 유사 비내화 요업제품 제조업(23232) · 기타 구조용비내화 요업제품 제조업(23239) 등	· 구조용 내화요업제품 제조(2322) · 굽지 않은 구조용 점토제품 제조(23999) 등

[통계청 한국표준산업분류(KSIC-9) 코드]

○ 공정도(예시)

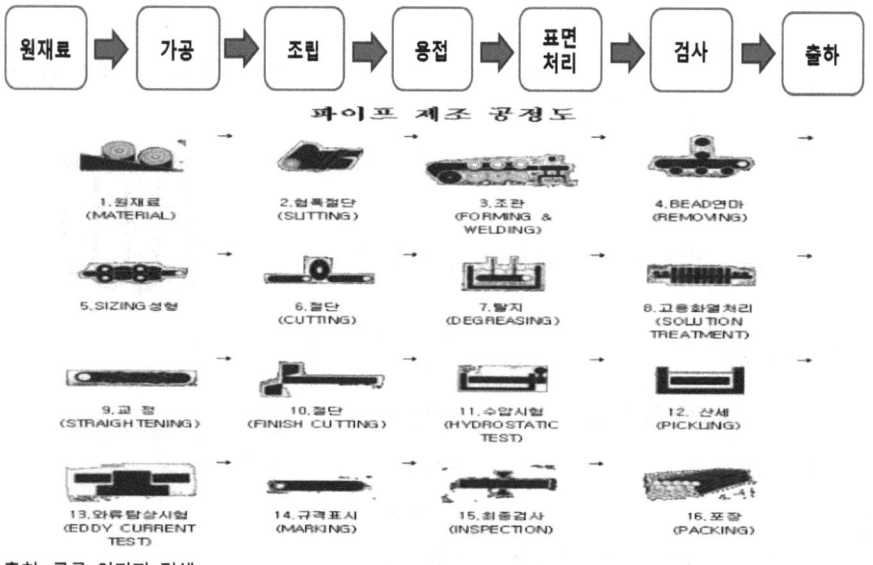

출처: 구글 이미지 검색

· 용접: 열을 가하여 금속재료들을 직접 결합시키는 방법

· 탈지(degreasing): 재료나 가공부품 표면의 기름기를 제거하는 표면처리 방법

· 산세: 산 수용액을 이용하여 표면을 세정하는 것

○ 비산먼지 발생 주요공정

구조용비내화 요업제품 제조업의 비산먼지 발생 주요공정은 싣기 및 내리기, 야적, 절단, 수송, 이송 등이며, 비산먼지 발생요인은 다음과 같다.

공정명	비산먼지 발생요인	세부관리기준
싣기 및 내리기	· 원재료 싣고 내리기 작업 시 비산먼지 발생	p.112-117
야적	· 원재료 저장 시 비산먼지 발생	p.99-111
절단	· 절단 작업 시 비산먼지 발생	p.147-151
수송	· 차량 수송작업시 비산먼지 발생	p.118-132
이송	· 원재료 및 제품 이송 시 비산먼지 발생	p.133-139

▶ p.47~48, "② 비산먼지 억제시설 및 조치기준" 참고

사. 비금속광물 분쇄물 생산업

○ 비금속광물 분쇄물 생산업이란?

채굴 및 채취활동과 연관되지 않은 **중정석**, 석고, **활석**, **석영**, 천연보석 등 특정 산업용비금속광물(연료광물 제외)을 파쇄·분쇄·**마쇄**하여 분말 및 기타 분쇄물을 생산하는 산업활동을 말한다.

<예시> · 비금속광물 분쇄물 생산 ·활석, 석영, 천연보석 분쇄

다음 한국표준산업분류체계상의 업종을 포함, 제외한다.

한국표준산업분류 업종	
해당 업종	제외 업종
· 건설용 석제품 제조업(23911) · 기타 석제품 제조업(23919) · **연마재** 제조업(23992) · 비금속광물 분쇄물 생산업(23993) · 석면, 암면 및 유사제품 제조업(23994) · 그외 기타 분류 안된 비금속 광물제품 제조업(23999) 등	· 농업용 광물슬래그 가공품제조(20209) · 건축폐기물 폐기처리(382) 등

[통계청 한국표준산업분류(KSIC-9) 코드]

- **중정석**: 무색투명하거나 반색 반투명한 사방정계에 속하는 광물

- **활석**: 무르고 광택이 있으며 백색 또는 녹회색인 규산염 광물

- **석영**: 실리카 또는 이산화규소 (SiO_2)로 주로 구성되어 많은 변종이 존재하는 광물

- **마쇄**: 갈거나 찧어서 가루로 만드는 것

- **연마재**: 재료를 깎거나, 갈고 닦기 위해 사용하는 재료

○ 공정도

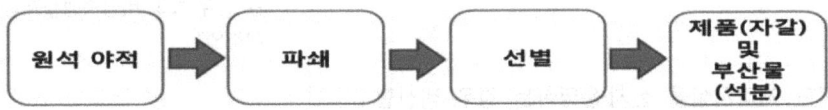

○ 비산먼지 발생 주요공정

비금속광물 분쇄물 생산업의 비산먼지 발생 주요공정은 싣기 및 내리기, 야적, 파쇄 및 선별, 이송, 수송 등이며, 비산먼지 발생요인은 다음과 같다.

공정명	비산먼지 발생요인	세부관리기준
싣기 및 내리기	· 원석 싣고 내리기 작업 시 비산먼지 발생	p.112-117
야적	· 원재료 저장 시 비산먼지 발생	p.99-111
패쇄 및 선별	· 파쇄 및 선별 시 비산먼지 발생	p.145-146 p.54(선별)
이송	· 원재료 및 제품 이송 시 비산먼지 발생	p.191-199
수송	· 차량 수송작업시 비산먼지 발생	p.168-190

▶ p.47~48, "② 비산먼지 억제시설 및 조치기준" 참고

아. 건설폐기물 처리업

○ **건설폐기물 처리업**이란?

건설 관련 폐기물(건물 해체물 등)의 처리시설을 운영하는 산업활동을 말한다. 처리 과정에서 재활용이 가능한 골재를 부수적으로 얻을 수 있으며, 광재 및 폐주물사를 처리하는 산업활동도 포함된다.

다음 한국표준산업분류체계상의 업종을 포함, 제외한다.

한국표준산업분류 업종	
해당 업종	제외 업종
· 건설 폐기물 처리업(38230) 등	· 재생골재와 기타 재료를 혼합하여 특정제품(벽돌 등) 생산 (23) · 공사장에서 배출되는 지정폐기물 처리(38220) 등

[통계청 한국표준산업분류(KSIC-9) 코드]

> · 건축폐기물의 용도, 제품생산 여부 및 부가가치 등을 고려하여 분류
>
> ① 수수료를 받고 건축폐기물을 수거하여 파쇄한 후 매립용 골재로 사용하는 것이 주된 산업활동인 경우 "38230: 건설 폐기물 처리업"
>
> ② 수수료를 받고 건축폐기물을 수거하여 파쇄한 후 블록, 타일, 벽돌 등을 생산·판매하는 것이 주된 산업활동이면서 부가가치가 블록, 타일, 벽돌 등의 제품에서 주로 발생하는 경우 "23: 비금속광물제품 제조업"

※ 타 법률 고려사항

· **관련 조문**

「건설폐기물의 재활용촉진에 관한 법률」 제21조 및 시행규칙 제12조(건설폐기물 처리업의 허가 등)

· **주요 내용**

주거지역으로부터 1km 이내에 위치한 처리시설을 설치·운영하는 경우 비산먼지·침출수·악취를 방지하는 건물 또는 시설을 갖추도록 규정

구분	설치범위	비고
처리 시설	가. 중간처리시설 전체를 옥내화 나. 투입, 파쇄·분쇄 과정에서 발생한 분진의 흩날림을 방지할 수 있는 살수시설과 이송과정에서 발생한 분진의 흩날림을 방지할 수 있는 덮개 시설	가와 나중 선택사항
보관 시설	가. 보관시설 전체를 두르는 높이 10미터 이상의 방진벽 (사업장 부지에 방진벽이 설치되지 아니하였거나, 설치되었음에도 보관 중인 폐기물이 외부에서 보이는 경우에 한하여 설치) 나. 살수시설(물이 보관시설 전체에 미쳐야 함) 다. 폐기물 흩날림을 방지할 수 있는 방진덮개 라. 바닥포장 마. 지붕 덮개시설(건설폐기물 보관시설에서 폐기물 절단 행위가 필요한 경우에 한하여 설치)	라와 마는 시·도의 조례로 정하는 바에 따라 시·도지사가 인정하는 경우에는 갖추지 아니할 수 있음

○ 공정도

[출처: 인선ENT(주)]

· **계근**: 어떤 물건의 무게를 재는 것

○ 비산먼지 발생 주요공정

건설폐기물 처리업의 비산먼지 발생 주요공정은 싣기 및 내리기, 야적, 혼합 및 분쇄, 이송, 수송 등이며, 비산먼지 발생요인은 다음과 같다.

공정명	비산먼지 발생요인	세부관리 기준
싣기 및 내리기	· 폐기물을 싣고 내리는 경우 비산먼지 발생	p.112-117
야적	· 폐기물 보관 시 비산먼지 발생	p.99-111
혼합 및 분쇄	· 폐기물 파쇄시 비산먼지 발생	p.145-146
이송	· 컨베이어 벨트로 폐기물 이송 시 비산먼지 발생 · 진동스크린 : 크기 및 이물질 선별 시 진동에 의한 비산먼지 발생	p.133-139
수송	· 폐기물 차량 수송시 비산먼지 발생	p.118-132

▶ p.47~48, "② 비산먼지 억제시설 및 조치기준" 참고

① 폐콘크리트 야적장　　② 건설폐기물 차량

③ 건설폐기물처리공정 흐름도　　④ 건설폐기물 중간처리시설

⑤ 컨베이어벨트　　⑥ 진동스크린

· 건설폐기물 수집·운반차량은 먼지 날림과 폐기물 낙하 예방을 위해 2016년 7월 1일부터 금속, 강화플라스틱, 폴리카보네이트, 탄소섬유나 그 외 환경부 장관이 고시하는 재질의 덮개를 설치해야 함
[건설폐기물의 재활용촉진에 관한 법률 시행령·시행규칙]

② 비산먼지 억제시설 및 조치기준(비금속물질의 채취·제조·가공업)

※ 별표 14, 15 중 해당 사업에 적용되는 기준이며, 자세한 사항은 "Ⅳ. 공정별 비산먼지 관리"의 해당 세부관리기준 참조

배출공정	비산먼지 억제시설 및 조치기준	비고	세부관리기준
1. 야적 (분체상 물질을 야적하는 경우에만 해당)	가. 야적물질을 1일 이상 보관하는 경우 방진덮개로 덮을 것 나. 야적물질의 최고저장높이의 1/3 이상의 방진벽을 설치하고, 최고저장높이의 1.25배 이상의 방진망(막)을 설치할 것		p.99-102 p.103-106
	다. 야적물질로 인한 비산먼지 발생억제를 위하여 물을 뿌리는 시설을 설치할 것	고철 야적장과 수용성물질 등의 경우 제외	p.107-110
	[엄격한 기준] 가. 야적물질을 최대한 밀폐된 시설에 저장 또는 보관할 것 나. 수송 및 작업차량 출입문을 설치할 것 다. 보관.저장시설은 가능하면 한 3면이 막히고 지붕이 있는 구조가 되도록 할 것	석탄제품제조업만 해당	p.163-164
2. 싣기 및 내리기 (분체상 물질을 싣고 내리는 경우에만 해당)	가. 작업 시 발생하는 비산먼지를 제거할 수 있는 이동식 집진시설 또는 분무식 집진시설 (Dust Boost)을 설치할 것	석탄제품제조업만 해당	p.112
	나. 싣거나 내리는 장소 주위에 고정식 또는 이동식 물을 뿌리는 시설 (살수반경 5m 이상, 수압 3kg/㎠ 이상) 설치	곡물작업장의 경우 제외	p.113-114
	다. 풍속이 평균초속 8m 이상일 경우에는 작업을 중지할 것		p.115-116
	[엄격한 기준] 가. 최대한 밀폐된 저장 또는 보관시설 내에서만 분체상 물질을 싣거나 내릴 것 나. 싣거나 내리는 장소 주위에 고정식 또는 이동식 물뿌림시설 (물뿌림반경 7m 이상, 수압 5kg/㎠ 이상)을 설치할 것	석탄제품제조업만 해당	p.165-166
3. 수송	가. 적재함을 최대한 밀폐할 수 있는 덮개를 설치하여 적재물이 외부에서 보이지 아니하고 흘림이 없도록 할 것 나. 적재함 상단으로부터 5㎝ 이하까지 적재물을 수평으로 적재할 것 다. 도로가 비포장사설도로인 경우 비포장사설도로로부터 반지름 500m 이내 10가구 이상의 주거시설이 있는 경우 반지름 1km 이내의 경우 포장, 간이포장 또는 살수할 것 라. 1) 자동식 세륜시설(금속지지대에 설치된 롤러에 차바퀴를 닿게 한 후 전력 또는 차량의 동력을 이용하여 차바퀴를 회전시키는 방법으로 차바퀴에 묻은 흙 등을 제거할 수 있는 시설) 　　2) 수조를 이용한 세륜시설(수조넓이: 수송차량의 1.2배 이상, 수조깊이: 20센티미터 이상, 수조길이: 차량 전체길이의 2배 이상) 마. 측면 살수시설(살수높이: 바퀴부터 적재함 하단부까지, 살수길이: 차량 전체길이의 1.5배 이상, 살수압: 3kg/㎠ 이상) 바. 수송차량은 세륜 및 측면 살수 후 운행하도록 할 것 사. 먼지가 흩날리지 아니하도록 공사장안의 통행차량은 시속 20km 이하로 운행 아. 통행차량의 운행기간 중 공사장 안의 통행도로에는 1일 1회 이상 살수할 것		p.118-132
	[엄격한 기준] 가. 적재물이 흘러내리거나 흩날리지 아니하도록 덮개가 장치된 차량으로 수송할 것 나. 다음 규격의 세륜시설을 설치할 것 　금속지지대에 설치된 롤러에 차바퀴를 닿게 한 후 전력 또는 차량의 동력을 이용하여 차바퀴를 회전시키는 방법 또는 이와 같거나 그 이상의 효과를 지닌 자동물뿌림장치를 이용하여 차바퀴에 묻은 흙 등을 제거할 수 있는 시설	석탄제품제조업만 해당	p.167-169

배출공정	비산먼지 억제시설 및 조치기준	비고	세부관리 기준
	다. 공사장 출입구에 환경전담요원을 고정배치하여 출입차량의 세륜.세차를 통제하고 공사장 밖으로 토사가 유출되지 아니하도록 관리할 것 라. 공사장 내 차량통행도로는 다른 공사에 우선하여 포장하도록 할 것		
4. 이송	가. 야외 이송시설은 밀폐화하여 이송 중 먼지의 흩날림이 없도록 할 것 나. 이송시설은 낙하, 출입구 및 국소배기부위에 적합한 집진시설을 설치하고, 포집된 먼지는 흩날리지 아니하도록 제거하는 등 적절하게 관리할 것 다. 기계적(벨트컨베이어, 바켓엘리베이터 등)인 방법이 아닌 시설을 사용할 경우 물뿌림 또는 그 밖의 제진방법을 사용할 것		p.133-139
5. 채광. 채취	가. 살수시설 등을 설치하도록 하여 주위에 먼지가 흩날리지 아니하도록 할 것 나. 발파 시 발파공에 젖은 가마니 등을 덮거나 적절한 방지시설을 설치한 후 발파할 것 다. 발파 전후 발파 지역에 대하여 충분한 살수를 실시하고, 천공시에는 먼지를 포집할 수 있는 시설을 설치할 것 라. 풍속이 평균 초속 8미터 이상인 경우에는 발파작업을 중지할 것 마. 작은 면적이라도 채광·채취가 이루어진 구역은 최대한 먼지가 흩날리지 아니하도록 조치할 것 바. 분체형태의 물질 등 흩날릴 가능성이 있는 물질은 밀폐용기에 보관하거나 방진덮개로 덮을 것	갱내작업은 제외	p.140-144
7. 야외 절단	가. 고철 등의 절단작업은 가급적 옥내에서 실시할 것 나. 야외절단 시 인근 주위에 간이 칸막이 등을 설치하여 먼지가 흩날리지 아니하도록 할 것 다. 야외절단 시 이동식 집진시설을 설치하여 작업할 것. 다만, 이동식 집진시설의 설치가 불가능한 경우에는 진공식 청소차량 등으로 작업현장에 대한 청소작업을 지속적으로 실시할 것 라. 풍속이 평균초속 8m 이상인 경우에는 작업을 중지할 것		p.147-151
8. 야외 탈청	가. 탈청구조물의 길이가 15m 미만인 경우에는 옥내작업을 할 것 나. 야외 작업시에는 간이칸막이 등을 설치하여 먼지가 흩날리지 아니하도록 할 것 다. 야외 작업 시 이동식 집진시설을 설치할 것. 다만, 이동식 집진시설의 설치가 불가능할 경우 진공식 청소차량 등으로 작업현장에 대한 청소작업을 지속적으로 할 것 라. 작업 후 남은 것이 다시 흩날리지 아니하도록 할 것 마. 풍속이 평균초속 8m 이상인 경우에는 작업을 중지할 것		p.152
9. 야외 연마	가. 야외 작업 시 이동식 집진시설을 설치.운영할 것. 다만, 이동식 집진시설의 설치가 불가능할 경우 진공식 청소차량 등으로 작업현장에 대한 청소작업을 지속적으로 할 것 나. 부지 경계선으로부터 40m 이내에서 야외 작업 시 작업 부위의 높이 이상의 이동식 방진망 또는 방진막을 설치할 것 다. 작업 후 남은 것이 다시 흩날리지 아니하도록 할 것 라. 풍속이 평균초속 8m 이상인 경우에는 작업을 중지할 것		p.153

3. 제1차 금속제조업

1 비산먼지 발생 신고 대상사업

가. 금속주조업
나. 제철 및 제강업
다. 비철금속 제1차 제련 및 정련업

가. 금속주조업

○ **금속주조업**이란?

완제품 또는 반제품 상태의 각종 금속 **주조물**을 제조하는 산업활동을 말한다. 직접 주조한 제품을 서로 결합, 단순 표면정리 이상의 가공처리를 거쳐 특정제품을 완성하는 경우(용접, 조립 및 표면**연삭**가공 등)는 그 생산되는 특정제품의 종류에 따라 분류한다.

다음 한국표준산업분류체계상의 업종을 포함한다.

한국표준산업분류 업종
· 선철주물 주조업(24311) · 강주물 주조업(24312) · 알루미늄주물 주조업(24321) · 동주물 주조업(24322) · 기타 비철금속 주조업(24329) 등

[통계청 한국표준산업분류(KSIC-9) 코드: 243 금속 주조업]

○ **공정도**

○ **비산먼지 발생 주요공정**

금속주조업의 비산먼지 발생 주요공정은 원료 내리기, 야적, 용융, 표면 가공 등이며, 비산먼지 발생요인은 다음과 같다.

공정	비산먼지 발생요인	세부관리 기준
싣기 및 내리기	· 금속주조의 원료가 되는 고철 및 신철의 내리기 시 비산먼지 발생	p.112-117
야적	· 고철 및 신철 등 원료의 야적 시 비산먼지 발생	p.99-111
용융	· 고철 및 신철 등 용융 시 입자상물질 발생	p.50
표면 가공	· shot blast, sand blast, 연마 등 금속 표면 가공 시 모래 등 자상물질 발생	p.50

▶ p.55~56, "2 비산먼지 억제시설 및 조치기준" 참고

· **주조**: 주물을 만들기 위하여 실시되는 작업으로 주물의 설계, 주조 방안의 작성, 모형(模型)의 작성, 용해 및 주입, 제품으로의 끝손질의 순서로 진행됨

· **연삭**: 목재 표면의 나이프 마크와 절삭결점 등을 제거하거나, 또는 도장을 위한 평활한 재면을 얻기 위해 연마재로 표면을 절삭하는 것

· **목형**: 주형을 만들 때 사용하는 나무로 만든 모형

① 원료 입고

② 주물용 압축고철 야적

③ 용융공정 Scrubber 집진

④ shot blast

※ 용융 시 비산먼지 저감방안
· 금속의 표면 가공을 위한 연마시설(탈사, 연마 등)은 대기환경보전법 제23조 제1항 및 동법 시행규칙 제25조에 따라 대기오염 배출시설로 신고한 후 관리한다.

※ 표면가공(shot blast, sand blast, 연마)시 비산먼지 저감방안
· 금속의 표면 가공을 위한 연마시설(탈사, 연마 등)은 대기환경보전법 제23조 제1항 및 동법 시행규칙 제25조에 따라 대기오염 배출시설로 신고한 후 관리한다.
· 연마 중 발생하는 입자상물질은 원심력 및 여과 집진시설을 설치하여 배출기준 이하로 오염물질을 제거한다.
· 부득이하게 야외에서 실시할 경우에는 이동식 집진시설을 설치·운영한다. 다만, 이동식 집진시설의 설치가 불가능할 경우 진공식 청소차량 등으로 작업현장에 대한 청소작업을 지속적으로 실시한다.
· 부지 경계선으로부터 40m 이내에서 야외 작업시에는 작업부위 높이 이상의 이동식 방진망 또는 방진막을 설치한다.
· 작업 후에는 남은 것이 다시 흩날리지 아니하도록 하며, 풍속이 평균초속 8m 이상인 경우에는 작업을 중지한다.

① sand blast 및 집진 장치

② 실내 집진 설비

나. 제철 및 제강업

○ 제철, 제강 및 합금철 제조업이란?

고로, 전기로, 반사로 등의 각종 용해로에서 철광석, 철강, 재생용 고철 및 부스러기 등을 용해 및 처리하여 분, 괴, 퍼들바, 파일링, **빌릿**, **블룸**, **슬래브**형재 등의 선철, 주철, 철강, 합금철 등을 생산하는 산업활동을 말한다.

다음 한국표준산업분류체계상의 업종을 포함, 제외한다.

한국표준산업분류 업종	
해당 업종	제외 업종
· 제철업(24111) · 제강업(24112) · 합금철 제조업(24113) · 기타 제철 및 제강업(24119) 등	· 철강재로 선, 봉, 판, 관 및 기타 형태의 열간 또는 냉간 압연 제품만을 생산할 경우(2412) 등

[통계청 한국표준산업분류(KSIC-9) 코드: 2411 제철, 제강 및 합금철 제조업]

○ 공정도

* 일반적인 강철의 단계별 생산공정

1단계 제선공정	철광석과 원료탄을 고로에 넣고 나서 섭씨 1,200도 정도의 뜨거운 바람을 불어 넣어서 쇳물을 생산하는 기초 공정
2단계 제강공정	쇳물에서 탄소인 유황 등의 불순물을 제거하고 강철로 만드는 공정
3단계 연주공정	액체 상태인 용강(불순물을 제거한 쇳물)을 주형(mold)에 통과시켜서 블룸(bloom)과 슬래브(slab), 빌릿(billet) 등의 중간소재를 만드는 공정
4단계 압연공정	연주공정에서 생산된 슬래브 등을 회전하는 여러 개의 롤(roll) 사이를 통과시키면서 연속적인 힘을 가함으로써 얇게 만들거나 늘리는 공정

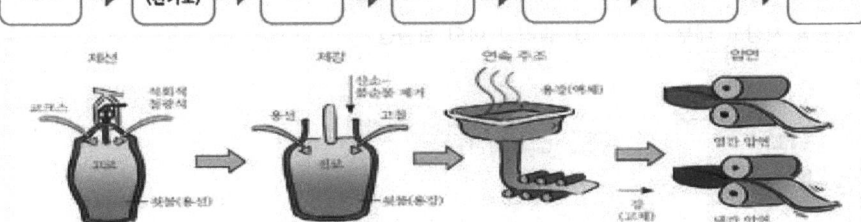

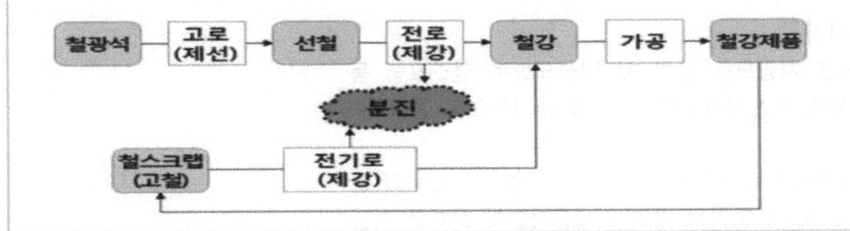

< 철강의 제조 공정 >

[출처: 현대경제연구원 보고서(헤럴드경제 기사)]
< 철강산업 자원순환구조 및 **제강분진** 발생지점 >

· **빌릿(BILLETS)**: 전단면의 한 변의 길이가 60~160mm인 장방형의 소형 반제품으로 소강편이라고도 함

· **블룸(BLOOM)**: 대형 장방형의 반제품으로 대강편이라고도 한다. 절단면은 거의 정방형으로, 한 변이 130~430m 길이는 최소 1m에서 최고 6m까지. 대형 또는 중형 봉 형강에 그대로 압연하든지 다시 분괴, 조압연해서 빌릿, 시트 바, 스켈프 등 소형 반제품으로 만들어짐

· **슬래브(SLAB)**: 열연강판 및 후판의 소재로 사용되는 철강 반제품. 납작하고 긴 직사각형 모양의 강판으로 통상 고로에선 두께 200~350mm로, 전기로에서는 두께 50~70mm로 생산됨

· **제강분진**: 철강에서 불순물을 제거하는 제강(製鋼) 공정에서 발생하는 분진임. 아연, 납, 카드뮴 등 중금속 물질이 포함된 지정폐기물로, 유해 중금속을 포함하고 있어 철저한 관리가 필요함. 철강 제품 제조법은 철광석을 이용하는 방법과 스크랩(고철)을 원료로 하는 방법으로 구분되는데, 일반적으로 스크랩을 전기로에 녹이는 과정에서 발생하는 분진이 더 많은 유해물질을 포함함

<철강에서 불순물을 제거하는 제강 공정>

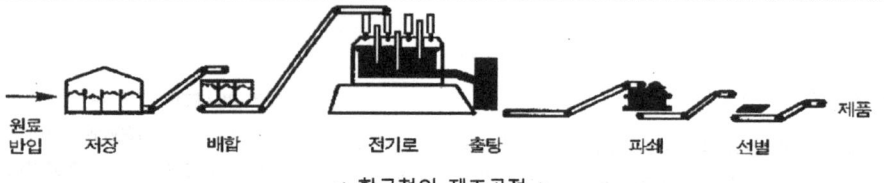

< 합금철의 제조공정 >

○ **비산먼지 발생 주요공정**

제철 및 제강업, 합금철 제조업의 비산먼지 발생 주요공정은 원료의 야적, 싣기 및 내리기, 야외절단, 이송, 수송 등의 공정이며, 비산먼지 발생요인은 다음과 같다.

공정	비산먼지 발생요인	세부관리 기준
야적	· 고철광석, 원료탄(석탄), 고철 등의 원료의 야적 시 슬래그 보관 시 비산먼지 발생	p.99-111
싣기 및 내리기	· 철광석, 원료탄(석탄), 고철 등의 원료를 내리기 시 비산먼지 발생	p.112-117
야외 절단	· 철광석 절단 시 비산먼지 발생	p.147-151
이송	· 밀폐형 이송시설, 원료 흙털이 공정시 이송라인에서 비산먼지 발생	p.133-139
수송	· 사업장 내 도로에서 제품수송을 위한 이동 시 비산먼지 발생	p.118-132

▶ p.55~56, "② 비산먼지 억제시설 및 조치기준" 참고

- 밀폐형 연속식 원료하역설비 : 하역 시 원료 낙광 및 비산방지

- 밀폐형 원료 이송설비(벨트 컨베이어) : 원료의 유실 및 비산방지

① 철광석 저장고 외부

② 철광석 저장고 내부

③ 슬래그 야외 보관장

④ 슬래그 옥내 보관장

⑤ 연속식 하역설비

⑥ 밀폐형 이송설비

※ **고철 반입, 운반, 저장 관련 주의사항**

· 철스크랩 등 고철에서 발생되는 녹은 차량으로 운반 시 비산되므로 철스크랩 등 고철의 운반차량은 반드시 덮개를 덮어 비산되지 않도록 특별 관리하도록 한다.

· 철스크랩 등 고철의 야적 시 녹이 비산되므로 살수를 하는 경우가 있는데 금속의 산화로 인해 지속적인 녹이 발생 될 수 있다. 따라서 야외에 보관하면서 살수를 하는 것보다 밀폐된 실내공간에서 보관하고 급배기 시설 및 집진시설 등을 설치하여 내부 작업자를 보호하면서도 환경을 보호하는 방안을 강구하도록 하여야 할 것이다.

다. 비철금속 제1차 제련 및 정련

○ 비철금속 제련, 정련 및 합금 제조업이란?

비철금속광석·괴(덩어리) 및 스크랩 등을 **제련**, **정련** 또는 합금하여 분, 입, 괴, 퍼들 바, 빌렛, 블룸, 슬라브 및 기타 1차 형재를 생산하는 산업활동을 말한다. 제련 및 정련활동에 결합되어 수행되는 압연 및 연신활동도 여기에 포함된다.

다음 한국표준산업분류체계상의 업종을 포함한다.

한국표준산업분류 업종
· 동 제련, 정련 및 합금제조업(24211)
· 알루미늄 제련, 정련 및 합금 제조업(24212)
· 연 및 아연 제련, 정련 및 합금 제조업(24213)
· 기타 비철금속 제련, 정련 및 합금 제조업(24219) 등

[통계청 한국표준산업분류(KSIC-9) 코드: 2421]

- **제련**: 광석을 용광로에 녹여서 함유된 금속을 뽑아내는 것

- **정련**: 광석을 정제하여 순도 높은 금속을 뽑아내는 과정. 제련 공정의 후반에 해당하는 과정으로, 조제련(粗製鍊) 다음에 이루어짐

○ 공정도

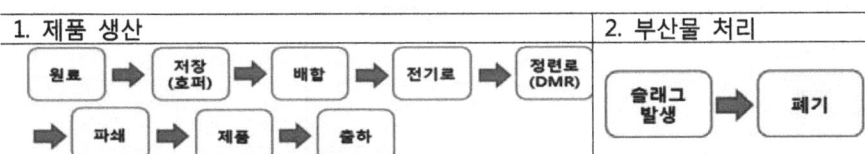

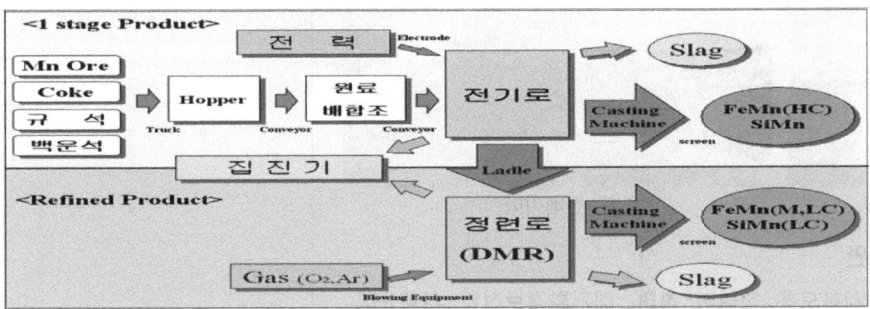

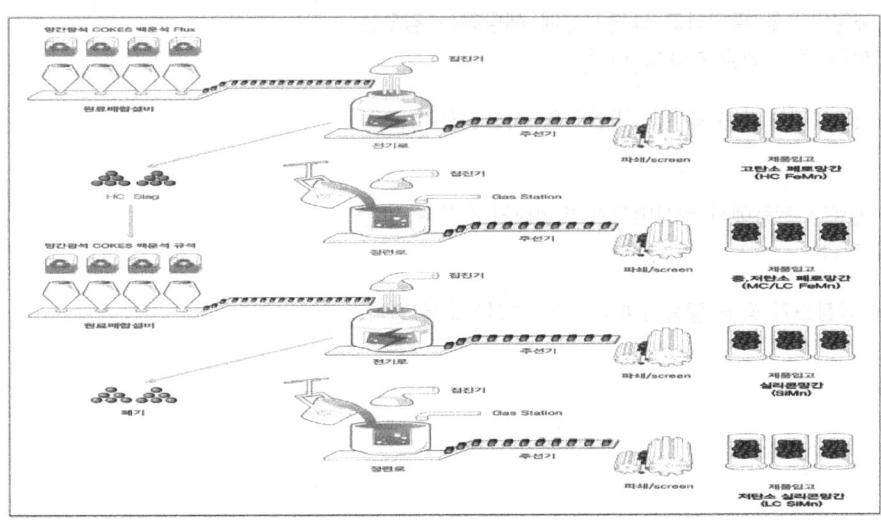

○ 비산먼지 발생 주요공정

비철금속 제1차 제련 및 정련시 비산먼지가 발생되는 주요공정은 야적, 싣기 및 내리기, 이송, 파쇄, 선별, 수송 공정 등이며, 비산먼지 발생요인은 다음과 같다.

공정	비산먼지 발생요인	세부관리 기준
야적	· 고철광석, 원료탄(석탄), 고철 등의 원료의 야적 시 슬래그 보관 시 비산먼지 발생	p.99-111
싣기 및 내리기	· 철광석, 원료탄(석탄), 고철 등의 원료를 내리기 시 비산먼지 발생	p.112-117
이송	· 밀폐형 이송시설, 원료 흙털이 공정시 이송라인에서 비산먼지 발생	p.133-139
파쇄(분쇄)	· 죠크러셔 - 제품 및 슬래그 파쇄시 비산먼지 발생	p.145-146
선별	· 진동스크린 - 제품 선별 시 진동에 의한 비산먼지 발생	p.54
수송	· 차량이동 도로 - 차량 이동 시 비산먼지 발생	p.118-132

▶ p.55~56, "② 비산먼지 억제시설 및 조치기준" 참고

① 코크스 저장

② 컨베이어

※ 선별 공정시 비산먼지 저감방안

· 선별 작업은 가급적 옥내에서 실시하도록 하여야 하며, 대기환경보전법 시행규칙 [별표 3] 대기오염물질 배출시설 해당여부를 확인하고 배출시설에 해당하는 경우는 그에 적합한 방지시설 설치 및 인허가 후 작업을 하여야 한다.

· 진동스크린 이용하여 선별작업을 할 시에는 살수설비를 가동하여 비산먼지가 저감되도록 하여야 한다.

· 야외에서 선별하는 경우는 선별된 원료나 제품에서 비산먼지가 발생하지 않도록 방진덮개 등 적정한 시설을 설치하여야 한다.

· 선별 후 잔재물은 즉시 수거하고 진공청소기 등을 활용하여 깨끗이 정리하도록 한다.

2 비산먼지 억제시설 및 조치기준(제1차 금속제조업)

※ 별표 14, 15 중 해당 사업에 적용되는 기준이며, 자세한 사항은 "Ⅳ. 공정별 비산먼지 관리"의 해당 세부관리기준 참조

배출공정	비산먼지 억제시설 및 조치기준	비고	세부관리기준
1. 야적 (분체상 물질을 야적하는 경우에만 해당)	가. 야적물질을 1일 이상 보관하는 경우 방진덮개로 덮을 것		p.99-102 p.103-106
	나. 야적물질의 최고저장높이의 1/3 이상의 방진벽을 설치하고, 최고저장높이의 1.25배 이상의 방진망(막)을 설치할 것		
	다. 야적물질로 인한 비산먼지 발생억제를 위하여 물을 뿌리는 시설을 설치할 것	고철 야적장과 수용성물질 등의 경우 제외	p.107-110
	라. 혹한기(매년 12월 1일부터 다음 연도 2월 말일까지를 말한다)에는 표면경화제 등을 살포할 것	제철 및 제강업만 해당	p.110-111
2. 싣기 및 내리기 (분체상 물질을 싣고 내리는 경우에만 해당)	가. 작업 시 발생하는 비산먼지를 제거할 수 있는 이동식 집진시설 또는 분무식 집진시설(Dust Boost)을 설치할 것	제철 및 제강업만 해당	p.112
	나. 싣거나 내리는 장소 주위에 고정식 또는 이동식 물을 뿌리는 시설(살수반경 5m 이상, 수압 3kg/㎠ 이상) 설치	곡물작업장의 경우 제외	p.113-114
	다. 풍속이 평균초속 8m 이상일 경우에는 작업을 중지할 것		p.115-116
3. 수송	가. 적재함을 최대한 밀폐할 수 있는 덮개를 설치하여 적재물이 외부에서 보이지 아니하고 흘림이 없도록 할 것		p.118-132
	나. 적재함 상단으로부터 5㎝ 이하까지 적재물을 수평으로 적재할 것		
	다. 도로가 비포장사설도로인 경우 비포장사설도로로부터 반지름 500m 이내 10가구 이상의 주거시설이 있는 경우 반지름 1km 이내의 경우 포장, 간이포장 또는 살수할 것		
	라. 1) 자동식 세륜시설(금속지지대에 설치된 롤러에 차바퀴를 닿게 한 후 전력 또는 차량의 동력을 이용하여 차바퀴를 회전시키는 방법으로 차바퀴에 묻은 흙 등을 제거할 수 있는 시설) 2) 수조를 이용한 세륜시설(수조넓이: 수송차량의 1.2배 이상, 수조깊이: 20센티미터 이상, 수조길이: 차량 전체길이의 2배 이상)		
	마. 측면 살수시설(살수높이: 바퀴부터 적재함 하단부까지, 살수길이: 차량 전체길이의 1.5배 이상, 살수압: 3kg/㎠ 이상)		
	바. 수송차량은 세륜 및 측면 살수 후 운행하도록 할 것		
	사. 먼지가 흩날리지 아니하도록 공사장안의 통행차량은 시속 20km 이하로 운행		
	아. 통행차량의 운행기간 중 공사장 안의 통행도로에는 1일 1회 이상 살수할 것		
4. 이송	가. 야외 이송시설은 밀폐화하여 이송 중 먼지의 흩날림이 없도록 할 것		p.133-138
	나. 이송시설은 낙하, 출입구 및 국소배기부위에 적합한 집진시설을 설치하고, 포집된 먼지는 흩날리지 아니하도록 제거하는 등 적절하게 관리할 것		
	다. 기계적(벨트컨베이어, 바켓엘리베이터 등)인 방법이 아닌 시설을 사용할 경우 물뿌림 또는 그 밖의 제진방법을 사용할 것		
	라. 기계적(벨트컨베이어, 바켓엘리베이터 등)인 방법의 시설을 사용하는 경우 표면 먼지를 제거할 수 있는 시설(스크래퍼 또는 살수시설 등)을 설치할 것	제철 및 제강업만 해당	p.138
	마. 이송시설의 하부는 주기적으로 청소하여 이송시설에서 떨어진 먼지가 재비산되지 않도록 할 것	제철 및 제강업만 해당	p.139

배출공정	비산먼지 억제시설 및 조치기준	비고	세부관리 기준
5. 채광. 채취	가. 살수시설 등을 설치하도록 하여 주위에 먼지가 흩날리지 아니하도록 할 것 나. 발파 시 발파공에 젖은 가마니 등을 덮거나 적절한 방지시설을 설치한 후 발파할 것 다. 발파 전후 발파 지역에 대하여 충분한 살수를 실시하고, 천공시에는 먼지를 포집할 수 있는 시설을 설치할 것 라. 풍속이 평균 초속 8미터 이상인 경우에는 발파작업을 중지할 것 마. 작은 면적이라도 채광·채취가 이루어진 구역은 최대한 먼지가 흩날리지 아니하도록 조치할 것 바. 분체형태의 물질 등 흩날릴 가능성이 있는 물질은 밀폐용기에 보관하거나 방진덮개로 덮을 것	갱내작업의 경우는 제외	p.140-144
7. 야외 절단	가. 고철 등의 절단작업은 가급적 옥내에서 실시할 것 나. 야외절단 시 인근 주위에 간이 칸막이 등을 설치하여 먼지가 흩날리지 아니하도록 할 것 다. 야외 절단 시 이동식 집진시설을 설치하여 작업할 것. 다만, 이동식집진시설의 설치가 불가능한 경우에는 진공식 청소차량 등으로 작업현장에 대한 청소작업을 지속적으로 실시할 것 라. 풍속이 평균초속 8m 이상인 경우에는 작업을 중지할 것		p.147-151
8. 야외 탈청	가. 탈청구조물의 길이가 15m 미만인 경우에는 옥내작업을 할 것 나. 야외 작업시에는 간이칸막이 등을 설치하여 먼지가 흩날리지 아니하도록 할 것 다. 야외 작업 시 이동식 집진시설을 설치할 것. 다만, 이동식 집진시설의 설치가 불가능할 경우 진공식 청소차량 등으로 작업현장에 대한 청소작업을 지속적으로 할 것 라. 작업 후 남은 것이 다시 흩날리지 아니하도록 할 것 마. 풍속이 평균초속 8m 이상인 경우에는 작업을 중지할 것		p.152
9. 야외 연마	가. 야외 작업 시 이동식 집진시설을 설치.운영할 것. 다만, 이동식 집진시설의 설치가 불가능할 경우 진공식 청소차량 등으로 작업현장에 대한 청소작업을 지속적으로 할 것 나. 부지 경계선으로부터 40m 이내에서 야외 작업 시 작업 부위의 높이 이상의 이동식 방진망 또는 방진막을 설치할 것 다. 작업 후 남은 것이 다시 흩날리지 아니하도록 할 것 라. 풍속이 평균초속 8m 이상인 경우에는 작업을 중지할 것		p.153

4 비료 및 사료제품의 제조업

1 비산먼지 발생 신고 대상사업

가. 화학비료제조업
나. 배합사료제조업
다. 곡물가공업(임가공업을 포함한다)

가. 화학비료제조업

○ **비료 및 질소산화물 제조업**이란?

순수·혼합·화합·복합된 질소질, 인산질 및 **칼리질 비료**를 제조하는 산업활동을 말한다. 여기에는 **요소**, 질산, **암모니아**, 산업용 **염화암모늄**, 질산칼륨 등의 질소비료 제조산업에서 통상적으로 생산되는 질소화합물을 제조하는 산업활동이 포함된다.

다음 한국표준산업분류체계상의 업종을 포함, 제외한다.

한국표준산업분류 업종	
해당 업종	제외 업종
· 질소, 인산 및 칼리질 비료 제조업(20201) · 복합비료 제조업(20202) · 기타 비료 및 질소화합물 제조업(20209) 등	· 구아노 채취(07210) · 살충제 및 기타 농업용 화학제품 제조(2041) 등

[통계청 한국표준산업분류(KSIC-9) 코드: 202 비료 및 질소화합물 제조업]

○ **공정도(예시)**

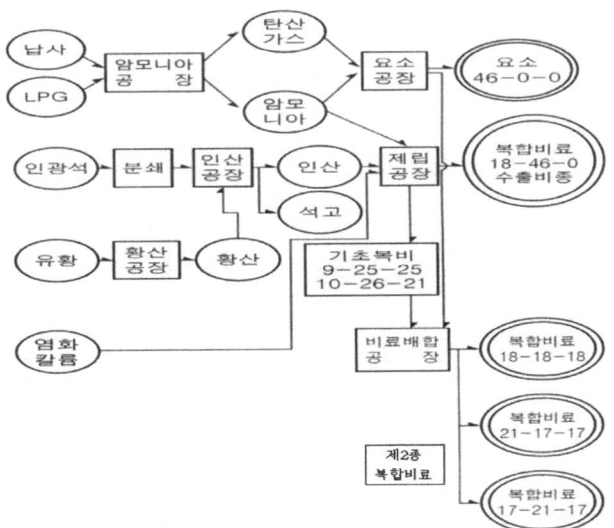

출처: 구글 이미지 검색

· **비료**: 식물에 영양을 주거나 식물의 재배를 돕기 위하여 흙에서 화학적 변화를 가져오게 할 것을 목적으로 토지에 베풀어지는 물질과, 식물에 영양을 줄 것을 목적으로 식물에 베풀어지는 물질
　[비료관리법 제2조 1항]

· **칼리**: 칼륨 비료의 성분, K_2O의 성분으로 표시함

· **요소[$CO(NH_2)_2$]**: 무색의 결정성 유기화합물질이며, 모든 포유동물과 일부 어류의 단백질 대사 최종분해 산물

· **암모니아(NH_4)**: 고약한 냄새가 나고 약염기성을 띠는 질소와 수소의 화합물로서 물에 잘 녹음

· **염화암모늄(NH_4Cl)**: 암모니아의 염으로 순수한 상태에서 맑은 흰색의 수용성 결정, 천연으로는 화산지대나 온천지대에 존재

○ 비산먼지 발생 주요공정

화학비료제조업의 비산먼지 발생 주요공정은 원료 싣기 및 내리기, 야적, 분쇄, 이송, 수송 공정 등이며, 비산먼지 발생요인은 다음과 같다.

공정명	비산먼지 발생요인	세부관리기준
싣기 및 내리기	· 원료 입고 및 이동 시 비산먼지 발생	p.112-117
야적	· 비료 저장 시 비산먼지 발생	p.99-111
분쇄	· 분쇄 과정 시 비산먼지 발생	p.145-146
이송	· 컨베이어 벨트로 비료 이송 시 비산먼지 발생	p.133-139
수송	· 사업장 내 도로에서 수송을 위한 이동 시 비산먼지 발생	p.118-132

▶ p.62 "② 비산먼지 억제시설 및 조치기준" 참고

나. 배합사료제조업

○ 배합사료제조업이란?

· 동물용 사료 및 조제식품 제조업

애완동물용 조제사료를 포함하여 실험용 동물, 가축 및 가금 등의 각종 동물사육용 또는 어류양식용 배합사료, 조제사료, **배합사료**용 혼합조제품 및 조제보조사료 등을 제조하는 산업활동을 말한다.

개껌 및 비스킷 등의 애완동물용 기호식품을 제조하는 산업활동, 동물사료용의 재료와 줄기, 뿌리 등을 절단·분쇄하는 활동도 여기에 포함된다.

<예시>
· 배합사료 제조 ·단미사료 제조   · 비스킷 제조(동물용)   · 어류용사료 제조
· 조제보조사료 제조   · 동물사료용 재료의 분쇄물 생산

다음 한국표준산업분류체계상의 업종을 포함한다.

한국표준산업분류 업종
동물용 사료 및 조제식품 제조업(10800) 등

[통계청 한국표준산업분류(KSIC-9) 코드]

> · 배합사료: 두 종류 이상의 사료 원료를 특정한 목적을 위해 일정한 비율로 혼합한 사료.

○ 공정도

○ 비산먼지 발생 주요공정

배합사료제조업의 비산먼지 발생 주요공정은 원료의 싣기 및 내리기, 야적, 분쇄, 이송, 수송, 포장 등의 공정이며, 비산먼지 발생요인은 다음과 같다.

공정명	비산먼지 발생요인	세부관리기준
싣기 및 내리기	· 원료 입고 및 이동 시 비산먼지 발생	p.112-117
야적	· 비료 저장 시 비산먼지 발생	p.99-111
분쇄	· 분쇄 과정 시 비산먼지 발생	p.145-146
이송	· 비료 이송 시 비산먼지 발생	p.133-139
수송	· 사업장 내 도로에서 수송을 위한 이동 시 비산먼지 발생	p.118-132
포장	· 제품 포장 시 비산먼지 발생	-

▶ p.62 "② 비산먼지 억제시설 및 조치기준" 참고

① 수송

② 내리기

다. 곡물가공업(임가공업을 포함한다)

○ 곡물 가공품 제조업이란?

임가공 여부를 불문하고 각종 곡물을 **도정**, **제분**, **압착**, 분쇄, 볶음, 튀김, 조리, 조제 및 기타 가공하여 정미, 곡물분말, 거친 가루, **압맥**, 튀밥, 곡물을 주재료로 한 혼합분말 및 유사 가공식품을 제조하는 산업활동을 말한다. 건조된 콩과류, 건조된 식용견과, 식량 및 **사료작물**의 뿌리, 줄기를 분쇄처리하여 분 및 조분을 생산하는 활동도 여기에 포함된다.

다음 한국표준산업분류체계상의 업종을 포함, 제외한다.

한국표준산업분류 업종		
	해당 업종	제외 업종
106	곡물 도정업(10611) 곡물 제분업(10612) 제과용 혼합분말 및 반죽 제조업(10613) 기타 곡물가공품 제조업(10619)	· 도시락 및 식사용 조리식품 제조(10798) 등
161	일반 제재업(16101) 표면가공목재 및 특정 목적용 제재목 제조업(16102) 목재 보존, 방부처리, 도장 및 유사 처리업(16103)	
162	박판, 합판 및 유사적층판 제조업(16211) 강화 및 재생 목재 제조업(16212) 목재문 및 관련제품 제조업(16221) 기타 건축용 나무제품 제조업(16229) 목재 깔판류 및 기타 적재판 제조업(16231) 목재 포장용 상자, 드럼 및 유사용기 제조업(16232) 목재 도구 및 기구 제조업(16291) 목재 도구 및 기구 제조업(16292) 장식용 목제품 제조업(16293) 그외 기타 나무제품 제조업(16299)	
163	코르크 제품 제조업(16301)	

[통계청 한국표준산업분류(KSIC-9) 코드: 106, 161, 162, 163 등]

○ 공정도

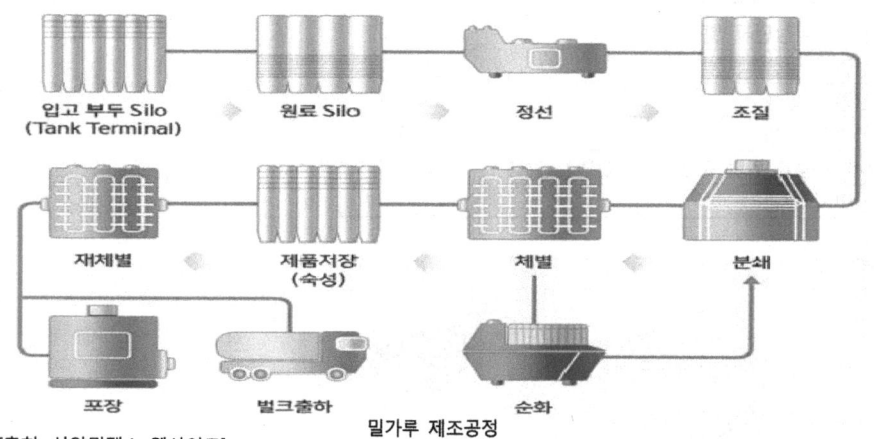

밀가루 제조공정
[출처: 삼양밀맥스 웹사이트]

· **도정:** 현미·보리 등 곡립의 등겨층(과피·종피·외배유·호분층을 합한 것)을 벗기는 조작

· **제분:** 곡류를 분쇄하여 조리가공하기 쉬운 분말 또는 거친 가루로 만드는 일

· **압착:** 곡류를 롤러 사이로 통과시켜 납작하게 만드는 공정

· **압맥:** 보리를 정백하여 적당한 수분과 열을 가하여 납작하게 누른 것

· **사료작물:** 가축에게 먹이기 위하여 재배되는 작물

· **원료 Silo:** 분입체를 흩어진 상태로 저장하는 용기

곡물가공업 공정도

○ 비산먼지 발생 주요공정

곡물가공업에서 비산먼지가 발생되는 주요공정은 싣기 및 내리기, 야적, 선별 및 분쇄, 이송, 수송 공정 등이며, 비산먼지 발생요인은 다음과 같다.

공정명	비산먼지 발생요인	세부관리기준
싣기 및 내리기	· 곡물 싣고 내리기 작업 시 비산먼지 발생	p.112-117
야적	· 곡물 창고 보관 시 비산먼지 발생	p.99-111
선별 및 분쇄	· 곡물 분쇄 시 비산먼지 발생	p.54(선별) p.145-146
이송	· 곡물 이송 시 비산먼지 발생	p.133-139
수송	· 곡물 및 제품 수송시 비산먼지 발생	p.118-132

▶ p.62 "② 비산먼지 억제시설 및 조치기준" 참고

① 원료 입고(곡물 창고)

② 곡물 이송 컨베이어

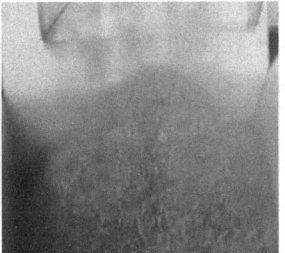
③ 분쇄

② 비산먼지 억제시설 및 조치기준(비료 및 사료 제품의 제조업)

※ 별표 14, 15 중 해당 사업에 적용되는 기준이며, 자세한 사항은 "Ⅳ. 공정별 비산먼지 관리"의 해당 세부관리기준 참조

배출공정	비산먼지 억제시설 및 조치기준	비고	세부관리기준
1. 야적	가. 야적물질을 1일 이상 보관하는 경우 방진덮개로 덮을 것 나. 야적물질의 최고저장높이의 1/3 이상의 방진벽을 설치하고, 최고저장높이의 1.25배 이상의 방진망(막)을 설치할 것	분체상 물질만 해당	p.99-102 p.103-106
	다. 야적물질로 인한 비산먼지 발생억제를 위하여 물을 뿌리는 시설을 설치할 것	수용성물질 제외	p.107-110
2. 싣기 및 내리기	다. 풍속이 평균초속 8m 이상일 경우에는 작업을 중지할 것	분체상 물질만 해당	p.115-116
3. 수송	가. 적재함을 최대한 밀폐할 수 있는 덮개를 설치하여 적재물이 외부에서 보이지 아니하고 흘림이 없도록 할 것 나. 적재함 상단으로부터 5㎝ 이하까지 적재물을 수평으로 적재할 것 다. 도로가 비포장사설도로인 경우 비포장사설도로로부터 반지름 500m 이내 10가구 이상의 주거시설이 있는 경우 반지름 1km 이내의 경우 포장, 간이포장 또는 살수할 것 라. 1) 자동식 세륜시설(금속지지대에 설치된 롤러에 차바퀴를 닿게 한 후 전력 또는 차량의 동력을 이용하여 차바퀴를 회전시키는 방법으로 차바퀴에 묻은 흙 등을 제거할 수 있는 시설) 　2) 수조를 이용한 세륜시설(수조넓이: 수송차량의 1.2배 이상, 수조깊이: 20센티미터 이상, 수조길이: 차량 전체길이의 2배 이상) 마. 측면 살수시설(살수높이: 바퀴부터 적재함 하단부까지, 살수길이: 차량 전체길이의 1.5배 이상, 살수압: 3kg/㎠ 이상) 바. 수송차량은 세륜 및 측면 살수 후 운행하도록 할 것 사. 먼지가 흩날리지 아니하도록 공사장안의 통행차량은 시속 20km 이하로 운행 아. 통행차량의 운행기간 중 공사장 안의 통행도로에는 1일 1회 이상 살수할 것		p.118-132
4. 이송	가. 야외 이송시설은 밀폐화하여 이송 중 먼지의 흩날림이 없도록 할 것 나. 이송시설은 낙하, 출입구 및 국소배기부위에 적합한 집진시설을 설치하고, 포집된 먼지는 흩날리지 아니하도록 제거하는 등 적절하게 관리할 것 다. 기계적(벨트컨베이어, 바켓엘리베이터 등)인 방법이 아닌 시설을 사용할 경우 물뿌림 또는 그 밖의 제진방법을 사용할 것		p.133-139

5 건설업

1 비산먼지 발생 신고 대상사업

가. **건축물축조공사**(건축물의 증.개축 및 재축을 포함하며, 연면적 1,000제곱미터 이상인 공사만 해당한다.
  다만, **굴정공사**는 총연장 200미터 이상 또는 굴착토사량 200세제곱미터 이상인 공사만 해당한다)
나. **토목공사**(구조물의 용적 합계가 1,000세제곱미터 이상이거나 공사면적이 1,000제곱미터 이상 또는 총연장이 200미터 이상인 공사만 해당한다)
다. **조경공사**(면적의 합계가 5,000제곱미터 이상인 공사만 해당한다)
라. 지반조성공사 중 **건축물해체공사**(연면적이 3,000제곱미터 이상인 공사만 해당한다),
  토공사 및 정지공사(공사면적의 합계가 1,000제곱미터 이상인 공사만 해당하되, 농지정리를 위한 공사는 제외한다)
마. **그 밖에 공사**(가목부터 라목까지의 공사에 준하는 공사로서 해당 가목부터 라목까지의 공사 규모 이상인 공사만 해당한다)

(대기환경보전법 시행규칙 [별표 13] 비산먼지 발생사업(제57조 관련))

가. 건축물축조공사
(건축물의 **증.개축** 및 **재축**을 포함하며, **연면적 1,000제곱미터 이상**인 공사만 해당한다. 다만, **굴정공사**는 **총연장 200미터 이상** 또는 **굴착토사량 200세제곱미터 이상**인 공사만 해당한다.)

○ **건축물축조공사란?**

종합적인 계획·관리 및 조정에 따라 토지에 정착하는 공작물 중 지붕과 기둥(또는 벽면)이 있는 것과 이에 부수되는 시설물을 건설하는 공사로 다음 한국표준산업분류체계상의 업종을 포함한다.

한국표준산업분류 업종
· 단독 및 연립주택 건설업(41111)
· 아파트 건설업(41112)
· 사무 및 상업용 건물 건설업(41121)
· 공업 및 유사 산업용 건물 건설업(41122)
· 파일공사 및 축조관련 기초 공사업(42123)
· 기타 시설물 축조관련 전문공사업(42139)
· 기타 건물설비 설치 공사업(42209)
· 도장 공사업(42411)-연면적 1,000㎡ 이상 건축물축조공사만 해당 등

[통계청 한국표준산업분류(KSIC-9) 코드: 411 건물 건설업]

○ **굴정공사란?**

보링, 그라우팅 공사업의 일종으로 지하 또는 공작물 등에 수직 또는 수평으로 구멍 뚫기 등을 시행하는 공사로 다음 한국표준산업분류체계상의 업종을 포함한다.

한국표준산업분류 업종
· 보링, 그라우팅 및 굴정 공사업(42122)

[통계청 한국표준산업분류(KSIC-9) 코드: 421 기반조성 및 시설물 축조관련 전문공사업]

· **증축**: 기존 건축물이 있는 대지에서 건축물의 건축면적, 연면적, 층수 또는 높이를 늘리는 것

· **개축**: 기존 건축물의 전부 또는 일부[내력벽·기둥·보·지붕틀(제16호에 따른 한옥의 경우에는 지붕틀의 범위에서 서까래는 제외한다) 중 셋 이상이 포함되는 경우를 말한다]를 철거하고 그 대지에 종전과 같은 규모의 범위에서 건축물을 다시 축조하는 것

· **재축**: 건축물이 천재지변이나 그 밖의 재해(災害)로 멸실된 경우 그 대지에 다시 축조하는 것

[건축법 시행령 제2조 정의]

○ 공정도

○ 비산먼지 발생 주요공정

건축물축조공사, 굴정공사시 비산먼지가 발생되는 주요공정은 **야적, 싣기 및 내리기, 수송, 그 밖에 공정**(뿜칠 및 그 외)이며, 비산먼지 발생요인은 다음과 같다.

공정	비산먼지 발생요인	세부관리기준
야적	· 토사/골재 등 바람의 영향으로 비산먼지 발생	p.99-111
싣기 및 내리기	· 토사/골재의 운반차량 싣기 및 내리기	p.112-117
수송	· 운반차량 이동에 따른 비포장도로 비산먼지 발생 및 외부도로 차량타이어에 묻은 토사 유출 · 수송: 터파기→ 싣기→ 현장 내 소운반→ 세륜시설→ 외부 운반	p.118-132
그 밖에 공정	· 뿜칠작업으로 주변 비산먼지 발생 · 바닥청소, 벽체연마, 분사방식에 의한 도장공사 시 비산먼지 발생 · 건축구조물 해체 작업 시 비산먼지 발생	p.155-162

▶ p.69-70, "② 비산먼지 억제시설 및 조치기준" 참고

① 토사 야적

② 골재 야적

③ 철골 뿜칠작업 - 비닐방진막

④ 철골 뿜칠작업 - 천막방진막

· 건축물축조공사의 경우 시도지사의 판단에 따라 대기환경보전법 시행규칙 **[별표 15] 엄격한 기준**을 준수해야 하는 사업자에 해당됨

나. 토목공사 (구조물의 용적 합계가 1,000세제곱미터 이상이거나 공사면적이 1,000제곱미터 이상 또는 총연장이 200미터 이상인 공사만 해당한다)

○ 토목공사란?

종합적인 계획·관리 및 조정에 따라 토목공작물을 설치하거나 토지를 조성·개량하는 공사로 다음 한국표준산업분류체계상의 업종을 포함한다.

한국표준산업분류 업종
· 지반조성 건설업(41210)(건축물해체공사 제외) · 도로 건설업(41221) · 교량, 터널 및 철도 건설업(41222) · 수로, 댐 및 급·배수시설 건설업(41223) · 폐기물처리 및 오염방지시설 건설업(41224) · 산업플랜트 건설업(41225) · 기타 토목시설물 건설업(41229) 등

[통계청 한국표준산업분류(KSIC-9) 코드: 412 토목 건설업]

· **토목공사 예시**
: 도로·항만·교량·철도·지하철·공항·관개수로·발전(전기제외)·댐·하천 등의 건설, 택지조성 등 부지조성공사, 간척·매립공사 등
  [건설산업기본법 시행령 제7조]

○ 공정도

가설공사 → 흙막이(굴착)공사 → 기초공사 → 구조물 공사 → 포장공사 및 기타공사

○ 비산먼지 발생 주요공정

토목공사시 비산먼지가 발생되는 주요공정은 **야적, 싣기 및 내리기, 수송, 채광·채취, 그밖에 공정** 등이며, 비산먼지 발생요인은 다음과 같다.

공정	비산먼지 발생요인	세부관리 기준
야적	토사 및 골재의 일시 적치에 의한 비산먼지 발생	p.99-111
싣기 및 내리기	백호우를 이용한 토사 및 골재의 덤프트럭 상차 및 하차 시 비산먼지 발생	p.112-117
수송	토사 및 골재의 운반 및 자재의 반입을 위한 차량 운행 시 차량에 묻은 토사 및 이동통로 상의 토사에 의한 비산먼지 발생	p.118-132
채광·채취	절토부 및 구조물 하부 암반제거를 위한 발파 작업 시 발생하는 비산먼지	p.140-144
그 밖에 공정	구조물 마감공사 시 분사방식에 의한 도장 및 표면 연마작업시 발생하는 비산먼지	p.155-162

▶ p.69~70, "② 비산먼지 억제시설 및 조치기준" 참고

· 토목공사 중 발생하는 야적물질은 터파기, 성토 및 골재적치 작업 등에 의해 주로 발생함에 따라 공정 발생시 사전 야적물질에 대한 물량을 계획하고 방진망을 구비하여야 한다.

다. 조경공사(면적의 합계가 5,000제곱미터 이상인 공사만 해당한다)

- **조경공사 예시**
: 수목원·공원·숲·생태공원 등의 조성 공사
   [건설산업기본법 시행령 별표 1]

○ <u>조경공사란?</u>

조경공사는 종합적인 계획·관리·조정에 따라 수목원·공원·녹지·숲의 조성 등 경관 및 환경을 조성·개량하는 공사를 말한다.

한국표준산업분류 업종
· 조경건설업(41226) 등

○ 공정도

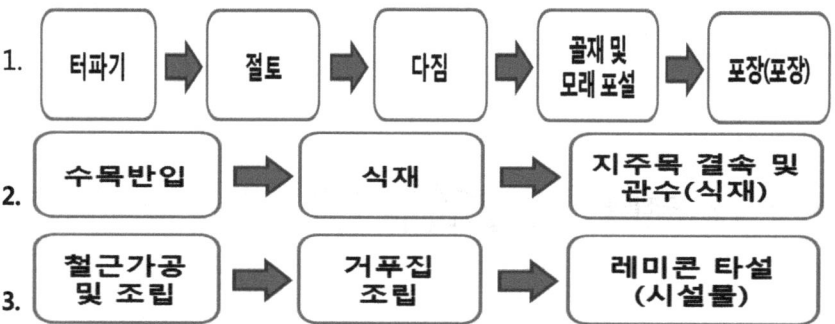

○ 비산먼지 발생 주요공정

조경공사시 비산먼지가 발생되는 주요공정은 야적, 싣기 및 내리기, 수송 등이며, 비산먼지 발생요인은 다음과 같다.

공정	비산먼지 발생요인	세부관리기준
야적	· 토사의 일시 적치에 의한 비산먼지 발생	p.99-111
싣기 및 내리기	· 백호우를 이용한 토사의 덤프트럭 상차 및 하차 시 비산먼지 발생	p.112-117
수송	· 토사의 운반 및 자재의 반입을 위한 차량 운행 시 차량에 묻은 토사 및 이동통로 상의 토사에 의한 비산먼지 발생	p.118-132

▶ p.69-70, "② 비산먼지 억제시설 및 조치기준" 참고

라. 지반조성공사 중 **건축물해체공사**(연면적이 3,000제곱미터 이상인 공사만 해당한다), **토공사 및 정지공사**(공사면적의 합계가 1,000제곱미터 이상인 공사만 해당하되, **농지정리를 위한 공사는 제외한다**)

○ **건축물해체공사란?**

건축물의 실내 전부 또는 일부를 철거하거나 실내 마감의 개보수를 목적으로 절단 또는 해체하는 공사로 다음 한국표준산업분류체계상의 업종을 포함한다.

한국표준산업분류 업종
· 건물 및 구축물 해체 공사업(42110) 등

[통계청 한국표준산업분류(KSIC-9) 코드: 4211]

○ **토공사, 정지공사란?**

· **토공사:** 땅을 굴착하거나 토사 등으로 **지반을 조성하는 공사**로 비교적 소규모의 공사에서는 부지정리·지반의 틈처리·구덩이파기·되메우기·흙쌓기·땅고르기·잔토처분 등의 공사를 의미한다.

① 굴착공사

② 성토공사

③ 절토공사   ④ 흙막이공사

출처: www.tskgreenviro.co.kr

· **정지공사:** ① 흙파기공사(土工事)의 하나 ② 깎아내기, 돋우기, 고르기 등의 작업으로 건축공사에서는 규모의 대소에 따라 각종공정별로 공사착수 전에 이루어진다.

다음 한국표준산업분류체계상의 업종을 포함한다.

한국표준산업분류 업종
· 토공사업(42121) 등

[통계청 한국표준산업분류(KSIC-9) 코드: 4212 기반조성 관련 전문공사업]

· **지반조성공사란?**
  지반공사는 계약 또는 자기계정에 의하여 지반조성을 위한 발파·시굴·굴착··정지 등을 수행하는 공사
  [통계청 한국표준산업분류]

· **토공사의 예시:** 굴착·성토·절토·흙막이공사·철도도상자갈공사, 폐기물매립지에서의 굴착·선별·성토공사 등

· **굴착공사:** 인력 및 장비로 지반으로 파는 공사로 굴착, 적재, 배토 운반 작업을 포함

· **성토공사:** 흙을 쌓아 올려 지반이나 노상 또는 둑을 조성하는 토목공사

· **절토공사:** 지형을 깎아 내리거나 시설 이후의 안정이나 균형을 잡기 위한 땅깎기 작업

· **흙막이공사:** 흙쌓기나 터파기의 붕괴나 미끄럼을 방지하기 위한 공사

○ 공사 중 운송차량을 통한 100톤 이상의 토사반출입이 있는 경우에 한해서 비산먼지 저감방안을 수립하는 것이 좋음
  [미국 Rule 403 규정 참조]

○ 공정도

○ 비산먼지 발생 주요공정

건축물해체공사, 토공사 및 정지공사시의 비산먼지 발생 주요공정은 야적, 싣기 및 내리기, 수송, 건축물 해체 등이며, 비산먼지 발생요인은 다음과 같다.

공정	비산먼지 발생요인	세부관리 기준
야적	· 토공사 및 관로부성을 위한 터파기 토사의 일시 적치토사에 의한 비산먼지 발생	p.99-111
싣기 및 내리기	· 백호우를 이용한 토사 상차 및 하차 시 비산먼지 발생	p.112-117
수송	· 토사의 운반 및 자재의 반입을 위한 차량 운행 시 적치토사 및 이동통로 상의 토사에 의한 비산먼지 발생	p.118-132
그 밖에 공정	· (건축물 해체) 기존 건축물 및 도로의 깨기 작업 시 비산먼지 발생	p.155-162

▶ p.69~70, "② 비산먼지 억제시설 및 조치기준" 참고

· **비계공사**: 건축물 등을 건축하기 위하여 비계를 설치하거나 높은 장소에서 중량물을 거치하는 공사

· **파일공사**: 항타에 의하여 파일을 박거나 샌드파일 등을 설치하는 공사

· **구조물해체공사**: 구조물 등을 해체하는 공사

마. 그 밖에 공사

☞ 가목부터 라목까지의 공사에 준하는 공사로서 해당 가목부터 라목까지의 공사 규모 이상인 공사만 해당한다. 다음 한국표준산업분류체계상의 업종을 포함한다.

한국표준산업분류 업종
· 기타 기반조성 관련 전문공사업(42129)
· 그외 기타 건축마무리 공사업(42499) 등
· 철근 및 철근콘크리트 공사업(42132)
· 조적 및 석축 공사업(42133)
· 포장 공사업(42134)
· 철도궤도 전문공사업(42135)
· 비계 및 형틀 공사업(42137) 등

[통계청 한국표준산업분류(KSIC-9) 코드: 4212 기반조성 관련 전문공사업, 4213 시설물 축조 관련 전문공사업]

② 비산먼지 억제시설 및 조치기준(건설업)

※ 별표 14, 15 중 해당 사업에 적용되는 기준이며, 자세한 사항은 "Ⅳ. 공정별 비산먼지 관리"의 해당 세부관리기준 참조

배출공정	비산먼지 억제시설 및 조치기준	비고	세부관리 기준
1. 야적	가. 야적물질을 1일 이상 보관하는 경우 방진덮개로 덮을 것 나. 야적물질의 최고저장높이의 1/3 이상의 방진벽을 설치하고, 최고저장높이의 1.25배 이상의 방진망(막)을 설치할 것 다. 야적물질로 인한 비산먼지 발생억제를 위하여 물을 뿌리는 시설을 설치할 것	분체상 물질만 해당	p.99-102 p.103-106 p.107-110
	[엄격한 기준] 가. 야적물질을 최대한 밀폐된 시설에 저장 또는 보관할 것 나. 수송 및 작업차량 출입문을 설치할 것 다. 보관·저장시설은 가능하면 한 3면이 막히고 지붕이 있는 구조가 되도록 할 것	건축물축조공사 토목공사 해당	p.163-164
2. 싣기 및 내리기	나. 싣거나 내리는 장소 주위에 고정식 또는 이동식 물을 뿌리는 시설 설치 (살수반경 5m 이상, 수압 3kg/㎠ 이상) 다. 풍속이 평균초속 8m 이상일 경우에는 작업을 중지할 것	분체상 물질만 해당	p.113-116
	[엄격한 기준] 가. 최대한 밀폐된 저장 또는 보관시설 내에서만 분체상물질을 싣거나 내릴 것 나. 싣거나 내리는 장소 주위에 고정식 또는 이동식 물뿌림시설(물뿌림반경 7m 이상, 수압 5kg/㎠ 이상)을 설치할 것	건축물축조공사 토목공사 해당	p.165-166
3. 수송	가. 적재함을 최대한 밀폐할 수 있는 덮개를 설치하여 적재물이 외부에서 보이지 아니하고 흘림이 없도록 할 것 나. 적재함 상단으로부터 5㎝ 이하까지 적재물을 수평으로 적재할 것 다. 도로가 비포장사설도로인 경우 비포장사설도로로부터 반지름 500m 이내 10가구 이상의 주거시설이 있는 경우 반지름 1km 이내의 경우 포장, 간이포장 또는 살수할 것 라. 1) 자동식 세륜시설(금속지지대에 설치된 롤러에 차바퀴를 닿게 한 후 전력 또는 차량의 동력을 이용하여 차바퀴를 회전시키는 방법으로 차바퀴에 묻은 흙 등을 제거할 수 있는 시설) 2) 수조를 이용한 세륜시설(수조넓이: 수송차량의 1.2배 이상, 수조깊이: 20센티미터 이상, 수조길이: 차량 전체길이의 2배 이상) 마. 측면 살수시설(살수높이: 바퀴부터 적재함 하단부까지, 살수길이: 차량 전체길이의 1.5배 이상, 살수압: 3kg/㎠) 바. 수송차량은 세륜 및 측면 살수 후 운행하도록 할 것 사. 먼지가 흩날리지 아니하도록 공사장안의 통행차량은 시속 20km 이하로 운행 아. 통행차량의 운행기간 중 공사장 안의 통행도로에는 1일 1회 이상 살수할 것		p.118-132
	[엄격한 기준] 가. 적재물이 흘러내리거나 흩날리지 아니하도록 덮개가 장치된 차량으로 수송할 것 나. 다음 규격의 세륜시설을 설치할 것 　금속지지대에 설치된 롤러에 차바퀴를 닿게 한 후 전력 또는 차량의 동력을 이용하여 차바퀴를 회전시키는 방법 또는 이와 같거나 그 이상의 효과를 지닌 자동물뿌림장치를 이용하여 차바퀴에 묻은 흙 등을 제거할 수 있는 시설 다. 공사장 출입구에 환경전담요원을 고정 배치하여 출입차량의 세륜·세차를 통제하고 공사장 밖으로 토사가 유출되지 아니하도록 관리할 것 라. 공사장 내 차량통행도로는 다른 공사에 우선하여 포장하도록 할 것	건축물축조공사 토목공사 해당	p.167-169

배출공정	비산먼지 억제시설 및 조치기준	비고	세부관리 기준
4. 이송	가. 야외 이송시설은 밀폐화하여 이송 중 먼지의 흩날림이 없도록 할 것 나. 이송시설은 낙하, 출입구 및 국소배기부위에 적합한 집진시설을 설치하고, 포집된 먼지는 흩날리지 아니하도록 제거하는 등 적절하게 관리할 것 다. 기계적(벨트컨베이어, 바켓엘리베이터 등)인 방법이 아닌 시설을 사용할 경우 물뿌림 또는 그 밖의 제진방법을 사용할 것		p.133-139
5. 채광.채취	가. 살수시설 등을 설치하도록 하여 주위에 먼지가 흩날리지 아니하도록 할 것 나. 발파 시 발파공에 젖은 가마니 등을 덮거나 적절한 방지시설을 설치한 후 발파할 것 다. 발파 전후 발파 지역에 대하여 충분한 살수를 실시하고, 천공시에는 먼지를 포집할 수 있는 시설을 설치할 것 라. 풍속이 평균 초속 8미터 이상인 경우에는 발파작업을 중지할 것 마. 작은 면적이라도 채광·채취가 이루어진 구역은 최대한 먼지가 흩날리지 아니하도록 조치할 것 바. 분체형태의 물질 등 흩날릴 가능성이 있는 물질은 밀폐용기에 보관하거나 방진덮개로 덮을 것	갱내작업의 경우는 제외	p.140-144
7. 야외 절단	가. 고철 등의 절단작업은 가급적 옥내에서 실시할 것 나. 야외절단 시 인근 주위에 간이 칸막이 등을 설치하여 먼지가 흩날리지 아니하도록 할 것 다. 야외절단 시 이동식 집진시설을 설치하여 작업할 것. 다만, 이동식집진시설의 설치가 불가능한 경우에는 진공식 청소차량 등으로 작업현장에 대한 청소작업을 지속적으로 실시할 것 라. 풍속이 평균초속 8m 이상인 경우에는 작업을 중지할 것		p.147-151
8. 야외 탈청	가. 탈청구조물의 길이가 15m 미만인 경우에는 옥내작업을 할 것 나. 야외 작업시에는 간이칸막이 등을 설치하여 먼지가 흩날리지 아니하도록 할 것 다. 야외 작업 시 이동식 집진시설을 설치할 것. 다만, 이동식 집진시설의 설치가 불가능할 경우 진공식 청소차량 등으로 작업현장에 대한 청소작업을 지속적으로 할 것 라. 작업 후 남은 것이 다시 흩날리지 아니하도록 할 것 마. 풍속이 평균초속 8m 이상인 경우에는 작업을 중지할 것		p.152
9. 야외 연마	가. 야외 작업 시 이동식 집진시설을 설치.운영할 것. 다만, 이동식 집진시설의 설치가 불가능할 경우 진공식 청소차량 등으로 작업현장에 대한 청소작업을 지속적으로 할 것 나. 부지 경계선으로부터 40m 이내에서 야외 작업 시 작업 부위의 높이 이상의 이동식 방진망 또는 방진막을 설치할 것 다. 작업 후 남은 것이 다시 흩날리지 아니하도록 할 것 라. 풍속이 평균초속 8m 이상인 경우에는 작업을 중지할 것		p.153

11. 그 밖에 공정	가. 건축물축조공사장에서는 먼지가 공사장 밖으로 흩날리지 아니하도록 다음과 같은 시설을 설치하거나 조치를 할 것
	  1) 비산먼지가 발생되는 작업(바닥청소, 벽체연마작업, 절단작업, 분사방식에 의한 도장작업 등의 작업을 말한다)을 할 때에는 해당 작업 부위 혹은 해당 층에 대하여 방진막 등을 설치할 것. 다만, 건물 내부공사의 경우 커튼 월 및 창호공사가 끝난 경우에는 그러하지 아니하다.
	  2) 철골구조물의 내화피복작업시에는 먼지발생량이 적은 공법을 사용하고 비산먼지가 외부로 확산되지 아니하도록 방진막 등을 설치할 것
	  3) 콘크리트구조물의 내부 마감공사 시 거푸집 해체에 따른 조인트 부위 등 돌출면의 면고르기 연마작업시에는 방진막 등을 설치하여 비산먼지 발생을 최소화할 것
	  4) 공사 중 건물 내부 바닥은 항상 청결하게 유지관리하여 비산먼지 발생을 최소화할 것
	나. 건축물축조공사장 및 토목공사장에서 철구조물의 분사방식에 의한 야외 도장 시 방진막 등을 설치할 것
	다. 건축물해체공사장에서 건물해체작업을 할 경우 먼지가 공사장 밖으로 흩날리지 아니하도록 방진막 또는 방진벽을 설치하고, 물뿌림 시설을 설치하여 작업 시 물을 뿌리는 등 비산먼지 발생을 최소화할 것
		건축물축조공사장, 토목공사장 건물해체공사장 의 경우만 해당	p.155-162

6. 시멘트·석탄·토사·사료·곡물·고철의 운송업

1 비산먼지 발생 신고 대상사업(제외)

가. 시멘트·석탄·토사·사료·곡물·고철의 운송업

○ **시멘트·석탄·토사·사료·곡물·고철의 운송업**이란?

시멘트·석탄·토사·사료·곡물·고철을 운송하는 차량 또는 사업자를 말하며, 비산먼지 발생 사업에는 해당되나, 신고대상에서는 제외된다.

다음 한국표준산업분류체계상의 업종을 포함한다.

한국표준산업분류 업종
· 철도운송업(49100)
· 일반 화물자동차 운송업(49311)
· 용달 및 개별 화물자동차 운송업(49312)
· 건설폐기물 수집운반업(38130) 등

[통계청 한국표준산업분류(KSIC-9) 코드: 49 **육상운송 및 파이프라인 운송업** 등]

· 육상운송 및 파이프라인 운송업
- 노선 또는 정기 운송여부를 불문하고 육상 운송설비로 여객 및 화물을 운송하는 산업활동을 말함

○ **비산먼지 발생 주요공정**

시멘트·석탄·토사·사료·곡물·고철 운송업의 비산먼지 발생 주요공정은 싣기 및 내리기, 수송 등이며, 비산먼지 발생요인은 다음과 같다.

공정명	비산먼지 발생요인	세부관리기준
싣기 및 내리기	· 상차 및 하차 시 비산먼지 발생	p.112-117
수송	· 운반 및 자재의 반입을 위한 차량 운행 시 적치	p.118-132

▶ p.72, "② 비산먼지 억제시설 및 조치기준" 참고

② 비산먼지 억제시설 및 조치기준(시멘트·석탄·토사·사료·곡물·고철의 운송업)

※ 별표 14, 15 중 해당 사업에 적용되는 기준이며, 자세한 사항은 "Ⅳ. 공정별 비산먼지 관리"의 해당 세부관리기준 참조

배출공정	비산먼지 억제시설 및 조치기준	비고	세부관리 기준
2. 싣기 및 내리기	나. 싣거나 내리는 장소 주위에 고정식 또는 이동식 물을 뿌리는 시설(살수반경 5m 이상, 살수압 3kg/㎠ 이상) 설치	곡물작업장의 경우 제외	p.113-114
	다. 풍속이 평균초속 8m 이상일 경우에는 작업을 중지할 것	분체상 물질만 해당	p.115-116
3. 수송	가. 적재함을 최대한 밀폐할 수 있는 덮개를 설치하여 적재물이 외부에서 보이지 아니하고 흘림이 없도록 할 것 나. 적재함 상단으로부터 5㎝ 이하까지 적재물을 수평으로 적재할 것 바. 수송차량은 세륜 및 측면 살수 후 운행하도록 할 것 사. 먼지가 흩날리지 아니하도록 공사장안의 통행차량은 시속 20km 이하로 운행 자. 광산 진입로는 임시로 포장하여 먼지가 흩날리지 아니하도록 할 것(시멘트 제조업만 해당)	가·나·바·사·자만 해당	p.118-120 p.128-129 p.132
4. 이송	가. 야외 이송시설은 밀폐화하여 이송 중 먼지의 흩날림이 없도록 할 것 나. 이송시설은 낙하, 출입구 및 국소배기부위에 적합한 집진시설을 설치하고, 포집된 먼지는 흩날리지 아니하도록 제거하는 등 적절하게 관리할 것 다. 기계적(벨트컨베이어, 바켓엘리베이터 등)인 방법이 아닌 시설을 사용할 경우 물뿌림 또는 그 밖의 제진방법을 사용할 것		p.133-138

7. 운송장비 제조업

1 비산먼지 발생 신고 대상사업

가. 강선건조업과 합성수지선건조업
나. 선박구성부분품제조업(선실블록제조업만 해당한다)
다. 그 밖에 선박건조업

가. 강선건조업과 합성수지선건조업

○ **강선건조업**이란?

주로 철강을 사용하여 <u>유조선</u> 및 기타 화물선, 어선 및 수산물의 가공 또는 저장용의 선박, 냉동선 및 <u>순항선</u>, 유람선 및 기타 여객선, 군함 및 구명보트, 예인선 및 푸셔크라프트 등 각종 용도의 항해용 철강선박을 건조하는 산업활동을 말한다.

<예시>
· 유조선 제조 ·군함 제조 · 각종 용도의 강선 제조 ·구명보트 제조
· 기상관측선 제조 ·예인선 제조 · 페리보트 제조 ·수산물 가공용 선박 제조
· 병원선 제조 ·학술연구선 및 시험선 제조

○ **합성수지선건조업**이란?

주로 <u>합성수지</u>를 사용하여 어선 및 어획물의 가공저장선, 화물선, 여객선 등과 같은 각종 항해용 선박을 건조하는 산업활동을 말한다.

<예시>
· 합성수지선 건조

다음 한국표준산업분류체계상의 업종을 포함한다.

한국표준산업분류 업종	
· 강선 건조업(31111)	· 합성수지선 건조업(31112) 등

[통계청 한국표준산업분류(KSIC-9) 코드: 3111 선박 건조업]

○ **공정도**

강선건조업과 합성수지선건조업, 선박구성부분품제조업, 그 밖에 선박건조업은 건조하는 선박의 규모에 차이가 있을 뿐 공정은 거의 동일하다.

· **유조선**: 석유류·경유·당밀·포도주원액·화공약품 및 액화석유가스(LPG)·액화천연가스(LNG) 등 액체화물을 용기에 넣지 않은 비포장 상태로 산적하여 대량 수송하는 선박

· **순항선**: 섬들을 정기 또는 부정기로 순회하는 배

· **합성수지**: 합성 고분자 물질 중에서 섬유, 고무로 이용되는 이외의 것

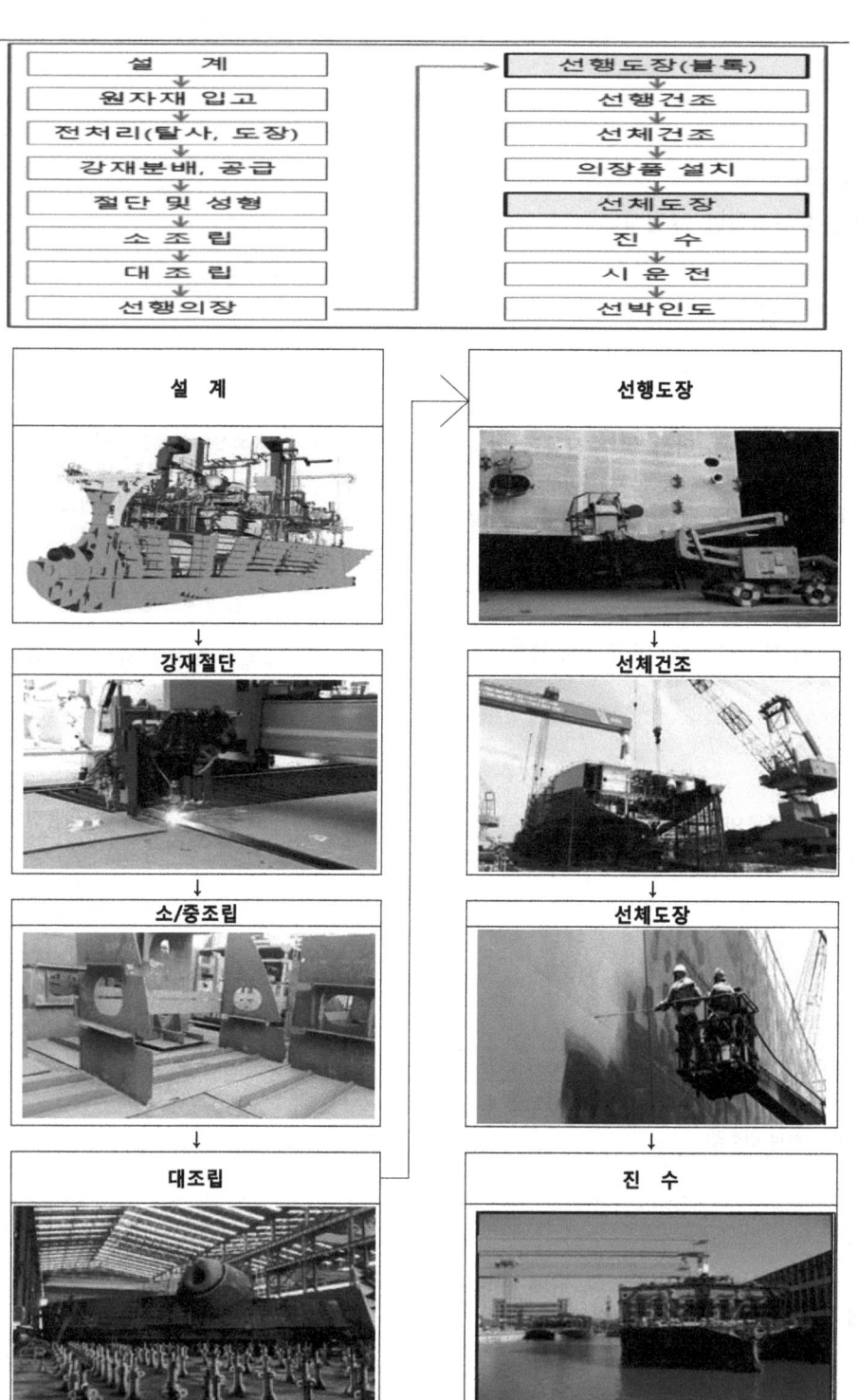

[출처: 환경부(2016), 비산배출저감을 위한 시설세부관리기준 사업장 세부이행지침]

- **도장**: 목제품의 외관이나 내구성의 증진, 표면보호 등의 목적으로 목제품의 표면에 페인트, 락카, 왁스 등을 칠하는 것

- **의장품**: 함정의 작업 절차와 조함을 돕기 위하여 또는 승조원의 안전과 편의를 제공하거나 단순한 장식용으로 선체에 부착한 여러 가지 형태의 구조물과 기구 등의 총칭

- **진수(launching)**: 육상의 조선소에서 건조된 선박을 수상에 처음으로 띄우는 일

○ 비산먼지 발생 주요공정

강선건조업과 **합성수지건조업**의 비산먼지 발생 주요공정은 싣기 및 내리기, 야적, 야외절단, 도장, 이송 등이며, 비산먼지 발생요인은 다음과 같다.

공정명	비산먼지 발생요인	세부관리 기준
싣기 및 내리기	· 제품 싣고 내리기 시 비산먼지 발생	p.112-117
야적	· 강재(원자재) 입고, 보관 시 비산먼지 발생	p.99-111
야외 절단	· 표면처리 가공 및 절단, 조립	p.147-151
도장	· 옥내 도장 : 강재의 표면처리, 소형 철골조 및 블록도장 작업 등 선행도장 · 야외 도장 : 일부 대형 철골조, 선체 도장작업 등	p.154
이송	· 제품 이송 시 비산먼지 발생	p.133-139

▶ p.78, "② 비산먼지 억제시설 및 조치기준" 참고

① 옥내 도장시설

② 야외 도장시설

③ 선박 외부 마감 도장작업 (용접부위)

④ 야외절단

⑤ 야외절단

⑥ 선박도장

나. 선박구성부분품제조업(선실블록제조업만 해당한다)

○ 선박구성부분품제조업이란?

선박을 구성하는 부분품을 제조하는 산업활동을 말하며, 다음 한국표준산업분류체계 상의 업종을 포함한다.

한국표준산업분류 업종
· 선박 구성부분품 제조업(31114) 등

[통계청 한국표준산업분류(KSIC-9) 코드]

○ 비산먼지 발생 주요공정

선박구성부분품 제조업의 비산먼지 발생 주요공정은 석탄 싣기 및 내리기, 야적, 수송 등이며, 비산먼지 발생요인은 다음과 같다.

공정명	비산먼지 발생요인	세부관리기준
싣기 및 내리기	·제품 싣고 내리기 비산먼지 발생	p.112-117
야적	·강재(원자재) 입고, 보관 시 비산먼지 발생	p.99-111
수송	·제품 이동 시 비산먼지 발생	p.118-132

▶ p.78, "② 비산먼지 억제시설 및 조치기준" 참고

다. 그 밖의 선박건조업

○ 그 밖의 선박건조업은?

그 밖의 선박건조업은 다음 한국표준산업분류체계상의 업종을 포함한다.

한국표준산업분류 업종
· 비철금속 선박 및 기타 항해용 선박 건조업(31113) · 기타 선박 건조업(31119) · 오락 및 스포츠용 보트 건조업(31120) 등

[통계청 한국표준산업분류(KSIC-9) 코드]

○ 공정도

<수리선박>

상가 → 수리부위점검 → 절단용접 → 도장 → 진수

<신조선박>

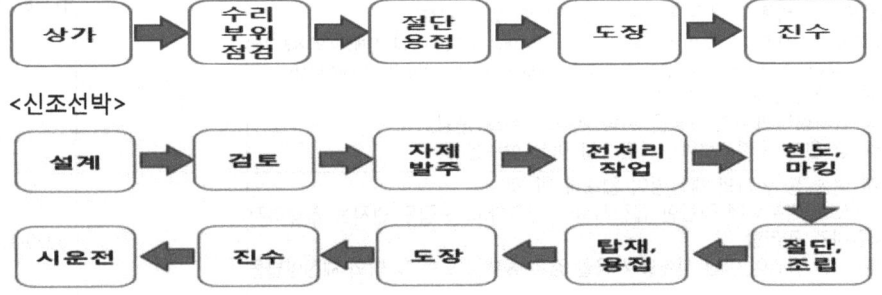

○ 비산먼지 발생 주요공정

그 밖의 선박건조업에서 비산먼지가 발생되는 주요공정은 싣기 및 내리기, 야적, 야외 절단, 도장, 이송 공정 등이며, 비산먼지 발생요인은 다음과 같다.

공정명	비산먼지 발생요인	세부관리기준
싣기 및 내리기	· 제품 싣고 내리기 시 비산먼지 발생	p.112-117
야적	· 강재(원자재) 입고, 보관 시 비산먼지 발생	p.99-111
야외 절단	· 표면처리 가공 및 절단, 조립	p.147-151
도장	· 옥내 도장 : 강재의 표면처리, 소형 철골조 및 블록도장작업 등 선행도장 · 야외 도장 : 일부 대형 철골조, 선체 도장작업 등	p.154
이송	· 제품 이송 시 비산먼지 발생	p.133-139

▶ p.78, "2) 비산먼지 억제시설 및 조치기준" 참고

① 야외절단

② 선박도장

· **비철금속 선박 및 기타 항해용 선박 건조업**
철강 및 합성수지를 제외한 기타 재료로 비철금속선, 목선 등의 각종 항해용 선박을 건조하는 산업활동을 말한다.
<예시>
·비철금속선 건조 ·목선 건조

· **기타 선박 건조업**
·각종 재료로 준설선, 시추대 및 기타 수상 부유작업대, 수상구조물 및 기타 비항해용 선박을 건조하는 산업활동이 포함된다.
<예시>
·준설선 제조 ·비항해용 선박제조
·수상구조물 제조 ·수상 작업대 제조
·물에 뜨는 구조물 제조 ·수상부유작업대 제조
·해난구조선 제조 ·소방선 제조

· **오락 및 스포츠용 보트 건조업**
모터, 풍력, 페달, 노에 의하여 추진될 수 있는 카누, 범선, 요트 및 이와 유사한 보트를 건조하는 산업활동을 말한다. 노로 추진되는 소형 범선 및 구명정 등의 건조도 포함된다.
<예시>
·유람용 보트 제조(노용) ·경기용 선박 제조
·운동용 선박 제조 ·카약 제조
·커터 제조 ·낚시용 보트 제조
<제외>
·선체가 오락용 보트와 유사하더라도 상업적 서비스용으로 특별히 설계 제작된 보트 제조(3111)

· **현도**: 선체의 모양을 실제 치수로 그려서 수정하고 그것으로부터 실물 크기로 전개하거나 가공용 본을 뜨는 작업

· **탑재**: 배, 비행기, 차 등에 물건을 실음

② 비산먼지 억제시설 및 조치기준(운송장비 제조업)

※ 별표 14, 15 중 해당 사업에 적용되는 기준이며, 자세한 사항은 "Ⅳ. 공정별 비산먼지 관리"의 해당 세부관리기준 참조

배출공정	비산먼지 억제시설 및 조치기준	비고	세부관리기준
1. 야적	가. 야적물질을 1일 이상 보관하는 경우 방진덮개로 덮을 것 나. 야적물질의 최고저장높이의 1/3 이상의 방진벽을 설치하고, 최고저장높이의 1.25배 이상의 방진망(막)을 설치할 것 다. 야적물질로 인한 비산먼지 발생억제를 위하여 물을 뿌리는 시설을 설치할 것	분체상 물질만 해당 고철야적장 제외	p.99-102 p.103-106 p.107-110
2. 싣기 및 내리기	나. 싣거나 내리는 장소 주위에 고정식 또는 이동식 물을 뿌리는 시설(살수반경 5m 이상, 수압 3kg/㎠ 이상) 설치 다. 풍속이 평균초속 8m 이상일 경우에는 작업을 중지할 것	분체상 물질만 해당	p.113-114 p.115-116
3. 수송	가. 적재함을 최대한 밀폐할 수 있는 덮개를 설치하여 적재물이 외부에서 보이지 아니하고 흘림이 없도록 할 것 나. 적재함 상단으로부터 5㎝ 이하까지 적재물을 수평으로 적재할 것 다. 도로가 비포장사설도로인 경우 비포장사설도로로부터 반지름 500m 이내 10가구 이상의 주거시설이 있는 경우 반지름 1km 이내의 경우 포장, 간이포장 또는 살수할 것 라. 1) 자동식 세륜시설(금속지지대에 설치된 롤러에 차바퀴를 닿게 한 후 전력 또는 차량의 동력을 이용하여 차바퀴를 회전시키는 방법으로 차바퀴에 묻은 흙 등을 제거할 수 있는 시설) 　 2) 수조를 이용한 세륜시설(수조넓이: 수송차량의 1.2배 이상, 수조깊이: 20센티미터 이상, 수조길이: 차량 전체길이의 2배 이상) 마. 측면 살수시설(살수높이: 바퀴부터 적재함 하단부까지, 살수길이: 차량 전체길이의 1.5배 이상, 살수압: 3kg/㎠ 이상) 바. 수송차량은 세륜 및 측면 살수 후 운행하도록 할 것 사. 먼지가 흩날리지 아니하도록 공사장안의 통행차량은 시속 20km 이하로 운행 아. 통행차량의 운행기간 중 공사장 안의 통행도로에는 1일 1회 이상 살수할 것		p.118-132
4. 이송	가. 야외 이송시설은 밀폐화하여 이송 중 먼지의 흩날림이 없도록 할 것 나. 이송시설은 낙하, 출입구 및 국소배기부위에 적합한 집진시설을 설치하고, 포집된 먼지는 흩날리지 아니하도록 제거하는 등 적절하게 관리할 것 다. 기계적(벨트컨베이어, 바켓엘리베이터 등)인 방법이 아닌 시설을 사용할 경우 물뿌림 또는 그 밖의 제진방법을 사용할 것		p.133-139
7. 야외 절단	가. 고철 등의 절단작업은 가급적 옥내에서 실시할 것 나. 야외절단 시 인근 주위에 간이 칸막이 등을 설치하여 먼지가 흩날리지 아니하도록 할 것 다. 야외 절단 시 이동식 집진시설을 설치하여 작업할 것. 다만, 이동식집진시설의 설치가 불가능한 경우에는 진공식 청소차량 등으로 작업현장에 대한 청소작업을 지속적으로 실시할 것 라. 풍속이 평균초속 8m 이상(강선건조업과 합성수지선건조업인 경우 10m 이상)인 경우에는 작업을 중지할 것	강선건조업과 합성수지선 건조업인 경우 10m 이상	p.147-151
8. 야외 탈청	가. 탈청구조물의 길이가 15m 미만인 경우에는 옥내작업을 할 것 나. 야외 작업시에는 간이칸막이 등을 설치하여 먼지가 흩날리지 아니하도록 할 것 다. 야외 작업 시 이동식 집진시설을 설치할 것. 다만, 이동식 집진시설의 설치가 불가능할 경우 진공식 청소차량 등으로 작업현장에 대한 청소작업을 지속적으로 할 것 라. 작업 후 남은 것이 다시 흩날리지 아니하도록 할 것 마. 풍속이 평균초속 8m 이상인 경우(강선건조업과 합성수지선건조업인 경우 10m 이상)에는 작업을 중지할 것	강선건조업과 합성수지선건조업인 경우 10m 이상	p.152
9. 야외 연마	가. 야외 작업 시 이동식 집진시설을 설치·운영할 것. 다만, 이동식 집진시설의 설치가 불가능할 경우 진공식 청소차량 등으로 작업현장에 대한 청소작업을 지속적으로 할 것 나. 부지 경계선으로부터 40m 이내에서 야외 작업 시 작업 부위의 높이 이상의 이동식 방진망 또는 방진막을 설치할 것 다. 작업 후 남은 것이 다시 흩날리지 아니하도록 할 것 라. 풍속이 평균초속 8m 이상(강선건조업과 합성수지선건조업인 경우 10m 이상)인 경우에는 작업을 중지할 것	강선건조업과 합성수지선건조업인 경우 10m 이상	p.153
10. 야외 도장	가. 소형구조물(길이 10m 이하에 한한다)의 도장작업은 옥내에서 할 것 나. 부지경계선으로부터 40m 이내에서 도장작업을 할 때에는 최고높이의 1.25배 이상의 방진망(개구율 40% 상당)을 설치할 것 다. 풍속이 평균초속 8m 이상일 경우에는 도장작업을 중지할 것(도장작업위치가 높이 5m 이상이며, 풍속이 평균초속 5m 이상일 경우에도 작업을 중지할 것) 라. 연간 2만톤 이상의 선박건조조선소는 도료사용량의 최소화, 유기용제의 사용억제 등 비산먼지 저감방안을 수립한 후 작업을 할 것	운송장비제조업 및 조립금속제품제조업의 야외구조물, 선체외판, 수상구조물, 해수담수화설비제조, 교량제조 등의 야외도장시설과 제품의 길이가 100m 이상인 제품의 야외도장공정만 해당	p.154

8 저탄시설의 설치가 필요한 사업

1 비산먼지 발생 신고 대상사업

가. 발전업
나. 부두, 역구내 및 기타 지역의 저탄사업
다. 석탄을 연료로 사용하는 사업(저탄면적 100㎡ 이상만 해당한다)

가. 발전업

○ **발전업**이란?

화력, **원자력**, **수력**, **풍력**, **태양력**, **조력** 및 기타 에너지원으로 발전설비를 이용하여 전기를 직접 생산하는 사업체의 산업활동을 말한다.

<예 시>
· 석탄화력발전소   · SRF(고형연료제품)발전소

다음 한국표준산업분류체계상의 업종을 포함한다.

한국표준산업분류 업종	
· 화력 발전업(35113)	· 기타 발전업(35119) 등

[통계청 한국표준산업분류(KSIC-9) 코드: 3511 발전업]

· **화력:** 중유·석탄·천연 가스 (LNG) 등을 연료로 사용하여 발전하는 방식

· **원자력:** 원자핵이 분열해서 나오는 에너지를 이용해 증기를 만들고 이 증기로 터빈을 돌려 전기를 얻는 방식

· **수력:** 물의 낙차 에너지를 이용하여 발전기를 돌려 전력을 얻는 방식

· **풍력:** 바람을 이용하여 전기를 만들어 내는 것

· **태양광:** 태양의 빛 에너지를 변환시켜 전기를 생산하는 발전 기술

· **조력:** 조수 간만의 차를 이용해서 전기를 생산하는 발전 방식

○ **공정도**

1. 발전

원료반입(하역기) ➡ 야적(저탄장) ➡ 급탄(상탄기) ➡ 이송 ➡ 혼합 ➡ 선별

➡ 저장 ➡ 분쇄 ➡ 보일러 ➡ 발전 ➡ 공급

2. 재처리(灰처리)

야적 ➡ 싣기 및 내리기 ➡ 이송 ➡ 수송

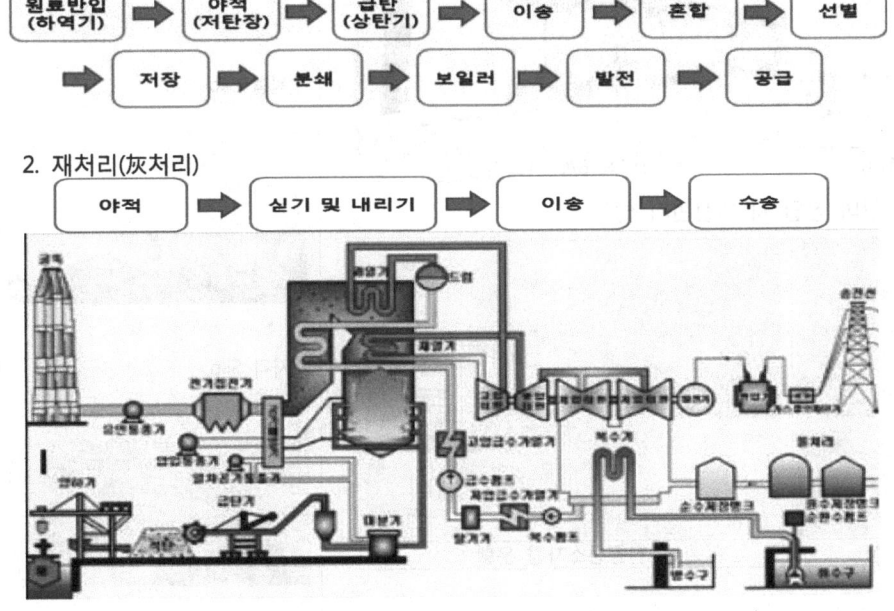

○ 비산먼지 발생 주요공정

발전업의 비산먼지 발생 주요공정은 야적, 싣기 및 내리기, 이송 등이며, 비산먼지 발생요인은 다음과 같다.

공정	비산먼지 발생요인	세부관리기준
야적	· 저탄장 : 발전설비 투입 연료(석탄) 저장	p.99-111
싣기 및 내리기	· 하역기 : 석탄 이송기기(석탄 운송선 → 저탄장) · 저탄/상탄기 : 석탄 이송기기(저탄장 → 발전설비)	p.112-117
이송	· Conveyor, Gallery, 이송탑 : 저탄/상탄기 → 발전설비	p.133-139

▶ p.84, "② 비산먼지 억제시설 및 조치기준" 참고

· 석탄 저탄방식
1) 옥외 저탄장
- Open ground(개방형)

① 석탄 하역 및 저탄(상탄)

② 밀폐식 벨트 컨베이어 설치

2) 옥내 저탄장
- Shed(창고형)

③ 이송탑(스크류컨베이어 언로더)

④ 밀폐식 B/C 야외이송

- Dome(돔형)

※ 저탄장 내·외부로 수송차량/기계장비 진입 시 비산먼지 발생

- 원형 Silo

① 자연발화 진압용 불도저 운행

② 진공청소차량 운행

- 사각 Silo

재처리(灰처리)의 비산먼지 발생 주요공정은 야적, 싣기 및 내리기, 이송, 수송 등이며, 비산먼지 발생요인은 다음과 같다.

구분	공정	비산먼지 발생요인	세부관리 기준
옥내	야적	· 석탄재(회) 저장실(회탄장) 내 보관 시 비산먼지 발생	p.99-111
	싣기 및 내리기	· 휘로더 또는 굴삭기 이용시 비산먼지 발생	p.112-117
	이송	· Intake Hopper → 컨베이어 → Cushion Hopper	p.133-139
야외	수송	· 덤프트럭을 이용하여 수송시 비산먼지 발생	p.118-132

▶ p.84, "② 비산먼지 억제시설 및 조치기준" 참고

① 야외 중력식 낙하로 석탄재 배출

② Silo에서 호스 이용하여 석탄재 배출

※ 회처리장 수송시 비산먼지 저감방안
· 회처리장 석탄회 매립구역은 살수설비 및 세륜시설을 가동하여야 한다.
· 회처리장 석탄회 매립구역은 복토 후 야생화 식재로 친환경 공간을 조성하도록 한다.
· 회처리장 석탄회 매립구역 중 마을 인접구역은 인공 숲 조성, 방진망 설치 등 환경영향을 감소하기 위한 노력을 하도록 한다.

① 석탄재 매립장

② 완전 밀폐식 석탄회 운송차량

나. 부두, 역구내 및 기타 지역의 저탄사업

○ 저탄사업이란?

대량의 석탄을 비축해 두었다가 반출하는 사업으로 석탄의 입·출고 및 비축관리가 주 업무이다.

다음 한국표준산업분류체계상의 업종을 포함한다.

한국표준산업분류 업종
· 고체연료 및 관련제품 도매업(46711) · 일반창고업(52101) · 기타 보관 및 창고업(52109) 등

[통계청 한국표준산업분류(KSIC-9) 코드]

- 석탄은 탄소분이 60%인 이탄(泥炭), 70%인 아탄(亞炭) 및 갈탄, 80~90%인 역청탄, 95%인 무연탄으로 나뉜다.

○ 공정도

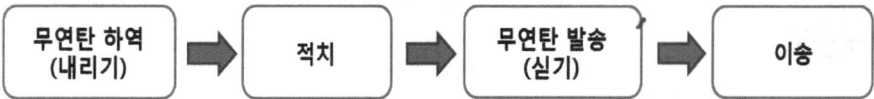

무연탄 하역(내리기) → 적치 → 무연탄 발송(싣기) → 이송

○ 비산먼지 발생 주요공정

저탄사업의 비산먼지 발생 주요공정은 석탄 싣기 및 내리기, 야적, 수송 등이며, 비산먼지 발생요인은 다음과 같다.

공정	비산먼지 발생요인	세부관리기준
싣기 및 내리기	· 덤프트럭에서 무연탄 하역 시 비산먼지 발생 · 백호우로 덤프트럭에 무연탄 싣기 작업 시 비산먼지 발생	p.112-117
야적	· 보관 시 비산먼지 발생	p.99-111
수송	· 차량 운반 시 야적장 바닥 및 이동에 따른 비산먼지 발생	p.118-132

▶ p.84, "② 비산먼지 억제시설 및 조치기준" 참고

- 석탄의 싣기는 백호우를 이용하여 덤프의 적재함에 석탄을 자유낙하 시키는 방식으로, 내리기에는 덤프의 적재함을 들어 올려 석탄을 자유낙하 시키는 방식의 내리기가 시행되며 필요에 따라서는 고압의 살수시설을 이용한 살수를 통해 함수율을 높여 비산을 방지하고 있으나 석탄은 수송문제로 함수율이 높아 살수하는 경우는 많지 않다.

① 싣기 및 내리기

② 살수

다. 석탄을 연료로 사용하는 사업(저탄면적 100㎡ 이상만 해당한다)

○ **석탄을 연료로 하는 사업은?**

석탄가스, 수성가스, 발생로가스 등을 제조하거나 연료용 가스를 혼합하여 혼합가스를 제조하는 사업 등이 있다.

한국표준산업분류 업종
· 가스 제조(석탄 가스화·액화) 및 배관공급업(35200) 등

[통계청 한국표준산업분류(KSIC-9) 코드]

○ **공정도**

○ **비산먼지 발생 주요공정**

석탄을 연료로 사용하는 사업의 비산먼지 발생 주요공정은 야적, 싣기 및 내리기, 이송 등이며, 비산먼지 발생요인은 다음과 같다.

공정	비산먼지 발생요인	세부관리기준
야적	· 저탄장: 석탄 저장	p.99-111
싣기 및 내리기	· 석탄 싣기 및 내리기 시 비산먼지 발생	p.112-117
이송	· 기계적인 장치를 사용하여 석탄 이송 시 비산먼지 발생	p.133-139

▶ p.84, "② 비산먼지 억제시설 및 조치기준" 참고

② 비산먼지 억제시설 및 조치기준(저탄시설의 설치가 필요한 사업)

※ 별표 14, 15 중 해당 사업에 적용되는 기준이며, 자세한 사항은 "Ⅳ. 공정별 비산먼지 관리"의 해당 세부관리기준 참조

배출공정	비산먼지 억제시설 및 조치기준	비고	세부관리기준
1. 야적	가. 야적물질을 1일 이상 보관하는 경우 방진덮개로 덮을 것 나. 야적물질의 최고저장높이의 1/3 이상의 방진벽을 설치하고, 최고저장높이의 1.25배 이상의 방진망(막)을 설치할 것	분체상 물질만 해당	p.99-102 p.103-106
	다. 야적물질로 인한 비산먼지 발생억제를 위하여 물을 뿌리는 시설을 설치할 것	고철 야적장과 수용성물질 등의 경우 제외	p.107-110
2. 싣기 및 내리기	나. 싣거나 내리는 장소 주위에 고정식 또는 이동식 물을 뿌리는 시설 　　(살수반경 5m 이상, 수압 3kg/㎠ 이상) 설치 다. 풍속이 평균초속 8m 이상일 경우에는 작업을 중지할 것	분체상 물질만 해당	p.113-114 p.115-116
3. 수송	가. 적재함을 최대한 밀폐할 수 있는 덮개를 설치하여 적재물이 외부에서 보이지 아니하고 흘림이 없도록 할 것 나. 적재함 상단으로부터 5㎝ 이하까지 적재물을 수평으로 적재할 것 다. 도로가 비포장사설도로인 경우 비포장사설도로부터 반지름 500m 이내 10가구 이상의 주거시설이 있는 경우 반지름 1km 이내의 경우 포장, 간이포장 또는 살수할 것 라. 1) 자동식 세륜시설(금속지지대에 설치된 롤러에 차바퀴를 닿게 한 후 전력 또는 차량의 동력을 이용하여 차바퀴를 회전시키는 방법으로 차바퀴에 묻은 흙 등을 제거할 수 있는 시설) 　　2) 수조를 이용한 세륜시설(수조넓이: 수송차량의 1.2배 이상, 수조깊이: 20센티미터 이상, 수조길이: 차량 전체길이의 2배 이상) 마. 측면 살수시설(살수높이: 바퀴부터 적재함 하단부까지, 살수길이: 차량 전체길이의 1.5배 이상, 살수압: 3kg/㎠ 이상) 바. 수송차량은 세륜 및 측면 살수 후 운행하도록 할 것 사. 먼지가 흩날리지 아니하도록 공사장안의 통행차량은 시속 20㎞ 이하로 운행 아. 통행차량의 운행기간 중 공사장 안의 통행도로에는 1일 1회 이상 살수할 것		p.118-132
4. 이송	가. 야외 이송시설은 밀폐화하여 이송 중 먼지의 흩날림이 없도록 할 것 나. 이송시설은 낙하, 출입구 및 국소배기부위에 적합한 집진시설을 설치하고, 포집된 먼지는 흩날리지 아니하도록 제거하는 등 적절하게 관리할 것 다. 기계적(벨트컨베이어, 바켓엘리베이터 등)인 방법이 아닌 시설을 사용할 경우 물뿌림 또는 그 밖의 제진방법을 사용할 것		p.133-139

9 고철 · 곡물 · 사료 · 목재 및 광석의 하역업 또는 보관업

1 비산먼지 발생 신고 대상사업

가. 수상화물취급업

○ **수상화물취급업**이란?

항구 내에서 선박과 부두, 선박과 선박 간에 직접 화물을 운반하여 이를 **선적** 또는 **하역**하는 산업활동을 말하며, 다음 한국표준산업분류체계상의 업종을 포함한다.

한국표준산업분류 업종
· 수상 화물 취급업(52942) 등

[통계청 한국표준산업분류(KSIC-9) 코드]

- **선적:** 해외에 보낼 목적으로 물품을 선박에 실제로 싣는 작업 또는 실린 화물을 선내에 적절히 배치하는 행위
- **하역:** 화물수송 과정에서 화물을 싣고 내리는 일, 옮기는 일, 창고에 쌓고 꺼내는 일, 기타 화물의 이동에 관한 일체의 현장처리작업
- **언로더:** 항만이나 운하에서 석탄 등 대량의 재료를 육지로 부리기 위한 전용 기계장치

○ 공정도

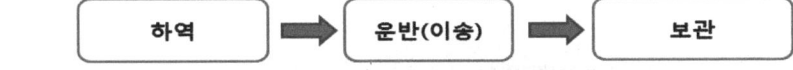

· 선박으로부터 사료 등을 전용 버킷 및 호퍼를 이용하여 하역한 후 창고 및 노천의 보관장소로 운송하여 보관한다.

· 선박으로부터 **언로더**로 하역하여 전용 컨베이어로 이송한 후 저장소(SILO)에 보관한다.

○ 비산먼지 발생 주요공정

수상화물취급업의 비산먼지 발생 주요공정은 싣기 및 내리기, 야적, 수송, 이송 등이며, 비산먼지 발생요인은 다음과 같다.

공정	비산먼지 발생요인	세부관리기준
싣기 및 내리기	· 선박으로부터 하역 시 비산먼지 발생 · 차량 이동 후 야적(보관)을 위한 내리기 작업 시 비산먼지 발생 · 대상 물질의 출고(싣기) 작업 시 비산먼지 발생	p.112-117
야적	· 선박으로부터 하역, 야적(보관) 시 비산먼지 발생	p.99-111
수송	· 차량 운반 시 비산먼지 발생	p.118-132
이송	· 곡물 이송시설(벨트컨베이어) 운반 시 비산먼지 발생	p.133-139

▶ p.87, "2 비산먼지 억제시설 및 조치기준" 참고

① 본선 하역 및 상차

② 에코 호퍼를 이용한 하역

③ 언로더를 이용한 하역

④ 사료보관 창고입고(내리기)

⑤ 사료 출고 상차

※ **보관 시 비산먼지 관리**
- 비산먼지 방지를 위해 밀폐된 시설에 보관한다.
- 불가피하게 부두에 임시 보관할 경우에는 방진막으로 완전히 덮어 바람에 의해 비산되지 않도록 한다.
- 이탈된 곡물 등은 즉시 청소하여 흩날리지 않도록 한다.
- 새로운 저장시설 설치 시에는 최대한 밀폐된 구조물로 설계한다.

① 창고보관

② 야외 야적

② 비산먼지 억제시설 및 조치기준(고철·곡물·사료·목재 및 광석의 하역업 또는 보관업)

별표 14, 15 중 해당 사업에 적용되는 기준이며, 자세한 사항은 "Ⅳ. 공정별 비산먼지 관리"의 해당 세부관리기준 참조

배출공정	비산먼지 억제시설 및 조치기준	비고	세부관리 기준
1. 야적 (분체상 물질만 해당)	가. 야적물질을 1일 이상 보관하는 경우 방진덮개로 덮을 것 나. 야적물질의 최고저장높이의 1/3 이상의 방진벽을 설치하고, 최고저장높이의 1.25배 이상의 방진망(막)을 설치할 것		p.99-102 p.103-106
	다. 야적물질로 인한 비산먼지 발생억제를 위하여 물을 뿌리는 시설을 설치할 것	고철 야적장과 수용성물질 등 제외	p.107-110
2. 싣기 및 내리기 (분체상 물질만 해당)	가. 작업 시 발생하는 비산먼지를 제거할 수 있는 이동식 집진시설 또는 분무식 집진시설(Dust Boost)을 설치할 것	곡물하역업만 해당	p.112
	나. 싣거나 내리는 장소 주위에 고정식 또는 이동식 물을 뿌리는 시설(살수반경 5m 이상, 수압 3kg/㎠ 이상) 설치	곡물작업장의 경우 제외	p.113-114
	다. 풍속이 평균초속 8m 이상일 경우에는 작업을 중지할 것		p.115-116
3. 수송	가. 적재함을 최대한 밀폐할 수 있는 덮개를 설치하여 적재물이 외부에서 보이지 아니하고 흘림이 없도록 할 것 나. 적재함 상단으로부터 5㎝ 이하까지 적재물을 수평으로 적재할 것 다. 도로가 비포장사설도로인 경우 비포장사설도로로부터 반지름 500m 이내 10가구 이상의 주거시설이 있는 경우 반지름 1km 이내의 경우 포장, 간이포장 또는 살수할 것 라. 1) 자동식 세륜시설(금속지지대에 설치된 롤러에 차바퀴를 닿게 한 후 전력 또는 차량의 동력을 이용하여 차바퀴를 회전시키는 방법으로 차바퀴에 묻은 흙 등을 제거할 수 있는 시설) 2) 수조를 이용한 세륜시설(수조넓이: 수송차량의 1.2배 이상, 수조깊이: 20센티미터 이상, 수조길이: 차량 전체길이의 2배 이상) 마. 측면 살수시설(살수높이: 바퀴부터 적재함 하단부까지, 살수길이: 차량 전체길이의 1.5배 이상, 살수압: 3kg/㎠ 이상) 바. 수송차량은 세륜 및 측면 살수 후 운행하도록 할 것 사. 먼지가 흩날리지 아니하도록 공사장안의 통행차량은 시속 20km 이하로 운행 아. 통행차량의 운행기간 중 공사장 안의 통행도로에는 1일 1회 이상 살수할 것	목재수송은 사아의 경우만 해당	p.118-132
4. 이송	가. 야외 이송시설은 밀폐화하여 이송 중 먼지의 흩날림이 없도록 할 것 나. 이송시설은 낙하, 출입구 및 국소배기부위에 적합한 집진시설을 설치하고, 포집된 먼지는 흩날리지 아니하도록 제거하는 등 적절하게 관리할 것 다. 기계적(벨트컨베이어, 바켓엘리베이터 등)인 방법이 아닌 시설을 사용할 경우 물뿌림 또는 그 밖의 제진방법을 사용할 것		p.133-139

10 금속제품 제조가공업

① 비산먼지 발생 신고 대상사업

가. 금속처리업
나. 구조금속제품 제조업

가. 금속처리업

○ **금속처리업**이란?

금속을 처리하는 산업활동을 말하며, 다음 한국표준산업분류체계상의 업종을 포함한다.

한국표준산업분류 업종
· 도금, 착색 및 기타 표면처리강재 제조업(24191) · 그외 기타 1차 철강 제조업(24199)
· 동 압연, 압출 및 연신제품 제조업(24221) · 알루미늄 압연, 압출 및 연신제품 제조업(24222)
· 기타 비철금속 압연, 압출 및 연신제품 제조업(24229) · 기타 1차 비철금속 제조업(24290)
· 금속 열처리업(25921) · 도금업(25922) · 도장 및 기타 피막처리업(25923)
· 절삭가공 및 유사처리업(25924) · 그외 기타 금속가공업(25929) 등

[통계청 한국표준산업분류(KSIC-9) 코드]

○ **공정도(예시)**

출처: ㈜에이엘메탈코리아 홈페이지

< 알루미늄 압출 제조공정도 >

· **압출**: 컨테이너에 소재를 넣고 가압하여 컨테이너 틈새로 소재를 밀어내어 봉, 관, 선 등을 만드는 조작

○ **비산먼지 발생 주요공정**

금속처리업의 비산먼지 발생 주요공정은 절단, 연마 등이며, 비산먼지 발생요인은 다음과 같다.

공정	비산먼지 발생요인	세부관리기준
절단	· 원료 입고 후 가공을 위한 절단 시 비산먼지 발생	p.147-151
연마	· 표면을 매끄럽게 하기 위한 연마 시 비산먼지 발생	p.153

▶ p.91, "② 비산먼지 억제시설 및 조치기준" 참고

나. 구조금속제품 제조업

○ **구조금속제품 제조업**이란?

철강재 또는 비철금속재로 건물, 교량, 철탑 및 기타 구조물의 금속 구조재 및 부분품, 조립금속제품 및 관련제품, 금속판제품, 금속공작물, 금속조립건물 등과 같은 조립·설치·축조될 수 있는 상태의 금속 구조재를 제조한다.

다음 한국표준산업분류체계상의 업종을 포함한다.

한국표준산업분류 업종
금속 문, 창, 셔터 및 관련제품 제조업(25111)
· 구조용 금속판제품 및 금속공작물 제조업(25112)
· 금속 조립구조재 제조업(25113)
· 기타 구조용 금속제품 제조업(25119)
· 설치용 금속탱크 및 저장용기 제조업(25122) 등

[통계청 한국표준산업분류(KSIC-9) 코드]

○ **공정도**

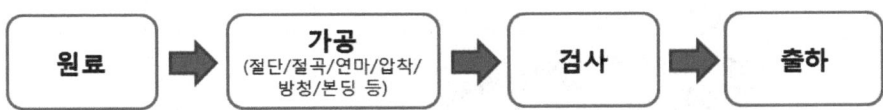

○ **비산먼지 발생 주요공정**

구조금속제품 제조업의 비산먼지 발생 주요공정은 절단, **연마**, **방청**이나 모든 공정이 집진기가 설치된 **실내**에서 작업하며, 비산먼지 발생요인은 다음과 같다.

공정	비산먼지 발생요인	세부관리기준
절단	·원료 입고 후 가공을 위한 절단 시 비산먼지 발생	p.147-151
연마	·표면을 매끄럽게 하기 위한 연마 시 비산먼지 발생	p.153

▶ p.91, "② 비산먼지 억제시설 및 조치기준" 참고

· **연마**: 고체의 표면을 다른 고체의 모서리나 표면으로 문질러 매끈하게 하는 것

· **방청**: 금속에 녹이 발생하는 것을 방지하는 것

○ **절단 시 비산먼지 관리**
- 원자재의 절단은 옥내에서 실시한다.
- 부득이하게 야외절단시에는 IV. 공정별 비산먼지 관리(야외 절단 참고)

① 파이프 절단(자동 공급, 배출)

② 자동 프레스 및 포밍

○ **연마 시 비산먼지 관리**
- 금속의 표면 가공을 위한 연마시설은 대기환경보전법 제23조 제1항 및 동법 시행규칙 제25조에 따라 대기오염 배출시설로서 신고한 후 관리한다.
- 연마 중 발생하는 입자상물질은 원심력 및 여과 집진시설을 설치하여 배출기준 이하로 오염물질을 제거한다.

① 표면연마장비(sand blast)

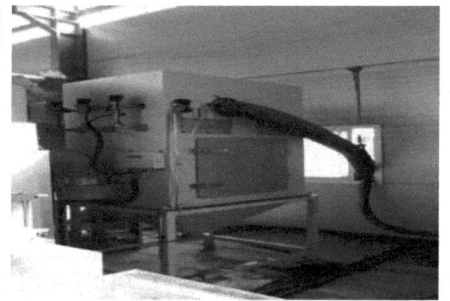② 모래 및 먼지 여과 집진장치(백필터)

③ 자동표면 연마기

④ 원심력 집진장치

2 비산먼지 억제시설 및 조치기준(금속제품 제조가공업)

※ 별표 14, 15 중 해당 사업에 적용되는 기준이며, 자세한 사항은 "Ⅳ. 공정별 비산먼지 관리"의 해당 세부관리기준 참조

배출공정	비산먼지 억제시설 및 조치기준	비고	세부관리기준
1. 야적	가. 야적물질을 1일 이상 보관하는 경우 방진덮개로 덮을 것 나. 야적물질의 최고저장높이의 1/3 이상의 방진벽을 설치하고, 최고저장높이의 1.25배 이상의 방진망(막)을 설치할 것	분체상 물질만 해당	p.99-102 p.103-107
	다. 야적물질로 인한 비산먼지 발생억제를 위하여 물을 뿌리는 시설을 설치할 것	고철 야적장 제외	p.107-110
2. 싣기 및 내리기	나. 싣거나 내리는 장소 주위에 고정식 또는 이동식 물을 뿌리는 시설(살수반경 5m 이상, 수압 3kg/㎠ 이상) 설치 다. 풍속이 평균초속 8m 이상일 경우에는 작업을 중지할 것	분체상 물질만 해당	p.113-114 p.115-116
3. 수송	가. 적재함을 최대한 밀폐할 수 있는 덮개를 설치하여 적재물이 외부에서 보이지 아니하고 흘림이 없도록 할 것 나. 적재함 상단으로부터 5㎝ 이하까지 적재물을 수평으로 적재할 것 다. 도로가 비포장사설도로인 경우 비포장사설도로로부터 반지름 500m 이내 10가구 이상의 주거시설이 있는 경우 반지름 1km 이내의 경우 포장, 간이포장 또는 살수할 것 라. 1) 자동식 세륜시설(금속지지대에 설치된 롤러에 차바퀴를 닿게 한 후 전력 또는 차량의 동력을 이용하여 차바퀴를 회전시키는 방법으로 차바퀴에 묻은 흙 등을 제거할 수 있는 시설) 2) 수조를 이용한 세륜시설(수조넓이: 수송차량의 1.2배 이상, 수조깊이: 20센티미터 이상, 수조길이: 차량 전체길이의 2배 이상) 마. 측면 살수시설(살수높이: 바퀴부터 적재함 하단부까지, 살수길이: 차량 전체길이의 1.5배 이상, 살수압: 3kg/㎠ 이상) 바. 수송차량은 세륜 및 측면 살수 후 운행하도록 할 것 사. 먼지가 흩날리지 아니하도록 공사장 안의 통행차량은 시속 20km 이하로 운행 아. 통행차량의 운행기간 중 공사장 안의 통행도로에는 1일 1회 이상 살수할 것		p.118-132
4. 이송	가. 야외 이송시설은 밀폐화하여 이송 중 먼지의 흩날림이 없도록 할 것 나. 이송시설은 낙하, 출입구 및 국소배기부위에 적합한 집진시설을 설치하고, 포집된 먼지는 흩날리지 아니하도록 제거하는 등 적절하게 관리할 것 다. 기계적(벨트컨베이어, 바켓엘리베이터 등)인 방법이 아닌 시설을 사용할 경우 물뿌림 또는 그 밖의 제진방법을 사용할 것		p.133-139
7. 야외 절단	가. 고철 등의 절단작업은 가급적 옥내에서 실시할 것 나. 야외절단 시 인근 주위에 간이 칸막이 등을 설치하여 먼지가 흩날리지 아니하도록 할 것 다. 야외 절단 시 이동식 집진시설을 설치하여 작업할 것. 다만, 이동식집진시설의 설치가 불가능한 경우에는 진공식 청소차량 등으로 작업현장에 대한 청소작업을 지속적으로 실시할 것 라. 풍속이 평균초속 8m 이상인 경우에는 작업을 중지할 것		p.147-151
8. 야외 탈청	가. 탈청구조물의 길이가 15m 미만인 경우에는 옥내작업을 할 것 나. 야외 작업시에는 간이칸막이 등을 설치하여 먼지가 흩날리지 아니하도록 할 것 다. 야외 작업 시 이동식 집진시설을 설치할 것. 다만, 이동식 집진시설의 설치가 불가능할 경우 진공식 청소차량 등으로 작업현장에 대한 청소작업을 지속적으로 할 것 라. 작업 후 남은 것이 다시 흩날리지 아니하도록 할 것 마. 풍속이 평균초속 8m 이상인 경우에는 작업을 중지할 것		p.152
9. 야외 연마	가. 야외 작업 시 이동식 집진시설을 설치.운영할 것. 다만, 이동식 집진시설의 설치가 불가능할 경우 진공식 청소차량 등으로 작업현장에 대한 청소작업을 지속적으로 할 것 나. 부지 경계선으로부터 40m 이내에서 야외 작업 시 작업 부위의 높이 이상의 이동식 방진망 또는 방진막을 설치할 것 다. 작업 후 남은 것이 다시 흩날리지 아니하도록 할 것 라. 풍속이 평균초속 8m 이상인 경우에는 작업을 중지할 것		p.153
10. 야외 도장	가. 소형구조물(길이 10m 이하에 한한다)의 도장작업은 옥내에서 할 것 나. 부지경계선으로부터 40m 이내에서 도장작업을 할 때에는 최고높이의 1.25배 이상의 방진망(개구율 40% 상당)을 설치할 것 다. 풍속이 평균초속 8m 이상일 경우에는 도장작업을 중지할 것(도장작업위치가 높이 5m 이상이며, 풍속이 평균초속 5m 이상일 경우에도 작업을 중지할 것) 라. 연간 2만톤 이상의 선박건조조선소는 도료사용량의 최소화, 유기용제의 사용억제 등 비산먼지 저감방안을 수립한 후 작업을 할 것	조립금속제품제조업의 야외구조물, 선체외판, 수상구조물, 해수담수화설비제조, 교량제조 등의 야외도장시설과 제품의 길이가 100m 이상인 제품의 야외도장공정만 해당	p.154

11 폐기물매립시설 설치·운영 사업

① 비산먼지 발생 신고 대상사업

가. 「폐기물처리시설 설치촉진 및 주변지역지원 등에 관한 법률(폐촉법)」에 따른 폐기물매립시설을 설치·운영하는 사업
나. 「폐기물관리법」에 따른 폐기물최종처분업 및 폐기물종합처분업

가. 「폐촉법」에 따른 폐기물매립시설을 설치·운영하는 사업
나. 「폐기물관리법」에 따른 폐기물최종처분업 및 폐기물종합처분업

○ 「폐촉법」에 따른 폐기물매립시설을 설치·운영하는 사업이란?

다음의 산업단지 및 공장을 **개발·설치 또는 증설하려는 자**(폐촉법 제5조제1항)

구분	연간 폐기물 발생량	조성면적
산업단지	2만톤 이상	50만제곱미터 이상
공장	1만톤 이상	15만제곱미터 이상

다음 한국표준산업분류체계상의 업종을 포함한다.

한국표준산업분류 업종
· 지정외 폐기물 처리업(38210)   · 지정 폐기물 처리업(38220) 등

[통계청 한국표준산업분류(KSIC-9) 코드: 382]

○ **폐기물최종처분업**이란?

폐기물 최종처분시설을 갖추고 폐기물을 매립 등(해역 배출은 제외한다)의 방법으로 최종처분하는 영업

○ **폐기물종합처분업**이란?

폐기물 중간처분시설 및 최종처분시설을 갖추고 폐기물의 **중간처분과 최종처분을 함께 하는** 영업

[폐기물관리법 제25조(폐기물처리업) ⑤ 폐기물처리업의 업종 구분과 영업 내용]

· 「폐기물처리시설 설치촉진 및 주변지역지원 등에 관한 법률」
: 폐기물처리시설의 부지 확보 촉진과 그 주변지역 주민에 대한 지원을 통하여 폐기물처리시설의 설치를 원활히 하고 주변지역 주민의 복지를 증진함으로써 환경보전과 국민 생활의 질적 향상에 이바지함을 목적으로 함

· 폐기물관리법 시행령 제5조
 [별표3] 폐기물처리시설의 종류
1. 중간처분시설
 가. 소각시설
  1) 일반 2) 고온 3) 열분해
  4) 고온 용융 5) 열처리 조합
 나. 기계적 처분시설
  1) 압축 2) 파쇄·분쇄 3) 절단
  4) 용융
 다. 화학적 처분시설
  1) 고형화·고화·안정화 시설
  2) 반응시설
  3) 응집·침전시설
 라. 생물학적 처분시설
  1) 소멸화 시설
  2) 호기성·혐기성 분해시설
 마. 그 밖에 환경부장관이 폐기물을 안전하게 중간처분할 수 있다고 인정하여 고시하는 시설

○ 공정도

[출처: TSK S&W그린 환경, http://www.tskgreenviro.co.kr/home/info/2020]

○ 비산먼지 발생 주요공정

폐기물 매립시설의 비산먼지 발생 주요공정은 싣기 및 내리기, 수송, 야적 등이며, 비산먼지 발생요인은 다음과 같다.

공정	비산먼지 발생요인	세부관리기준
싣기 및 내리기	· 매립장 내 폐기물 하차시 비산먼지 발생	p.112-117
수송	· 폐기물 운반차량 수송시 비산먼지 발생	p.118-132
야적	· 폐기물 매립 야적 시 비산먼지 발생	p.99-111

▶ p.94, "② 비산먼지 억제시설 및 조치기준" 참고

2. 최종 처분시설
  가. 매립시설
    1) 차단형, 2) 관리형
  나. 그 밖에 환경부장관이 폐기물을 안전하게 최종처분 할 수 있다고 인정하여 고시하는 시설

구분	폐기물 종류
사업장 일반폐기물	비닐, 유리조각 등
건설	콘크리트, 골재
지정	폐주물사

지정폐기물 매립

[출처: 중앙일보 "산업폐기물 매립장 포화~"]

2 비산먼지 억제시설 및 조치기준 종합정리(폐기물매립시설 설치·운영사업)

※ 별표 14, 15 중 해당 사업에 적용되는 기준이며, 자세한 사항은 "Ⅳ. 공정별 비산먼지 관리"의 해당 세부관리기준 참조

배출공정	비산먼지 억제시설 및 조치기준	비고	세부관리기준
1. 야적 (분체상물질을 야적하는 경우에만 해당)	가. 야적물질을 1일 이상 보관하는 경우 방진덮개로 덮을 것 나. 야적물질의 최고저장높이의 1/3 이상의 방진벽을 설치하고, 최고저장높이의 1.25배 이상의 방진망(막)을 설치할 것 다. 야적물질로 인한 비산먼지 발생억제를 위하여 물을 뿌리는 시설을 설치할 것	복토재 등의 분체상물질 야적	p.99-102 p.103-106 p.107-110
2. 싣기 및 내리기	나. 싣거나 내리는 장소 주위에 고정식 또는 이동식 물을 뿌리는 시설 (살수반경 5m 이상, 수압 3kg/㎠ 이상) 설치 다. 풍속이 평균초속 8m 이상일 경우에는 작업을 중지할 것	복토재 등의 분체상물질 싣기 및 내리기	p.113-114 p.115-116
3. 수송	가. 적재함을 최대한 밀폐할 수 있는 덮개를 설치하여 적재물이 외부에서 보이지 아니하고 흘림이 없도록 할 것 나. 적재함 상단으로부터 5㎝ 이하까지 적재물을 수평으로 적재할 것 다. 도로가 비포장사설도로인 경우 비포장사설도로로부터 반지름 500m 이내 10가구 이상의 주거시설이 있는 경우 반지름 1km 이내의 경우 포장, 간이포장 또는 살수할 것 라. 1) 자동식 세륜시설(금속지지대에 설치된 롤러에 차바퀴를 닿게 한 후 전력 또는 차량의 동력을 이용하여 차바퀴를 회전시키는 방법으로 차바퀴에 묻은 흙 등을 제거할 수 있는 시설) 2) 수조를 이용한 세륜시설(수조넓이: 수송차량의 1.2배 이상, 수조깊이: 20센티미터 이상, 수조길이: 차량 전체길이의 2배 이상) 마. 측면 살수시설(살수높이: 바퀴부터 적재함 하단부까지, 살수길이: 차량 전체길이의 1.5배 이상, 살수압: 3kg/㎠ 이상) 바. 수송차량은 세륜 및 측면 살수 후 운행하도록 할 것 사. 먼지가 흩날리지 아니하도록 공사장안의 통행차량은 시속 20km 이하로 운행 아. 통행차량의 운행기간 중 공사장 안의 통행도로에는 1일 1회 이상 살수할 것		p.118-132

사업별 비산먼지 관리기준 적용 공정(대기환경보전법 시행규칙 별표 13, 14, 15)

☞ 사업장의 세부특성에 따라 아래의 표시된 공정에 해당되지 않을 수도 있음
 (예: 석회제조업의 경우, 아래 표와 같이 관리기준 적용 여부를 검토해야 할 비산먼지 발생 공정이 8개 있으나, 해당 사업장의 세부 특성에 따라 8개 공정 중 일부 공정은 제외될 수 있음)

○ : 일반기준(별표 14)만 해당, ◉ : 일반기준(별표 14) 및 엄격한 기준(별표 15) 모두 해당

비산먼지 발생 사업		야적	싣기·내리기	수송	이송	채광·채취	조쇄·분쇄	야외절단	야외탈청	야외연마	야외도장	그밖에 공정
1. 시멘트·석회·플라스터 및 시멘트관련 제품의 제조 및 가공업	가. **시멘트제조업**.가공 및 저장업	◉	◉	◉	○	○	○	○	○	○		
	나. 석회제조업	○	○	○	○	○	○	○	○	○		
	다. **콘크리트제품제조업**	◉	◉	◉	○		○	○	○	○		
	라. 플라스터제조업	○	○	○	○		○	○	○	○		
2. 비금속물질의 채취·제조·가공업	가. 토사석광업	○	○	○	○	○	○	○	○	○		
	나. **석탄제품제조업** 및 아스콘제조업	◉	◉	◉	○	○	○	○	○	○		
	다. 내화요업제품제조업	○	○	○	○		○	○	○	○		
	라. 유리 및 유리제품제조업	○	○	○	○		○	○	○	○		
	마. 일반도자기제조업	○	○	○	○		○	○	○	○		
	바. 구조용 비내화 요업제품제조업	○	○	○	○		○	○	○	○		
	사. 비금속광물 분쇄물 생산업	○	○	○	○		○	○	○	○		
	아. 건설폐기물처리업	○	○	○	○		○	○	○	○		
3. 제1차 금속제조업	가. 금속주조업	○	○	○	○		○	○	○	○		
	나. 제철 및 제강업	○	○	○	○		○	○	○	○		
	다. 비철금속 제1차 제련 및 정련업	○	○	○	○		○	○	○	○		
4. 비료 및 사료 제품의 제조업	가. 화학비료제조업	○	○	○	○		○	○	○	○		
	나. 배합사료제조업	○	○	○	○		○	○	○	○		
	다. 곡물가공업(임가공업을 포함한다)	○	○	○	○		○	○	○	○		
5. 건설업	가. **건축물축조공사**, 굴정공사	◉	◉	◉	○			○	○	○		○ (축조공사)
	나. **토목공사**	◉	◉	◉	○			○	○	○		○
	다. 조경공사	○	○	○	○			○	○	○		
	라. 건축물해체공사, 토공사 및 정지공사	○	○	○	○			○	○	○		○ (해체공사)
	마. 그 밖에 공사	○	○	○	○			○	○	○		
6. 시멘트·석탄·토사·사료·곡물·고철의 운송업		○	○	○	○			○	○	○		
7. 운송장비제조업	가. 강선건조업과 합성수지선건조업	○						○	○	○	○	
	나. 선박구성부분품제조업	○						○	○	○	○	
	다. 그 밖에 선박건조업	○						○	○	○	○	
8. 저탄시설의 설치가 필요한 사업	가. 발전업	○	○	○	○			○	○	○		
	나. 부두, 역구내 및 기타 지역의 저탄사업	○	○	○	○			○	○	○		
	다. 석탄을 연료로 사용하는 사업 (저탄면적 100m² 이상만 해당한다)	○	○	○	○			○	○	○		
9. 고철·곡물·사료·목재 및 광석의 하역업 또는 보관업	수상화물취급업	○	○	○	○			○	○	○		
10. 금속제품 제조가공업	가. 금속처리업	○	○	○	○			○	○	○		
	나. 구조금속제품 제조업	○	○	○	○			○	○	○	○	
11. 폐기물매립시설 설치·운영 사업	가. 폐기물매립시설을 설치·운영하는 사업	○	○	○	○			○	○	○		
	나. 폐기물최종처분업 및 폐기물종합처분업	○	○	○	○			○	○	○		

공정별 비산먼지 관리

IV

1. 일반기준
2. 엄격한 기준

1 일반기준

1-1. 야적 [분체상 물질을 야적하는 경우에만 해당]

억제시설 및 조치기준	비고
가. 야적물질을 1일 이상 보관하는 경우 방진덮개로 덮을 것	
나. 야적물질의 최고저장높이의 1/3 이상의 방진벽을 설치하고, 최고저장높이의 1.25배 이상의 방진망(막)을 설치할 것	
다. 야적물질로 인한 비산먼지 발생억제를 위하여 물을 뿌리는 시설을 설치할 것	
라. 혹한기에는 표면경화제 등을 살포	제철 및 제강업만 해당
마. 야적 설비를 이용하여 작업 시 낙하거리 최소화하고, 야적 설비 주위에 물을 뿌려 비산먼지가 흩날리지 않도록 할 것	
바. 공장 내에서 시멘트 제조를 위한 원료 및 연료는 최대한 3면이 막히고 지붕이 있는 구조물 내에 보관하며, 보관시설의 출입구는 방진망(막) 등을 설치할 것	시멘트 제조업만 해당

※ 해당 사업장은 가~다의 모든 기준을 준수해야 함(시멘트 제조업의 경우, 라의 조치기준을 포함하여 준수)

가. 야적물질을 1일 이상 보관하는 경우 방진덮개로 덮을 것

☞ 분체상 물질인 토사, 골재, 시멘트 등을 즉시 운반처리하지 않고,
  사업장 내 적치하여 1일 이상 **야적**하는 경우에는 방진덮개를 덮어야 한다.

→ 분체형태의 물질이란 토사·석탄·시멘트 등과 같은 정도의 먼지를 발생시킬 수 있는 물질을 말한다(대기환경보전법 시행규칙 [별표 14] 비고).

※ 사업별 분체상 물질의 종류(예시)

대상사업		분체상 물질
시멘트 석회 플라스터 및 시멘트 관련 제조업	→	석회석, 석분 등 원료, 분체상 시멘트 등
석회제조업	→	석분 등
제1차 금속제조업	→	고철 및 신철 등 원료, 철광석, 석탄, 망간광석, 코크스, 백운석, 규석 등
건설업	→	토사, 모래, 시멘트, 자갈 등
저탄시설의 설치가 필요한 사업	→	석탄, 석탄재 등
고철·곡물·사료·목재 하역업 및 보관업	→	사료, 곡물 등

※ **대형 공사장**과 같이 작업장 면적이 넓고 장기 공정이 많아 **덮개 설치**가 상대적으로 미흡한 경우
→ **넓은 면적**에 야적물질을 보관하여 덮개 설치가 불가능한 경우 대체시설(살수, 방진벽 및 방진망(막) 등 설치)로 변경

※ **계속적인 작업**으로 전체를 덮지 못하고 **일부만 덮개를 설치하는** 등 관리상태가 미흡한 경우
→ 고정 법면 등을 우선적으로 덮도록 하고, 야적이 빈번한 곳은 **살수작업**(스프링클러, 고압살수기 등)으로 대체하는 것이 바람직함

- **야적**: 곡식이나 물건 따위를 한곳에 쌓아 두는 것
- * 대기환경보전법 시행규칙 [별표 14]에 따라 싣기 및 내리기 등 다른 공정이 완전히 **종료** 혹은 **상당기간 중단**되어 토사, 석탄 등 먼지를 발생시킬 수 있는 **분체상 물질**을 1일 이상 노천에 적하하고 있는 상태로 일시적으로 흙을 쌓는 행위인 성토와는 구분됨
  [환경부 보도자료 Q/A]

- 야적물질의 높이를 낮추거나 표면을 압축하면 더 효과적임
  [유럽시멘트협회, BAT Reference Document]

설치사례

○ 방진덮개 종류: 천막, 덮개 등

① 모래 및 토사야적

② 골재 야적

③ 석탄 야적

④ 곡물 야적

⑤ 공항 활주로 토공사 완료구간 방진덮개 설치
출처: 환경부(2014), ⑥ 구자건 외(2009)

⑥ 모래함 상부덮개

※ 방진덮개 설치 고려사항

- 방진덮개를 설치 전에 토사더미의 돌출물, 잡목 등을 제거하고 평탄하게 한다.
- 방진덮개의 현장 봉합시 봉합사는 가급적 방진덮개의 구성 재질과 동일하게 한다. 또한, 감독자의 승인을 얻어 봉합대신 일정길이 이상 단부를 겹치게 하는 방법으로 방진덮개를 연속적으로 설치할 수 있다.
- 방진덮개를 설치할 때에는 주름이 지거나 겹쳐지지 않도록 하여야 하며, 바람 등에 의하여 벗겨지지 않도록 견고하게 고정하여야 한다.
- 수급인은 방진덮개 설치에 필요한 각종 기구와 부품을 사전에 충분히 준비하여 작업에 지장이 없도록 해야 한다.
- 방진덮개는 수시로 점검하여 찢어지거나 벗겨진 곳이 없는지 확인하여야 한다.

출처: 국토교통부(2004), 건설환경관리 표준시방서

· 재료 선정

(방진덮개, 방진망(막), 방진벽 : 이하 방진덮개 등이라 함)

1. 방진덮개 등은 탄력성이 좋고 튼튼하게 만들어진 제품이어야 한다.
2. 현장에 설치하는 방진덮개 등은 용도, 설계조건, 시공 환경 등을 고려하여 적절한 제품을 선정하여야 한다.
3. 방진덮개 등은 용도와 시공 편의성을 고려한 규격으로 현장 접합량을 최소화하고 취급 및 보관이 용이하도록 하여야 한다.
4. 방진덮개 등은 햇빛이나 자외선을 방사하는 인공 조명에 노출되지 않고 지면과 직접 닿지 않도록 하며 건조한 상태로 보관되도록 하여야 한다.

[국토교통부(2004), 건설환경관리 표준시방서]

우수사례

① 이동식 방진덮개 설치
- 강관 및 합판, 와이어, 천막 등으로 이동식 방진덮개를 설치(공사장 내 이동 편리와 유지관리)

② 폐타이어/벽돌을 이용한 방진덮개 고정
- 미세먼지를 고려하여 방진망 보다는 천막재질로 설치하고 고정하는 방법으로는 모래주머니의 손상을 고려하여 폐타이어나 기타 벽돌 등을 이용하여 고정한다.

| ① 이동식 모래 보관소 설치 | ② 벽돌/폐타이어 고정 방진덮개 설치 |

대체사례

① 고압살수기 활용
- 빈번한 야적작업시에는 방진덮개보다는 고압살수기를 활용하는 것이 바람직하다.

| ① 고압살수기 활용 | ② (이동식)고압살수기 |

② 표면경화제(화학적 먼지억제제) 사용
- 대규모 석탄 야적의 경우 외부 방진막 외에 표면경화제를 사용하여 비산먼지 억제효과를 기대한다.

| ① 표면경화제 사용 | ② 당진화력발전소 옥외 저탄장 약품살포 모습 (표면경화제 상시 살포) | ③ 표면 경화제 살포 후 45일 경과 |

출처: ② 한국동서발전(2015), 지속가능경영보고서

- **동등한[대체] 시설**
  : 스프링클러, 고압 살수기 등

- **고압살수기**: 건설현장에서 비산먼지나 오염물질 제거를 위해 고압펌프로 살수하는 기계

- **표면경화제**:
- PAM(polyacrylamide, 고분자 응집제): 미국 등 선진국에서 토양유실 방지제로 사용, 분자량 1,000 이상의 수용성 고분자물질로써 강력한 흡착관능기를 가지는 화합물임. 이를 통해 토양입자간 결합력을 증대하여 수식, 풍식에 의한 유출 저감시킴. 비산먼지 저감효과(99.6%)에 우수한 것으로 연구됨
[Mohammad Movahedan(2012)]

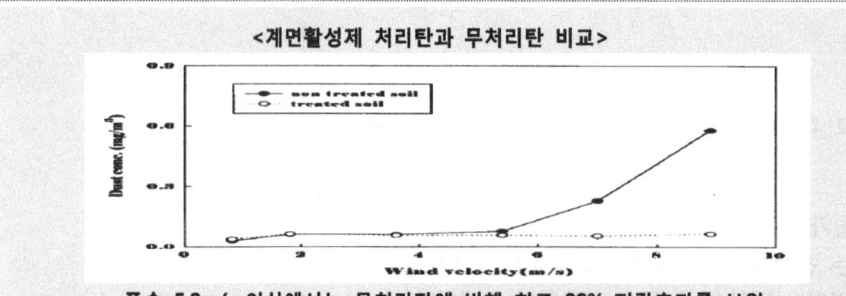

→ 풍속 5.8m/s 이상에서는 무처리탄에 비해 최고 88% 저감효과를 보임
출처: 강현석 외(2007)

- 계면활성제(Polyvinyl Alcohol)
: 평균 35% 이상 저감(풍속 5.8m/s 0.05L/coal ton 18일 후 45%, 풍속 5.8m/s 이상 88% 저감효과)

· 나대지에 먼지억제제 살포시 저감효율: 84%
[Countess Environmental(2006)]

위반사례

① 골재 야적 시 방진덮개 일부 미설치

방진덮개 일부 미설치(좌) 및 조치(우)

② 레미콘 생산시설 내 분체상 물질(모래) 방진덮개 미설치

방진덮개 미설치(좌) 및 행정처분(우)

③ 토사 야적 시 방진덮개 일부 미설치

방진덮개 일부 미설치(좌) 및 조치(우)

나. 야적물질의 최고저장높이의 1/3 이상의 방진벽을 설치하고, 최고저장높이의 1.25배 이상의 방진망(막)을 설치할 것

다만, 건축물축조 및 토목공사장·조경공사장·건축물해체공사장은 공사장 경계에 높이 1.8m 이상의 방진벽을 설치하여야 한다.
- 공사장 부지경계선으로부터 50m 이내에 주거·상가 건물이 있는 곳의 경우에는 3m 이상의 방진벽을 설치한다.
- 2개 이상의 공사장이 붙어 있는 공사장 경계(공동경계면)의 경우 설치를 제외한다.

☞ 야적물질이 주변으로 날리지 않도록 경계면에 방진벽과 방진망(막)을 설치하여 바람의 영향을 최소화하며, 야적물질에 최대한 미세입자가 포함되지 않도록 조치한다.

☞ 건설공사장의 경우 실착공시 현장 경계면이 방진벽 또는 방음벽으로 적용되기 때문에 공사부지 경계면의 인근에 주거지역이 있을 경우에는 3m 이상의 흡음형 방진(음)벽으로 설치하여 관리하여야 한다.

※ **방진벽 설치 및 높이 기준**
→ 방진벽이 바닥과 밀폐되도록 설치하여 바닥 틈새로 토사가 외부로 유출되지 않도록 조치
→ 방진벽 높이의 측정기준은 바닥에서부터 방진벽+방진망의 높이의 합계가 1.25배 이상을 말함
[출처: 환경부 Q&A]

※ **방진망 규격(개구율 등)**
→ 일본 Hitachi 연구소에서 40% 개구율 방진망 설치시 풍속 저감이 11%로 바람에 의해 발생하는 비산먼지를 가장 양호하게 저감하는 수준으로 제시
→ Countess Environmental(2006) WRAP Fugitive Dust Handbook은 50% 개구율의 3면 방진망 설치시 저감효과 75% 제시
→ 국내 비산먼지 저감대책(환경부, 2012)에서 개구율이 40%일 경우 풍속이 20%로 감소하여 가장 이상적인 설치 규격으로 제시

→ 대기환경보전법 시행규칙 [별표 14] 야외 도장 공정에서 '개구율 40% 상당'으로 규제하고 있음

※ **대형(장기간) 공사장 등 면적이 넓어 일부에만 방진벽과 방진망을 설치하는 경우**
→ 방진벽의 설치가 곤란한 경우 지자체 감독자의 판단으로 동등한 효과를 내는 다른 저감시설을 적용할 수 있음

√ **사업특성상 방진벽 설치가 곤란한 사례**
- 공사지역 협소, 도로공사 등 공사구역이 광범위한 선형공사, 조경공사, 건축물의 해체 등으로 방진벽 시설을 사전에 설치하기 곤란한 경우
- 작업장 내 도로공사 또는 조경공사를 위해 기존 방진벽을 철거하고 별다른 조치 없이 작업하는 사례 등

· **방진망**
1) 방진망은 바람에 의해 쓰러지지 않도록 견고히 설치
2) 방진망의 봉합시 봉합사는 가급적 방진망의 구성재질과 동일하게 하여야 함
3) 방진망은 수시로 점검하여 찢어진 곳이 없는지 확인하여야 함
4) 방진망의 설치는 가설방음판넬 설치시 그 상부에 설치할 수 있음

· **방진막**
· 방진막일 경우 강풍의 영향 등 충분한 안전조치를 할 것

· 공사장 경계: 대기환경보전법(비산먼지: 방진벽) 및 소음진동관리법(소음: 방음벽)의 조건을 모두 충족하여 설치 필요

· **풍속저감기술의 저감률**

저감기술	저감률	출처
방풍림	30%	Katestone 2011
방풍벽/방풍펜스	75~80%	Katestone 2011
개구율(50%)의 3면 방진망 설치	90%	Countess Environmental(2006)

설치사례

① 공사장 경계: 1.8m 이상 방진벽 및 방진막

② 주거·상가지역 경계: 3m 이상 방진벽

③ 석탄 보관소 방진망(막) 2중 설치

④ 발전시설 저탄장 방진벽

출처: 한국서부발전 외(2017), ④ 태안화력본부 저탄장 경계 방진벽

우수사례

① 민원지역 방진망 추가 설치

　방진벽 상단에 1.5m의 방진망 추가 설치로 비산먼지 발생 추가억제 및 방음벽 주변의 미관을 향상시킨 사례임

① 방진벽 상단 방진망 설치

② 2중 방진망 설치

　공사장 도로 경계에 2중 방진망을 설치하여 가옥밀집에 대한 비산먼지 영향을 최소화하고, 도로차량에 의한 먼지를 포함한 입자상 대기오염물질의 영향을 줄인 사례임

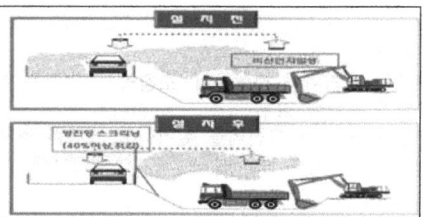

- **현장실태**

　대형 택지개발, 토목공사 등의 경우 작업장 내 도로공사 또는 조경공사를 위하여 기존 방진벽을 철거하고 별다른 조치 없이 작업하는 사례 발생
[출처: 인천시(2013), 2013 먼지 저감 대책]

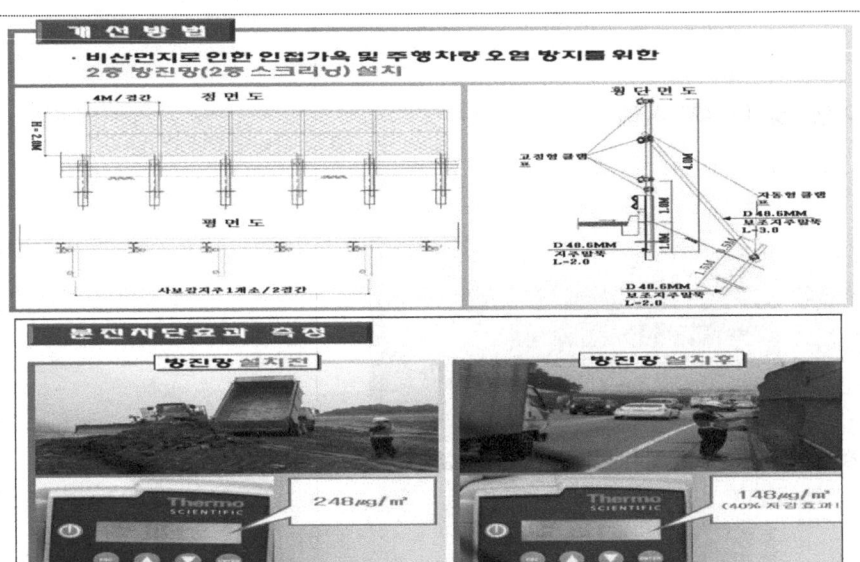

③ 건물전체에 방진벽 설치

③ 건물전체를 방진벽으로 설치하여 분진 차단

출처: 서울시(2014)

④ 도시미관을 고려한 방진벽 설치

④ 건물전체를 방진벽으로 설치하여 분진 차단

출처: 서울시(2014)

⑤ 대규모 옥외 저탄장 내 중간 방풍벽 설치

⑤ 옥외 저탄장 내 중간 방풍벽 설치로 발진 풍속 저감

출처: 한국서부발전 외(2017)

위반사례

① 방진벽 무단 해체(변경신고 미이행) 및 미설치 사례

① 방진벽 무단 해체(변경신고 미이행)

② 방진벽 설치 미흡(분진망으로 설치됨)

③ 방진벽 미설치

④ 방진벽 설치 미흡
(야적물질보다 낮게 설치)

⑤ 방진벽 설치 미흡
(공사장 경계에 높이 1.8m 보다 낮게 설치)

⑥ 방진벽 설치 미흡
(50m 이내 주거·상가 건물이 있는 경우 3m 방진벽 설치보다 낮게 설치)

⑦ 방진벽 훼손 방치

[서울시 사례-비산먼지 저감 교육자료 참고: ④, ⑤, ⑥, 인천시 사례 비산먼지 저감 교육자료 : ⑦]

다. 야적물질로 인한 비산먼지 발생억제를 위하여 물을 뿌리는 시설을 설치할 것(고철야적장과 수용성물질 등의 경우 제외)

☞ 야적 또는 가설 도로 등에서 발생하는 비산먼지를 저감하기 위해 상수, 지하수, 빗물 등을 활용하여 스프링클러, 고압살수기 등을 설치·가동하여야 하며, 이 때 수동 또는 자동(타이머 설치)으로 살수작업을 할 경우 먼지 저감 및 비용(인건비 등) 절감 효과를 기대할 수 있다.

☞ 야적더미 전체에 고르게 살수할 수 있는 시설을 설치하며, 주기적으로 살수를 실시하여 야적물질의 함수율을 일정하게 유지하는 것이 바람직하다(환경부 2009).

- **수용성 물질**: 소금, 설탕 등과 같이 물에 녹는 물질로 물을 뿌리지 못하는 사료 및 곡물이 포함됨

| 제철 및 제강업, 비철금속제1차정련의 경우 |

· 야적장 주변에 **방풍림** 및 방풍 마운드(Mound: 흙무더기, 둔덕)를 조성한다.

방풍림(마운드)조성

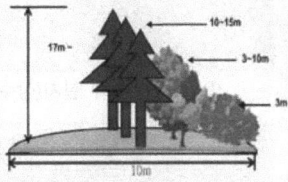

출처: 환경부, 2012

※ 야적물질에 살수되어야 하는 **구체적인 기준(살수면적, 살수량, 살수기간 등)**
→ (살수횟수) 살수시설의 수압이 약하거나, 1일 1-2회 이동식 살수기로 간헐적으로 물을 뿌려주는 경우와 다량 살수로 인한 물고임, 재비산 등이 발생
→ (살수면적) 야적물질 표면의 **최소 80% 이상** 면적에 일 3회 이상 살수할 것
→ (살수량) 도로표면 평방미터(m²) 당 0.6ℓ 이상을 공급하면 비산먼지 발진개시 풍속이 7m/s로 증가함으로 저감효과가 큰 것으로 알려짐
→ 살수량 500cc/m² 이상에서는 살수량이 증가해도 효과가 커지지 않음

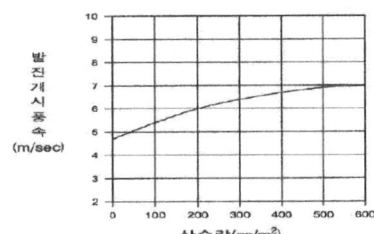
살수량과 발진개시 한계풍속과의 관계
출처: US EPA(1995) Fugitive Dust

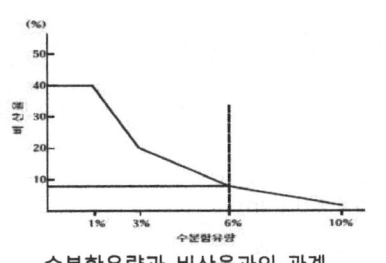
수분함유량과 비산율과의 관계

· **살수면적, 살수횟수 제시사례**
(미국 Rule 403)
- 야적 저장 시 최소한 표면의 80% 이상 면적에 살수
- 대규모 작업 시 1시간에 2회 살수(50% 저감효과)
- 바람에 비산먼지가 날리는 날에는 하루당 적치된 대량 원자재 표면의 최소 70% 면적에, 최소 3번 살수

※ 야적물질의 **위치가 수시로 변하는 경우**
· 사업특성을 고려하여 이동식, 자동식 살수장치를 구분할 필요
→ 야적물질 보관시설이 고정식인 건설폐기물 중간처리업체, 폐기물 임시 적환장 등의 경우 고정식 살수시설 설치
→ 건설, 토목 현장의 경우 이동식 고압살수기를 확보하여 주기적으로 살수

※ 동절기 기온하강으로 **살수시설 운영이 곤란한 경우**와 임시야적의 경우
→ 먼지억제제, 방진덮개 등을 이용하여 먼지의 비산을 방지

※ **고철 야적장**인 경우
→ 야적물질로 인한 비산먼지 발생억제를 위해 물을 뿌리는 시설을 설치하지 아니하여도 되나 실내 저장 등으로 비산먼지가 발생하지 않도록 관리하여야 함

※ **1년 이상 장기간 공사장**의 경우
→ 고압 살수기와 물탱크 등을 장착한 차량을 이용하여 야적물질에 물을 주기적으로 뿌리도록 조치하여야 함

설치사례

○ 살수시설(고압살수기, 스프링클러) 설치

① 공사장 운반차량 비산먼지 제거작업

② 공사장 가설도로 스프링클러 설치

③ 스프링클러 설치(상수도 연결)

④ 공사장 경계벽 고압살수기 설치

⑤ 공사장 이동식 살수시설

⑥ 가설도로 스프링클러 설치

우수사례

① 터널 내 분진 저감 살수시설(Water Curtain)

② 현장 내·외부 진공청소차 및 살수차 운행(공사장 내부 및 주변 진공청소차, 고압살수차 운영)

출처: 인천시(2006)

대체사례

① Dry fog system 설치
- 미국 EPA(40 CFR Part 60)에서 입증된 최고 저감기술(Best Demonstrated Technology), 가장 효과적인 비용

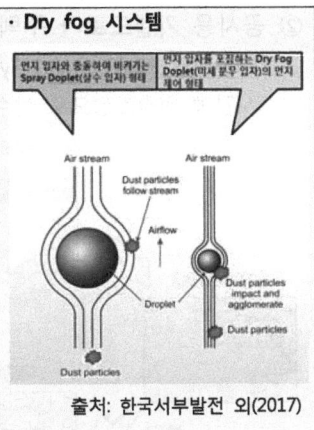

출처: 한국서부발전 외(2017)

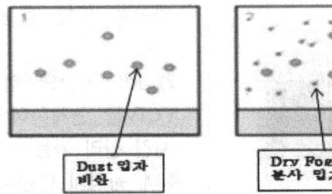

① Dry fog 형태 살수(1~10 Micron Drops)	② 옥외 저탄장의 Dry Fog Spray Nozzle Gun 분사체
	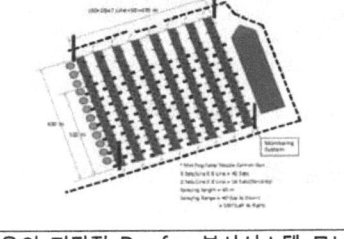
③ 이동식 Dry fog 운영사진	④ 옥외 저탄장 Dry fog 분사시스템 모니터링

출처: ②, ④ 한국서부발전 외(2017), ③ 알리바바 홈페이지(https://www.alibaba.com/)

① 분무식 비산먼지 제어 Type Nozzle	② Belt Conveyor에 적용 사례	③ 건물 내부에 적용 사례

출처: 한국서부발전 외(2017)

② 공사용 가설도로가 주택 및 농경지 주변에 위치한 경우
 - **사물인터넷(IoT)** Smart System 적용하여 현장 비산먼지 상태를 확인하여 원하는 시간에 원격조정으로 살수할 수 있는 서비스

· **사물인터넷(IoT)**
- 인터넷을 기반으로 모든 사물을 연결하여 정보를 상호소통 하는 지능형 기술 및 서비스
· 장점
  1) 선형태로 이루어진 도로현장의 경우 여러 포인트 지정 관리를 통해 효율적인 관리 가능
  2) IoT 기반의 첨단시스템과 CCTV를 연계하여 현장의 실시간 관리 가능
· 주택, 농경지 인근지역, 비산먼지 관리 취약 구간, 시가지 내 철거 공사장에 효과적
· 설치구간 내 살수차 운행 불필요(5백만원/월 절감 가능)
[출처: 2015년 제11회 건설환경관리 우수사례 경진대회 자료집]

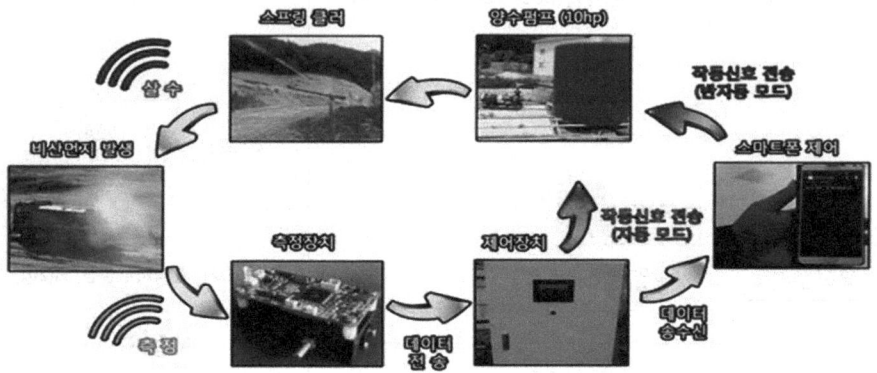

위반사례
① 야적물 살수시설 미설치

야적물 방진덮개 및 살수시설 미설치

· **현장실태**
일부 사업장의 경우 살수시설이 형식적으로 설치되어 수압이 약하거나, 1일 1-2회 이동식 살수기로 야적물질에 간헐적으로 물을 뿌려 주는 경우가 많음
[출처: 인천시(2013), 2013 먼지 저감 대책]

라. 혹한기에는 표면경화제 등을 살포할 것

※ 제철 및 제강업만 해당

☞ 환경에 무해한 표면경화제(화학적 먼지억제제) 등을 살포하여 야적물질의 사용 용도에 영향을 미치지 않는 경우에 한한다.
(2015.07.20. 시행규칙 개정 반영)

| 발전소 저탄시설의 경우 |
· 법적 의무사항은 아니나, 대규모 저탄시설에서도 야적된 석탄 표면에 표면경화제(화학적 먼지억제제, Foam Binder)를 살포하여 야적탄 표면에 경화막 형성으로 비산 및 자연발화 방지를 기할 수 있다.

· **혹한기**
: 매년 12월 1일부터 다음 연도 2월 말일까지로 제시

· **표면안정화 저감기술 저감효율**

저감 기술	저감 효율	출처
화학적 안정화/ 처리	80~99%	Katestone 2011

- 화학적 먼지억제제는 미국 EPA에서도 장기간 비산먼지 억제책으로 높은 효율성을 보인다고 제시

※ 주로 사용되는 화학적 먼지억제제 종류(modified from Bolander, 1999a)

Suppressant Type	Products
Water	Fresh, reclaimed, and seawater
Salts and brines	Calcium chloride, and magnesium chloride
Petroleum-based organics	Asphalt emulsion, cutback solvents, dust oils, modified asphalt emulsions
Non-petroleum based organics	Vegetable oil, molasses, animal fats, ligninsulfonate, and tall oil emulsions
Synthetic polymers	Polyvinyl acetate, vinyl acrylic
Electrochemical products	Enzymes, ionic products (e.g. ammonium chloride), sulfonated oils
Clay additives	Bentonite, montmorillonite
Mulch and fiber mixtures	Paper mulch with gypsum binder, wood fiber mulch mixed with brome seed

출처: U.S. EPA(2004)

[국외 사례]
- 야적 시 화학안정제 투여할 것
  (미국 Rule 403)
- 최소 6개월 동안 적치물 표면이 안정화되도록 충분한 농도로 화학적 안정화시킴
  (미국 Rule 403.1)

마. 야적 설비를 이용하여 작업 시 낙하거리를 최소화하고, 야적 설비 주위에 물을 뿌려 비산먼지가 흩날리지 않도록 할 것

※ 제철 및 제강업만 해당

☞ 야적더미에 쌓기 작업을 할 경우 낙하거리를 최소화하고, 스태커에 살수시설 및 먼지확산 방지용 덮개(Skirt)를 설치하여 먼지의 비산을 방지한다.

| 석회제조업, 콘크리트제품제조업의 경우 |

· 법적 의무사항은 아니나, 야적더미에 쌓기 작업을 할 경우에는 낙하거리를 최소화하여 먼지의 비산을 방지한다.

바. 공장 내에서 시멘트 제조를 위한 원료 및 연료는 최대한 3면이 막히고 지붕이 있는 구조물 내에 보관하며, 보관시설의 출입구는 방진망(막)등을 설치할 것

※ 시멘트 제조업만 해당

☞ 다만, 기존 시설 중 원료(분쇄된 물질을 제외한다) 및 석탄은 최대한 분체상 물질이 섞이지 않도록 하며, 방진벽, 방진망(막), 야적표면 전체에 살수가 가능한 시설을 설치·운영하여 비산먼지 발생을 억제하여야 한다.

1-2. 싣기 및 내리기 [분체상 물질을 싣고 내리는 경우에만 해당]

억제시설 및 조치기준	비고
가. 작업 시 발생하는 비산먼지를 제거할 수 있는 이동식 집진시설 또는 분무식 집진시설(Dust Boost)을 설치할 것	석탄제품제조업, 제철·제강업 또는 곡물하역업만 해당
나. 싣거나 내리는 장소 주위에 고정식 또는 이동식 물을 뿌리는 시설(살수반경 5m 이상, 수압 3kg/㎠ 이상) 설치	곡물작업장의 경우는 제외
다. 풍속이 평균초속 8m 이상일 경우에는 작업을 중지할 것	
라. 공장 내에서 싣고 내리기는 최대한 밀폐된 시설에서만 실시	시멘트 제조업만 해당
마. 조쇄를 위한 내리기 작업은 최대한 3면이 막히고 지붕이 있는 구조물 내에서 실시할 것 다만, 수직갱에서의 조쇄를 위한 내리기 작업은 충분한 살수 시설 설치	시멘트 제조업만 해당

※ **다**의 억제시설 및 조치기준은 모든 사업장이 준수해야 하며, 이외 기준은 해당 사업장에 따라 다름
<예> 시멘트 제조업의 경우 **나, 다, 라, 마**의 억제시설 및 조치기준을 준수해야 함

가. 작업 시 발생하는 비산먼지를 제거할 수 있는 **이동식 집진시설 또는 분무식 집진시설(Dust Boost)**을 설치할 것

※ 석탄제품제조업, 제철·제강업 또는 곡물하역업만 해당

☞ 석탄, 시멘트, 곡물, 제철·제강업의 경우 원자재 또는 분체상 물질을 싣거나 내릴 경우, 비산먼지를 저감하기 위해 집진시설 또는 분무식 집진시설을 설치하여 관리하여야 한다.

설치사례

① 배합사료 사업장 원료 하역장

② 배합사료 사업장 집진시설

③ 수상화물(벌크하역) 취급사업장 : **에코호퍼**설치-집진시설 내장

[국외 사례]
- 젖은 석고를 제외한 모든 물질의 하역작업은 옥내에서 실시, 옥내의 출입문에는 신축형 커튼을 설치
- 하역 전과 하역 동안 먼지발생 억제를 위한 살수시설 설치
- 살수량은 살수시스템의 형태에 맞게 조절, 구멍이나 이동부분이 막히지 않도록 주의
출처: Central Pollution Control Board(2007)

· 에코호퍼(ECO HOPPER)
Air Curtain, Multi Cyclone, Telescopic Chute 등으로 구성된 장비로서, Crane을 이용 선박에서 벌크화물을 하역 및 상차시 비산먼지를 효율적으로 발생원에서 저감할 수 있는 친환경 하역.상차 장비임
※ 1대당 220백만원(추정)

나. 싣거나 내리는 장소 주위에 **고정식 또는 이동식 물을 뿌리는 시설**(살수반경 5m 이상, 수압 3kg/㎠ 이상)을 설치·운영하여 작업하는 중 다시 흩날리지 아니하도록 할 것

※ 곡물작업장의 경우는 제외

☞ 토사 등 분체상 물질의 싣기 및 내리기 시 비산먼지 발생을 억제하기 위해 작업 시 살수작업을 실시하여야 한다.

| 시멘트제조업-석회석 광산의 경우 |
· 석회석을 싣고 내리는 동안 물을 충분히 분사하며, 적재 후에도 적재물에 충분한 살수를 실시한다.
· 살수시설은 싣거나 내리는 적재물에 대하여 고르게 살수할 수 있는 시설을 설치하며, 노즐이 막히지 않도록 관리한다.

| 건설공사장의 경우 |
· 별도의 살수요원을 배치하여 고압살수기로 살수 조치한다(우수사례 ① 참조).

| 토목공사의 경우 |
· 토목공사의 특성상 사전 임시 물탱크를 확보 또는 스프링클러를 활용한다.

※ **대형 공사장에서 동시 다발적으로 싣고 내리는 작업이 이루어지는 경우**
→ 이동식 살수시설 사용에 한계가 있으므로 1시간 단위 등 주기적으로 현장 살수가 이루어질 수 있도록 조치

※ **고철 야적장 등 싣거나 내리는 장소가 지정되어 있는 경우**
→ 안개형 분무시설 등 고정식 살수시설을 설치하여 먼지가 저감될 수 있도록 조치

· 살수시 비산먼지 저감효율

구 분	저감 효율	비 고
노출 지역	50%	- Katestone 2011
야적, 광산	50%	- Katestone 2011 - Commonwealth of Australia, 2012

<광산 내 싣기 작업과 살수시설>

설치사례

① 건설공사장 싣기 작업 시 살수

② Rain guns

③ 사업장 내부 수시 살수

④ 구조물 싣기 작업 시 자동 살수

우수사례

① 싣기 및 내리기 작업 구간 스프링클러 설치　　② 건설공사장 굴삭기 장비 부착 살수

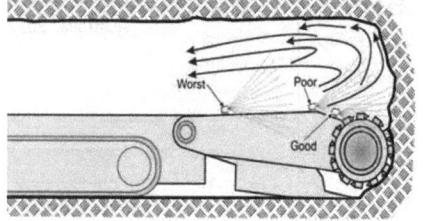 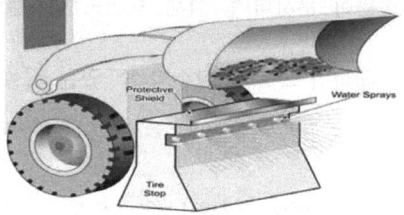

③ 광산지역에서 활용하는 건설장비에 살수장치(Dry fog 등) 부착

위반사례

①~⑤ 싣기 및 내리기 작업 시 살수 미실시

① 건설공사장 싣기 작업 시 살수 미실시(1)　　② 건설공사장 싣기 작업 시 살수 미실시(2)

③ 건설공사장 내리기 작업 시 살수 미실시(1)　　④ 건설공사장 내리기 작업 시 살수 미실시(2)

⑤ 살수 미실시(좌) 및 행정처분(우)

다. 풍속이 평균초속 8m 이상일 경우에는 작업을 중지할 것

☞ 사업장 내 풍속기를 설치하여 풍속을 측정하고 조치사항 등을 기록하는 관리일지를 작성하고 바람으로 인한 안전상의 문제가 발생할 경우 작업을 중지하여야 한다.

※ 풍속을 측정하는 측정방법(풍속 판정 요령 및 작업 범위)
→ 풍속계 설치 위치는 지면으로부터 1.5m 이상이어야 하며, 현장상황에 따라 비산먼지가 발생하는 지점에서 측정한다.　　　　　　　　　　　　　　　[출처: 환경부 Q/A]

■ 풍속 판정 요령(보버트 등급표)
- 1805년 영국의 제독 보퍼트가 고안하여 현재 기상통보 등에 쓰임

풍급	명칭	내용	풍속(m/s)
0	정온(靜穩)	연기가 직상	0.3 미만
1	지경풍(至輕風)	풍향으로 연기 나부낌	0.3-1.6
2	경풍	바람이 얼굴에 닿는 것을 느끼며 나뭇잎이 움직임	1.6-3.4
3	연풍(軟風)	나뭇잎이나 가지가 쉬지 않고 동요하고 깃발 등이 펴짐	3.4-5.5
4	화풍(和風)	모래 먼지가 일고 작은 가지가 상당히 움직임	5.5-8.0
5	질풍	나뭇잎이 무성한 나무가 흔들리고 강과 호수에 작은 파도	8.0-10.8
6	웅풍(雄風)	큰 나뭇가지가 움직이고 전선이 소리를 내며 우산쓰기 곤란	10.8-13.9
7	강풍	나무 전체가 동요하고 보행 곤란	13.9-17.2
8	질강풍(疾强風)	작은 나뭇가지가 부러지고 보행 불능	17.2-20.8
9	대강풍	건물 등에 약간의 손상이 생긴다	20.8-24.8
10	전강풍(全强風)	나무가 뿌리채 넘어지며 건물에 많은 손해를 줌	24.8-28.5
11	폭풍	건물에 큰 손해를 봄	28.5-32.7
12	구풍(颶風)	손해가 매우 큼	32.7 이상

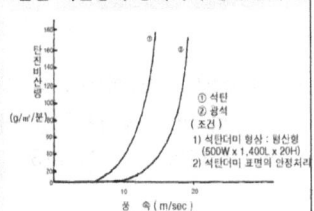

<탄진 비산량과 풍속과의 상관관계>

출처: 안종구(2012)

■ 풍속별 작업 범위

풍 속(m/sec)	종 별	작업 범위
0 - 7	안전작업범위	전작업 실시
7 - 10	주의경보	외부용접, 도장작업 중지
10 - 14	경고경보	건립작업 중지
14 이상	위험경고	고소작업자는 즉시 하강 안전대피

출처: one page 기술자료 건설철골-5

설치사례

① 풍속계 설치

① 풍속계 설치

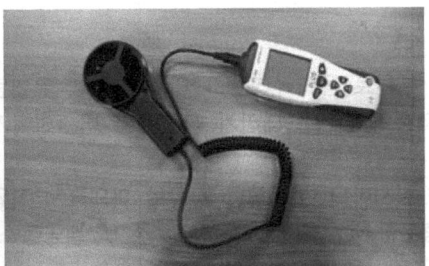
② 휴대용 풍속계

🗨 2012년 수도권대기환경청이 수도권 지역 내 대규모 택지개발사업이 진행되는 사업장 중 주변에 민가 등이 위치한 10개 사업장과 '공사장 비산먼지 자발적 협약'을 체결·이행한 사례임
(수도권대기환경청 보도자료, 2012.01.31)

우수사례

① 실시간 풍속알림 시스템
- 인천 서구 '실시간 풍속알림'은 청사 내 구축된 악취관리시스템을 활용하여 대형공사장 및 비산먼지다량발생사업장에 서구 지역 현재 풍속을 실시간으로 알려줌
  · 풍속에 따른 자율적 작업조정 유도(평균초속 6m이상) 또는 중단 요청(평균초속 8m이상)

(인천서구청 보도자료, 2015.03.11)

② 비산먼지 기상예보제 시행
- 자발적 협약 참여사업장 대상으로 유선(전화), 무선(이메일, 팩스)로 전송
- 작업주의(습도 35% 이하, 풍속 5.5m/s 이상)와 작업중지(풍속 8m/s 이상)로 구분 시행
  · **습도**: 기상청 건조주의보 발령 기준(실효습도 35% 이하가 2일 이상 예측)
  · **풍속**: 보퍼트 풍급표 분류 기준

(수도권대기환경청 보도자료, 2012.01.31.)

> 라. 공장 내에서 싣고 내리기는 최대한 **밀폐된 시설에서만** 실시
> 마. 조쇄를 위한 **내리기 작업**은 최대한 **3면이 막히고 지붕이 있는 구조물 내**에서 실시할 것

※ 시멘트 제조업만 해당

☞ 시멘트 제조업의 경우 시멘트, 유연탄, 슬래그, 석고 등 분체상 물질을 공장 내에서 싣거나 내릴 경우에는 최대한 밀폐된 시설에서 실시하여야 한다.
☞ 조쇄작업을 위한 투입구는 3면이 막히고 지붕이 있는 구조물 내에서 실시하여야 한다. 다만, 수직갱의 경우에는 이동식 살수시설 등을 이용하여 비산먼지 발생을 억제하여야 한다.

| 공장 내 |

☞ 공장 내에서는 슬래그, 석고 등 부원료 등의 싣기·내리기 작업과 유연탄과 같은 연료와 클링커, 시멘트와 같은 제품의 싣기·내리기 작업에서 비산먼지가 발생한다.
① 최대한 밀폐된 시설에서 작업을 실시하되, 불가피한 사유로 야외에서 작업할 경우에는 작업 전 및 작업 중에는 충분한 살수를 실시하며, 작업 후 진공청소차량으로 작업장 주변을 청소하여 먼지의 재비산을 방지하여야 한다.

· 대부분의 사업장의 경우 법 기준 이상의 설비를 설치하여 관리하고 있음(에어슬라이드, 집진기, 에어호스 등)

| 제철 및 제강업의 경우 |

☞ 공장 내에서 싣고 내리기 시에는 최대한 밀폐된 시설에서만 실시하여 비산먼지가 발생하지 않도록 하여야 한다.

설치사례

①~③ 시멘트 제조업의 싣기 및 내리기 작업 시 비산먼지 관리

① 시멘트 사업장 집진시설

② 시멘트 사업장 에어슬라이드 상차

③ 시멘트 사업장 에어호스

④ 에어슬라이드 시멘트 차량 싣기

1-3. 수송

억제시설 및 조치기준	비고
가. 적재함을 최대한 밀폐할 수 있는 덮개를 설치하여 적재물이 외부에서 보이지 아니하고 흘림이 없도록 할 것	·시멘트·석탄·토사·사료·곡물·고철의 운송업: : 가, 나, 바, 사, 자 ·목재수송 : 사, 아, 자
나. 적재함 상단으로부터 수평 5㎝ 이하까지 적재물을 수평으로 적재할 것	
다. 도로가 비포장 사설도로인 경우 비포장 사설도로로부터 반지름 500m 이내에 10가구 이상의 주거시설이 있을 때에는 해당 부락으로부터 반지름 1km 이내의 경우에는 포장, 간이포장 또는 살수 등을 할 것	
라. 자동식 세륜시설, 수조를 이용한 세륜시설을 설치할 것	
마. 측면살수시설을 설치할 것	
바. 수송차량은 세륜 및 측면살수 후 운행하도록 할 것	
사. 먼지가 흩날리지 아니하도록 공사장 안의 통행차량은 20km/h 이하로 운행할 것	
아. 통행차량의 운행기간중 공사장안의 통행도로에는 1일 1회 이상 살수할 것	
자. 광산 진입로는 임시로 포장하여 먼지가 흩날리지 아니하도록 할 것	시멘트제조업만 해당

※ 비고에 해당되지 않은 사업장은 **가~아**의 모든 기준을 준수해야 함
※ 운송업자의 경우 **가, 나, 바, 사**의 기준을 준수해야 함

> **가. 적재함을 최대한 밀폐할 수 있는 덮개를 설치**하여 적재물이 외부에서 보이지 아니하고 흘림이 없도록 할 것
> **나. 적재함 상단으로부터 수평 5㎝ 이하**까지 적재물을 수평으로 적재할 것

[운송업자 해당]

☞ 분체상물질을 수송하는 차량은 사업장 내·외부와 상관없이 차량 운행 시 적재함을 최대한 밀폐할 수 있는 방진덮개를 설치하여 외부에서 보이지 않고 흘림이 없도록 하여야 하며, 비산먼지 발생을 예방하기 위해 적재함 상단으로부터 5cm 이하까지 수평으로 적재하여 운행하여야 한다.

※ 공사장의 경우, 수송차량이 현장내부 가설도로에서 운행 시에도 방진덮개를 설치하여 운행하여야 한다.
 - 현장내부 운행의 경우에도 수 km 이상을 운행하는 경우도 발생
 - 포장 및 비포장도로에서 모두 비산먼지가 발생

| 석회제조업, 콘크리트제품제조업, 플라스터제조업의 경우 |
 · 분체상 시멘트의 수송시 **탱크로리**를 이용한다.

· 공사차량 장착 덮개 종류
: 천막, 철재, 금속 등

· 탱크로리(Tank Lorry, Tank truck)
: 주로 액체를 운반하기 위한 목적으로 만들어진 트럭

설치사례

① 수송차량 방진덮개 설치 및 관리

① 수송차량 방진덮개 설치

② 적재함 상단 5cm 이하 적재(1)

③ 적재함 상단 5cm 이하 적재(2)

④ 적재함 외부 토사 제거

⑤ 철스크랩 전용 운반 차량(방통차)

⑥ 철스크랩 전용 운반 차량(방통차)

⑤ 시멘트 밀폐 수송차량

⑥ 석탄 수송차량 : 상단 전체 방진막 설치

⑦ 목재(톱밥) 수송차량

⑧ 곡물/사료 수송차량

위반사례

① 수송차량 방진덮개 미설치 및 적재기준 위반

② 적재물이 외부에서 보이지 않고 흘림이 없도록 덮개를 설치하여야 함에도 덮개를 제대로 덮지 않고 차량 운행

③ 적재물이 적재함 상단으로부터 수평 5cm 이하까지만 적재하여야 함에도 적재물이 과도하게 실어 차량을 운행

| ② 토사 운반차량 덮개 위반 | ③ 토사 과적, 덮개 미설치 |

다. 도로가 비포장 사설도로인 경우 **비포장 사설도로로부터 반지름 500m 이내에 10가구 이상의 주거시설**이 있을 때에는 해당 부락으로부터 **반지름 1km 이내**의 경우에는 **포장, 간이포장 또는 살수** 등을 할 것

☞ 수송차량의 통행에 따른 비산먼지 발생 저감을 위하여 도로가 비포사설도로인 경우 비포장사설도로부터 반지름 500m 이내에 10가구 이상의 주거시설이 있을 경우 해당 부락으로부터 반지름 1km 이내의 경우에는 수송차량의 통행 전에 포장 또는 간이포장을 실시하여야 하며, 수송차량 통행 시에는 살수조치를 실시하여야 한다. 또한 공사장 내의 차량통행도로(가설통행도로)는 다른 공사에 우선하여 포장하여 관리하여야 한다.

※ 인근 주거시설 외 과수원 및 가축시설이 있을 경우 비산먼지로 인한 <u>환경분쟁</u>의 원인이 될 수 있음

- 중앙환경분쟁조정위원회 환경분쟁신청사건으로 91년~15년까지 처리된 3,495건 중 대기오염으로 인한 피해는 203건 (6%)임
 [중앙환경분쟁조정위원회 통계자료]

설치사례

○ (가설)도로 우선 포장 및 청소차 운영 등

① 공사장 내 차량도로 우선 포장

② 터널 진출입구 우선 포장

③ 가설 도로 포장 : 외부 운행금지

④ 가설도로 청소차 운영 : BOBCAT

라. 자동식 세륜시설, 수조를 이용한 세륜시설을 설치할 것

☞ **자동식 세륜시설**

금속지지대에 설치된 롤러에 차바퀴를 닿게 한 후 전력 또는 차량의 동력을 이용하여 차바퀴를 회전시키는 방법 또는 이와 동등하거나 그 이상의 효과를 지닌 자동물뿌림 장치를 이용하여 차바퀴에 묻은 흙 등을 제거할 수 있는 시설을 말한다.

※ 자동식 세륜시설은 공정에 따라 공사차량이 이용하는 도로와 공사구간이 접한 부분(진출입구)에 설치·운영해야 하며, 비산먼지 발생공종이 종료되거나, 도로가 포장이 되어 차바퀴에 흙이 묻지 않을 경우는 고압살수기 운영 등으로 대체 변경신고가 가능하다.

진 입

전륜세륜

진 출

후륜세륜

☞ **수조식 세륜시설**

- 수조의 넓이 : 수송차량의 1.2배 이상
- 수조의 깊이 : 20㎝ 이상
- 수조의 길이 : 수송차량 전장의 2배 이상
- 수조수 순환을 위한 침전조 및 배관을 설치하거나 물을 연속적으로 흘려 보낼 수 있는 시설을 설치할 것

※ 수조를 이용한 세륜시설은 자동식 세륜시설을 설치하기가 어렵거나 수조를 이용해서도 충분한 세륜효과를 기대할 수 있다면 설치할 수 있다. 다만 수조를 이용한 세륜시설의 설치시에는 측면살수시설을 설치하여야 한다.

❋ **겨울철 기온 저하에 따른 자동식 세륜시설 운영이 어려울 경우**
→ 사전에 관할 지자체에 '비산먼지 시설 변경신청서'를 제출하여 대체 가능한 시설로 변경신고 필요

❋ **수송차량에 의한 수송 작업이 많아 자동식 세륜시설만으로 세륜효과를 기대할 수 없을 경우**
→ 자동식 세륜시설 선단에 수조식 세륜시설을 설치하여 보완 가능

· **자동식세륜시설 운영·관리**

(1) 세륜수조의 용수 교체시에는 간이침전시설을 활용하여 부유물 및 기름띠 제거 등 필요 조치 후 필요시 재활용하거나 방류할 수 있다.
(2) 세륜후 컨베이어에 의해 배출되는 슬러지는 건조대에서 건조 후 폐기물 처리한다. 다만 성토재로 재활용하고자 하는 경우는 시험·분석하여 유해성이 없음을 확인하여야 한다.
(3) 매일 세륜시설 가동전에 1일 출입차량 30대를 기준으로 침전제(황산반토, 고분자 응집제)를 투입하여 항시 세륜용수가 깨끗하도록 유지하여야 한다.
(4) 세륜시설 출구에 필요시 부직포 등을 설치하여 세륜시 바퀴에 묻은 물이 외부로 유출되지 않도록 하여야 한다.
[국토교통부(2004), 건설환경관리 표준시방서]

· **수조식 세륜시설 운영·관리**

1) 수조의 세륜용수는 수송차량의 바퀴부분이 1/2정도 침수될 수 있도록 항시 일정하게 유지한다.
2) 수조수는 항상 깨끗하게 유지할 수 있도록 교환 및 보충을 실시한다.
3) 수조내의 수조수 및 슬러지는 1일 1회 제거하는 것을 원칙으로 하며 슬러지가 수조 바닥에 설치된 침사지에 80% 정도가 차면 제거하여 건조 후 처리한다.
4) 세륜시설 출구에 필요시 부직포 등을 설치하여 세륜시 바퀴에 묻은 물이 외부로 유출되지 않도록 하여야 한다.
[국토교통부(2004), 건설환경관리 표준시방서]

설치사례

① 자동식 세륜시설 + 측면살수시설(미가동시)

② 자동식 세륜시설 + 측면 살수시설(가동시)

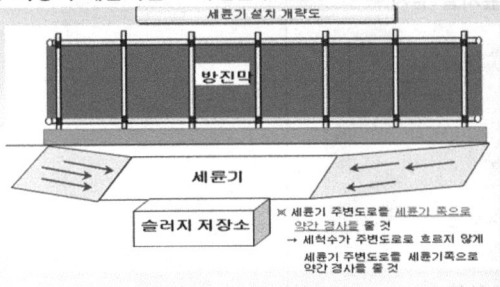
③ 자동식 세륜시설 설치 개략도

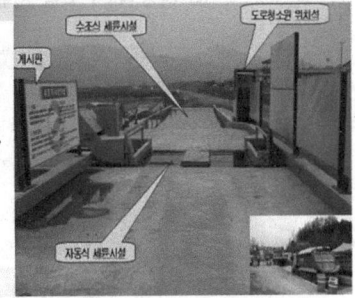

④ 입체형 2단계 세륜·세차시설 설치

⑤ 세륜시설 게시판
: 사용방법 및 운전자 준수사항 부착

⑥ 이동식 세륜시설

우수사례

○ 자동식+수조식 세륜시설 설치 등: ①~⑦

① 자동식 세륜시설 2단 설치

② 자동식+수조식 세륜시설 설치

③ 수조 내 앵글털이개 설치

④ 수조식 병렬 설치

⑤ 운송차량 상단 및 측면세륜

⑥ 세륜수 및 토사 외부유출 방지

⑦ 앵글털이개+자동식+수조식 세륜시설 설치

○ 자동살수시스템 운영: ①~③
- 현장 출입구에 설치된 동체감지기를 통해 공사차량 진출입이 인지되면 차량이 지나가는 동안 자동살수 가동

① 동체감지기

② 가압펌프

③ 살수라인

위반사례

○ 분체상물질 수송시 세륜시설 미가동 또는 미설치 등: ①~④

① 세륜기 미가동(1)

② 동파로 인한 세륜기 고장(미가동)

③ 세륜기 미설치

④ 세륜기 가동 불량에 따른 외부도로 토사 유출

마. 측면살수시설을 설치할 것

- 살수높이: 수송차량의 바퀴부터 적재함 하단부까지
- 살수길이: 수송차량 전체길이 1.5배 이상
- 살수압: 3kg/㎠이상

☞ 수송차량의 차바퀴이상(차바퀴이상 적재함 하단)의 묻어 있는 흙을 제거하기 위해 일정 살수압(3kg/㎠) 이상으로 수송차량의 전체적인 측면살수를 할 수 있는 시설을 설치하여야 한다.
※ 고압살수기를 활용하여 측면살수 효과 증대 가능

※ 차량 바퀴만 세척하고 있어 **차량 상부에 남아 있는 먼지가 비산될 우려시**
→ 상단부까지 살수할 수 있도록 상단에 **안개식 스프링클러 설치**(우수사례 ④ 참고)
[서울시 서초구 비산먼지 관리 우수 사례]

※ **동절기 결빙 우려시**
→ 세륜시설에 **가열장치**(자동세륜시설 구입시 옵션으로 장착하거나 시중에서 열선(규격품)을 구입하여 설치)를 설치하거나, **에어건 등**으로 대체
[환경부 Q&A]

※ **세륜시설 통과차량 종류 및 세륜시간**
→ 통과차량은 **공사장 내 모든 차량**을 말함
→ 차량 1대당 세륜시간은 25~45초를 만족하여야 함   [국토교통부(2004),. 건설환경관리 표준시방서]

※ **측면살수시설 통과 후 외부도로로 먼지 유출**
→ 수송이동 경로 상의 외부 포장도로 연결부에 차량바퀴의 비산먼지를 저감할 수 있는 조치(자갈길, 포장 등)를 취해야 함
→ 사업장 주변 '1사 1도로 클린제' 시행(공사장 100m 이내 도로 1일 2회 이상 정기적 물청소 시행)

설치사례

① 측면살수시설 설치

① 시맨트 사업장 측면살수시설

② 건설공사장 이동식 측면살수 시설

우수사례

① 측면 및 후면 살수시설

② 건설공사장 이동식 측면살수 시설

③ 세륜설비 + 건조설비

④ 자동식 세륜기 상단 안개식 스프링클러

위반사례

① 측면 살수시설 미설치

② 측면살수시설 설치기준 미충족
(세륜수 분사 위치 낮음)

출처: 서울시(2014)

바. 수송차량은 세륜 및 측면살수 후 운행하도록 할 것

[운송업자 해당]
☞ 수송차량은 반드시 세륜 및 측면살수시설을 통과하여 운행해야 한다.

설치사례

① 세륜 세차시설 통과수칙 안내

① 세륜장 통과수칙 안내

위반사례

① 공사장 밖으로 토사가 유출되지 않도록 관리하여야 함에도 관리 미흡

① 도로변 토사 유출

사. 먼지가 흩날리지 아니하도록 공사장 안의 통행차량은 20km/h 이하로 운행할 것

[운송업자 해당]
☞ 차량통행에 의한 비산먼지 발생을 최소화하기 위해 공사장 안의 통행차량은 **20km/h 이하**로 운행하여야 한다.

| 제철 및 제강업의 경우 |
· 광산 내의 통행차량은 시속 20km 이하로 운행하여야 한다.

· 차량속도에 의한 비산먼지의 감소 효과

차량 속도 (Km/hr)	감소 효과 (%)
48	25
32	65
24	80

[출처: U.S EPA complication of air pollutant emission factors part B.]

설치사례

①~③ 차량속도 준수 안내 표지판 설치 및 과속 단속

① 차량속도 준수 표지판 설치

② 과속방지턱 설치

③ 과속 단속

대체사례

○ 개선사례 : 살수차 자체 제작을 통한 원가절감
- 투입비용(년간 약 50% 절감 효과)
  · 개선 전 : 임대료 66,000,000원(유류비 등 포함, 월 550만원)
  · 개선 후 : 33,700,000원
  (차량구입비, 자재비, 인건비, 차량등록비, 종합보험료, 연료비 포함, 월 281만원)

위반사례

① 가설도로 살수 미흡 및 외부 도로 토사유출 등

> · '인도 중앙오염방지국 비산먼지 관리 가이드라인'에서는 공사장 안의 통행차량은 시속 10km 이하로 운행하도록 함
> [Central Pollution Control Board(2007)]

아. 통행차량의 운행기간 중 공사장 안의 통행도로에는 1일 1회 이상 살수할 것

☞ 공사장 안의 통행도로에는 **살수차** 등을 사용하여 **1일 1회 이상** 살수하여야 한다.

※ 살수차를 사용할 경우 살수차 운행일지를 작성하고, 살수용수를 하천 등에서 취수할 경우 사전에 관할 홍수통제소장에게 허가를 득해야 함

| 콘크리트제품제조업의 경우 |
· 사업장 내부 및 외부 차량 통행로는 주기적으로 살수하여 상시 젖어 있도록 하고, 노면청소차량으로 주기적으로 청소를 실시한다.

| 콘크리트제품제조업, 제철 및 제강업의 경우 |
· 수송차량 통행으로 인한 도로의 비산먼지 발생을 억제하기 위하여 수송차량의 배기구가 바닥을 향하지 아니하도록 한다.

| 제철 및 제강업의 경우 |
· 공장 내 차량 수송도로는 자갈로 포장하여 흙먼지가 발생하지 않도록 하며, 차량 통행으로 발생되는 비산먼지를 저감하기 위해서 비포장도로에서 차량속도를 제한하고, 먼지 억제제 등을 도로표면에 살포하여 경화하거나, 주기적으로 물을 살수하여야 한다.

> ※ 동절기 세륜시설을 가동하지 못할 경우
> → 공장 진출입로 및 주변도로에 **분진흡입차**, **노면청소차** 등을 항시 운영하여 비산먼지가 발생하지 아니하도록 조치한다.

설치사례

① 가설도로 1일 1회 이상 살수

② 공사장 내 차량도로 살수

③ 차량통행도로 살수

④ 도로 청소차량 운행

· **도로 청소방법**

구분		청소방법	
인력을 이용한 청소		환경미화원 등 순수 인력에 의한 도로청소	
청소장비를 이용한 청소	건식	분진흡입차, 노면청소차	필터장착
			필터미장착
	습식	물청소차	고압살수차
		고정식살수장치 (클린로드시스템)	

· **분진흡입차**: 진공상태를 이용하여 먼지를 흡입하는 방식으로 필터가 부착되어 있어 입자가 적은 미세먼지를 제거하는데 효과적(건식방식으로 동절기에도 청소가 가능, 전차선에 적용 가능)

· **노면청소차**: 물을 분사하여 브러쉬를 회전시킨 후 진공상태를 이용하여 먼지를 흡입하는 방식으로 부피가 큰 쓰레기를 제거하는데 유리하며 도로와 인도의 경계석이 있는 도로청소에 효과적

| 노면청소차량 | 분진흡입차량 |

· **고압살수차**: 물 분사장치(노즐)를 통해 고압으로 도로의 토사 및 먼지 등을 빗물받이로 유출시켜 제거하는 방식(실트 또는 점토입자를 제거하는데 효과적)

| 고압살수차량 | 고정식 살수장치 |

[환경부(2016), 도로청소 가이드라인]

⑤ 하역부두 내 살수차 및 청소차량

우수사례

① 차량 통행로 스프링클러 설치

대체사례

○ 건축공사장 내 골조부분 외 조경 등 법면에 보호덮개를 설치 등

① 법면 보호덮개 설치 및 내부도로 가포장

출처: 인천시(2006)

위반사례

① 공사장 안 통행도로에 1일 1회 이상 살수 조치 위반한 경우

① 공사장 통행도로 살수 미실시

출처: 서울시(2014)

자. 광산 진입로는 임시로 포장하여 먼지가 흩날리지 아니하도록 할 것

※ 시멘트 제조업만 해당

☞ 광산 내 차량 수송도로는 임시로 포장하거나, 자갈 등으로 포장하여 **흙먼지**가 흩날리지 아니하도록 하여야 한다.

| 제철 및 제강업의 경우 |
· 법적 의무사항은 아니나, 진입로를 임시로 포장하여 먼지가 흩날리지 않도록 하는 것이 바람직하다.

우수사례

① 임시도로포장 및 살수 우수사례　　② 임시도로 자갈 포장

대체사례

○ 부직포(수막현상 우려), 도로표면에 먼지억제제 살포, 주기적인 살수 등

위반사례

① 임시도로 관리 부실 사례

1-4. 이송

억제시설 및 조치기준	비고
가. 야외 이송시설은 밀폐화하여 이송 중 먼지의 흩날림이 없도록 할 것	
나. 이송시설은 낙하, 출입구 및 국소배기부위에 적합한 집진시설을 설치하고, 포집된 먼지는 흩날리지 아니하도록 제거하는 등 적절하게 관리할 것	
다. 기계적(벨트컨베이어, 바켓엘리베이터 등)인 방법이 아닌 시설을 사용할 경우에는 물뿌림 또는 그 밖의 제진(除塵)방법을 사용할 것	
라. 기계적(벨트컨베이어, 바켓엘리베이터 등)인 방법의 시설을 사용하는 경우에는 표면 먼지를 제거할 수 있는 시설을 설치할 것	시멘트 제조업과 제철 및 제강업만 해당
- 표면 먼지를 제거할 수 있는 시설은 스크래퍼 또는 살수시설 등으로 한다.	제철 및 제강업만 해당
마. 이송시설의 하부는 주기적으로 청소하여 이송시설에서 떨어진 먼지가 재비산되지 않도록 할 것	제철 및 제강업만 해당

※ 해당 사업장은 **가~다**의 기준을 준수해야 함(시멘트제조업은 **라를 포함**하며, 제철 및 제강업의 경우 **가~마의 모든 기준을 준수해야 함**)

가. 야외 이송시설은 밀폐화하여 이송 중 먼지의 흩날림이 없도록 할 것

☞ 분체상물질인 토사, 골재, 시멘트 등을 야외에서 이송하는 경우는 바람의 영향 등으로 흩날릴 수 있기 때문에 야외이송설비 상단에 방진덮개 등으로 밀폐화되도록 설치하여야 한다.

| 제철 및 제강업, 비철금속제1차정련의 경우 |

· 야외 이송시설은 Sheet로 밀폐화(Hood Cover 설치)하여 이송 중 먼지의 흩날림이 없도록 하여야 한다.

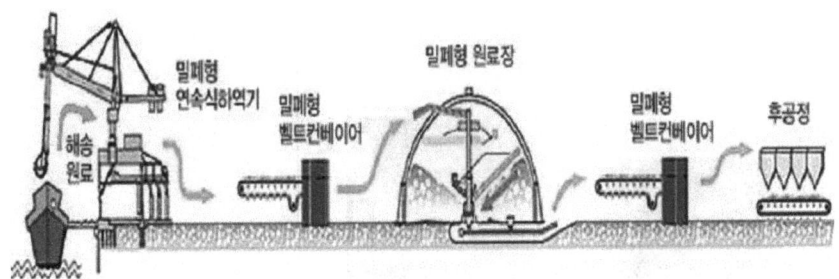

이송라인 개념도

설치사례

① 레미콘업체 골재 이송 시 밀폐화(외부)

② 레미콘업체 골재 이송 시 밀폐화(내부)

③ 이동식 이송시설 밀폐화

④ 건설공사장 토사석 이송 시 밀폐화

⑤ 벨트컨베이어 이송시설

우수사례

① 밀폐화

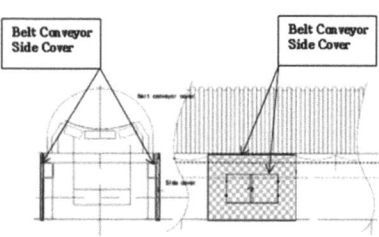
① 벨트컨베이어 밀폐화

② Transfer Tower 밀폐화 및 Dry fog 설치

위반사례

① 야외이송시설 밀폐화 조치 미실시

① 밀폐화 미실시　　② 이송설비 개구부 노출　　③ 측면 덮개 미설치

나. 이송시설은 낙하, 출입구 및 국소배기부위에 적합한 집진시설을 설치하고, 포집된 먼지는 흩날리지 아니하도록 제거하는 등 적절하게 관리할 것

☞ 낙하 구간 및 출입구 등에서 비산먼지가 유출되는 것을 방지하기 위해 집진시설을 설치하고 포집된 먼지는 흩날리지 아니하도록 제거하여야 한다.

| 석회제조업, 콘크리트제품제조업, 제철 및 제강업의 경우 |
- 낙하지점, 출입구 등의 먼지발생 부위에는 적합한 집진시설을 설치하고, 주기적으로 집진시설의 효율을 점검하여 적정시기에 교체 관리한다.

| 콘크리트제품제조업, 제철 및 제강업의 경우 |
- 골재, 파쇄, 원료 등은 방진덮개로 밀폐된 벨트컨베이어로 이송하며, 적재 및 낙하지점, **교차지점**에는 국소배기장치를 설치한다.
- 교차지점은 밀폐되고, 음압상태를 유지하여야 하며, 낙하 높이가 최소화 되도록 설계한다.

| 제철 및 제강업의 경우 |
- 집진시설에 포집된 먼지는 재비산되지 않도록 처리하며, 낙하지점 및 출입구 내부는 주기적으로 청소하여 먼지가 쌓이지 않도록 한다.

설치사례

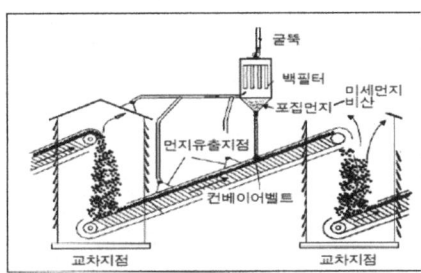

① 이송공정의 먼지 발생 및 억제조치　　② 골재 낙하지점 살수시설

· 이송물 낙하시 발생하는 먼지

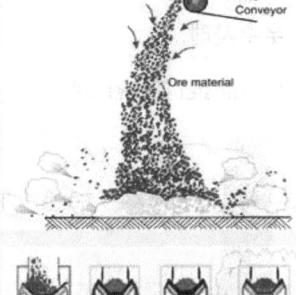
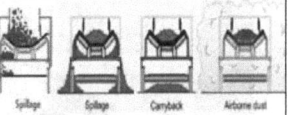

- Spillage: 이송물이 한쪽으로 몰리면서 컨베이어 바깥쪽으로 낙하
- Carry Back: 이송물이 뒷방향으로 낙하
- Airborne dust: 외부로 누출

· 교차지점
- 불규칙하게 움직이는 벨트 컨베이어 혹은 하나의 벨트 컨베이어에서 다른 벨트 컨베이어로 교차되는 지역(Transfer Point)에서 비산먼지가 발생됨

③ 레미콘업체 : 낙하구간 집진시설

④ 시멘트 이송/낙하구간 집진시설

⑤ 곡물, 사료 낙하 시 집진시설

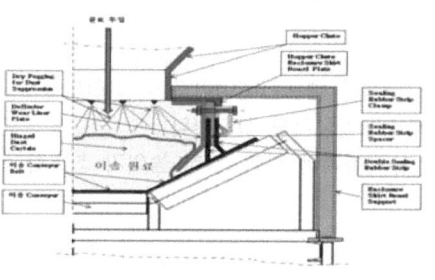
⑥ 항만 이송 시 대형 집진시설

<벨트컨베이어 교차지점>

· 컨베이어 transfer point에 지속적으로 살수(water spray) 조치시 저감효과 62%
[Countess Environmental(2006), WRAP Fugitive Dust Handbook]

우수사례

① Transfer Tower 내 이송 설비(Belt Conveyor)의 Transfer Point 구조 개선 시스템

출처: 한국서부발전 외(2017)

② 이송 설비의 Take up 장치 밀폐 및 콘크리트 pit 조성

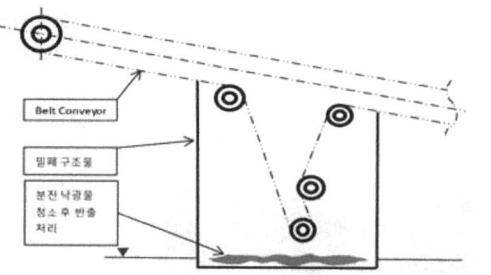

출처: 한국서부발전 외(2017)

대체사례

① 교차지점의 Transfer Tower 내 Hopper Chute부 등의 Dry Fog 설비 가동

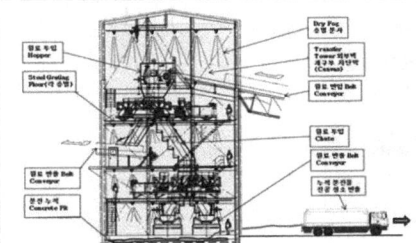

출처: 한국서부발전 외(2017)

위반사례

① 이송 설비의 Take up 장치의 외부 노출로 낙탄 누적

출처: 한국서부발전 외(2017)

다. 기계적(벨트컨베이어, 바켓엘리베이터 등)인 방법이 아닌 시설을 사용할 경우에는 물뿌림 또는 그 밖의 제진(除塵)방법을 사용할 것

☞ 분체상물질인 토사, 골재, 시멘트 등을 기계적(**벨트컨베이어**, **바켓엘리베이터** 등)인 방법이 아닌 시설을 사용하여 이송할 경우, 이송/낙하 구간에 살수 또는 방진막 등의 시설을 설치하여 비산먼지 발생이 억제될 수 있도록 하여야 한다.

- **벨트컨베이어**: 두 개의 바퀴에 벨트를 걸어 돌리면서 그 위에 물건을 올려 연속적으로 운반하는 장치

- **바켓엘리베이터**: 수직 방향 운반용의 양동이 컨베이어. 양동이를 여럿 단 사슬이나 벨트를 상하로 이동·회전하게 하여 물건을 양동이에 담아 운반하게 된 장치

설치사례

① 크라샤(C/R) 벨트 컨베이어 단부 방진막 및 살수 시설 설치

우수사례

① 차광막을 활용한 크라샤(Crusher) 이송시설 비산먼지 억제 사례

· 재질 : 차광막(PP-폴리프로필렌)
· 구성 및 크기
: 차광막 + #10철선, 1,000 X 3,000 mm
· 기대효과
① 1차 살수 후 떨어지는 석분에서 비산먼지를 차단
② 바람이 많은 날 비산먼지방지효과 탁월
③ 비산먼지 관련 민원발생 사전 차단 및 대민 신뢰감 조성

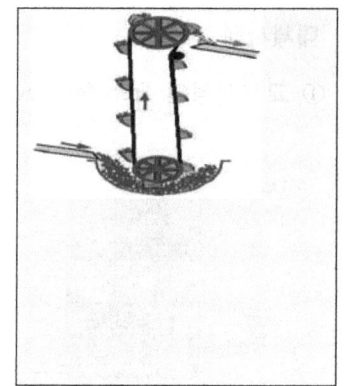

라. 기계적(벨트컨베이어, 바켓엘리베이터 등)인 방법의 시설을 사용하는 경우에는 표면 먼지를 제거할 수 있는 시설을 설치할 것

※ 시멘트 제조업과 제철 및 제강업만 해당

☞ 벨트컨베이어 등 기계적인 방법의 시설을 설치하여 표면 먼지를 제거해야 한다.

| 석회제조업, 콘크리트제품제조업의 경우 |

· 벨트 컨베이어의 표면 먼지를 제거할 수 있는 시설을 설치하여 벨트 회송시 먼지의 흩날림이 없도록 한다.(예: 세척시설, Turn Over 시설)

① 벨트 컨베이어 설치(유사 사례)

② 벨트 컨베이어 개념도

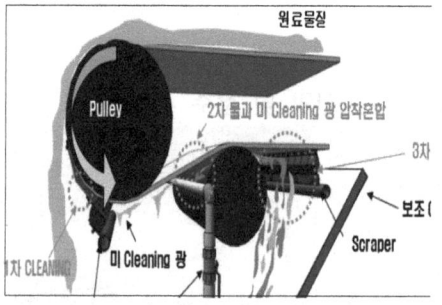

③ 이송벨트 Turn Over 시설

④ 이송벨트 세척 시설

마. 이송시설의 하부는 주기적으로 청소하여 이송시설에서 떨어진 먼지가 재비산되지 않도록 할 것

※ 제철 및 제강업만 해당

☞ 이송시설 하부는 주기적으로 청소하여 시설에서 떨어진 먼지가 재비산되지 않도록 해야 한다.

| 석회제조업, 콘크리트제품제조업, 저탄시설의 설치가 필요한 사업의 경우 |
· 법적 의무사항은 아니나, 외부에 **벨트컨베이어가 설치된 사업장**에서는 이송시설의 하부를 진공청소차량 등으로 청소하여 먼지가 재비산되지 않도록 하는 것이 바람직하다.

· 컨베이어 벨트 하부에 낙탄된 먼지를 주기적으로 청소하는 것은 사업자의 자발적인 저감 노력 필요

우수사례

① 청소된 벨트컨베이어 하부

위반사례

① 벨트컨베이어 하부 비산먼지 발생   ② 컨베이어 하부 낙탄 발생

1-5. 채광·채취

억제시설 및 조치기준	비고
가. 살수시설 등을 설치하도록 하여 주위에 먼지가 흩날리지 아니하도록 할 것 나. 발파 시 발파공에 젖은 가마니 등을 덮거나 적절한 방지시설을 설치한 후 발파할 것 다. 발파 전후 발파 지역에 대하여 충분한 살수를 실시하고, 천공시에는 먼지를 포집할 수 있는 시설을 설치할 것 라. 풍속이 평균 초속 8미터 이상인 경우에는 발파작업을 중지할 것 마. 작은 면적이라도 채광·채취가 이루어진 구역은 최대한 먼지가 흩날리지 아니하도록 조치할 것 바. 분체형태의 물질 등 흩날릴 가능성이 있는 물질은 밀폐용기에 보관하거나 방진덮개로 덮을 것	갱내작업의 경우는 제외

※ 해당 사업장은 가~바의 모든 기준을 준수해야 함(갱내작업의 경우 제외)

> **가. 살수시설** 등을 **설치**하여 주위에 먼지가 흩날리지 아니하도록 할 것
> **다. 발파 전후 발파 지역**에 대하여 충분한 **살수**를 실시하고,
>   **천공시**에는 **먼지를 포집할 수 있는 시설**을 설치할 것
> **라. 풍속**이 평균 **초속 8미터 이상**인 경우에는 **발파작업을 중지**할 것
> **마.** 작은 면적이라도 **채광·채취가 이루어진 구역**은 최대한 **먼지가 흩날리지 아니하도록 조치**할 것
> **바.** 분체형태의 물질 등 흩날릴 가능성이 있는 물질은 **밀폐용기에 보관**하거나 **방진덮개로 덮을 것**

☞ 분체상 물질을 채광·채취할 경우, 비산먼지가 발생하지 않도록 살수시설을 설치하여야 한다.

☞ 터널발파의 경우에는 출입구에 방음·방진문과 중간통로에 살수시설을 설치하면 효율적인 비산먼지 발생 억제효과를 볼 수 있다.

| 건설공사장의 경우 |

암석 및 콘크리트 등의 브레이커(breaker)작업, 땅을 천공하는 어스오거(earth auger) 작업에 비산먼지가 발생할 경우, 이동식 또는 거치식 방진망(막)을 설치하면 효과를 볼 수 있다.

| 시멘트제조업의 경우 |

· 채광 작업을 하는 도중에는 살수차량이나 이동식 고압살수기 또는 살수대 등 살수 시설을 설치하여 지반이나 석회석 등이 적절한 수분을 함유하여 비산먼지 발생을 최소화시키도록 한다.

> · 채광 채취 시 발생하는 비산먼지는 풍압에 의해 비산각도가 보다 높아 영향범위가 넓어지는 경향이 있는 관계로 살수시설 등을 설치하도록 하여 주위에 먼지가 흩날리지 아니하도록 한다.

설치사례

① 건설공사장 발파 작업 시 방진덮개 및 살수

발파공 부직포 포설

발파전 주변살수

발파후 살수

발파전 주변살수

발파공 천막 포설

발파후 살수

② 채광·채취 작업 시 살수

채굴과정 살수작업

이동식 살수기

살수대 설치

· 발파작업시 일반 환경관리사항

발파공정	발파전 : 1. 주변 민원 지역 소음.진동측정 및 비산먼지 발생여부 확인(사진기록 및 DATA보관) 2. 발파구역 : 살수 작업 및 비산방지 깔판(고무 및 부직포)
	발파후 : 1. 살수 작업 및 비산먼지 발생억제 활동 2. 민원 인근 지역 : 이동식 방음벽 설치
협력업체	주기적 환경교육 실시 : 작업공정별 환경교육 협력업체별 자체 근로자 환경교육 실시
민원예방	- 민원발생지역 점검 및 민원인 요구사항 및 불편사항 접수, 기록 - 협력업체 및 근로자 민원인 대응교육 실시 - 민원인의 관점에서 공사 및 환경관리 실시

우수사례

저감기술	저감대책	저감효과
• 어스오거 장비 방진망	• 암 파쇄작업, 땅 천공 시 방진덮개 설치	• 소음+비산먼지 발생 약 40% 저감
• 어스앵커 천공 작업 시 부직포 설치	• 섬유재질의 비산먼지 여과용 필터를 설치 • 필터 구조 사용으로 여과면적 및 공간을 확보해 여과 후 대기로 방출	• 여과기능 향상, 비산먼지 저감

① 암 파쇄작업시 방진덮개 설치사례(소음+비산먼지 발생 저감효과)

② 땅 천공 시 어스오거(earth auger)장비 방진망(포) 설치 사례

① 설치前　　　　　② 설치後(비산먼지 억제)

  247 ug/m³

40% 저감

 147 ug/m³

③ 어스오거 장비 방진망(포) 설치 효과

③ 어스앵커(earth anchor) 천공 작업 시 비산먼지 억제 우수사례

<설치 전>

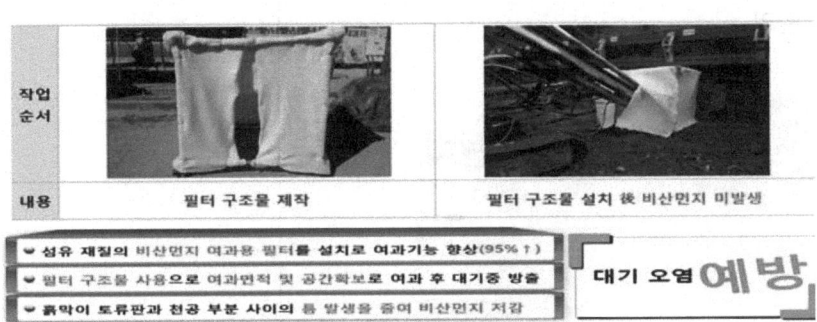
설치 後 (부직포 설치 후 비산먼지 저감효과)

④ 터널 발파 시 출입구 방진(음)막 및 터널 상부 스프링클러 설치

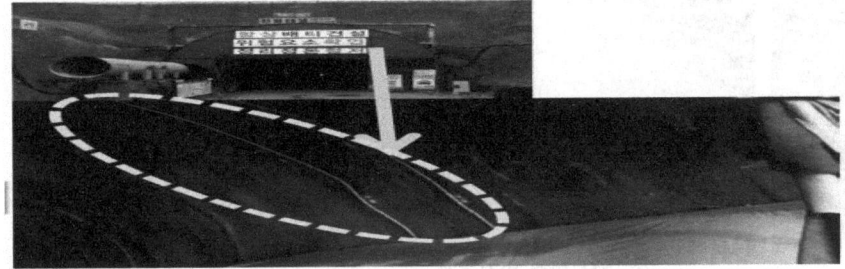

위반사례

① 발파 공정 시 비산먼지 억제 미조치(조치이행명령 처분)

나. 발파 시 **발파공에** 젖은 가마니 등을 덮거나 **적절한 방지시설을 설치한 후 발파**할 것

☞ 발파의 경우 발파공에 폐타이어, 부직포, 젖은 가마니, 천막 등 적절한 방지시설을 설치 한 후에 발파하여야 한다.

설치사례

①~③ 채광채취 작업 시 비산먼지 관리

① 발파시 젖은 가마니 설치

② 폐타이어를 이용한 방진덮개

③ 갱문 이중 방진덮개

1-6. 조쇄 및 분쇄

억제시설 및 조치기준	비고
가. 조쇄작업은 최대한 3면이 막히고 지붕이 있는 구조물에서 실시하여 먼지가 흩날리지 아니하도록 할 것 나. 분쇄작업은 최대한 4면이 막히고 지붕이 있는 구조물에서 실시하여 먼지가 흩날리지 아니하도록 할 것 다. 살수시설 등을 설치하여 먼지가 흩날리지 아니하도록 할 것	시멘트 제조업만 해당, 갱내 작업은 제외

※ 시멘트 제조업의 경우 가~다의 모든 기준을 준수해야 함

가. 조쇄작업은 **최대한 3면이 막히고 지붕이 있는 구조물**에서 실시

※ 시멘트 제조업만 해당

☞ 조쇄과정 중 투입구에서 구조물 내에 쌓여있는 먼지가 흩날리거나 석회석 파쇄과정에서 발생된 미세입자가 확산되어 대기 중으로 배출되므로 조쇄작업은 최대한 3면이 막히고 지붕이 있는 구조물에서 실시하여야 한다.

· 조쇄공정은 3면이 막히고 지붕이 있는 구조물 내에서 실시하도록 한다.
· 조쇄시설은 적재물에 전면적으로 살수할 수 있는 시설을 설치하고, 살수시설의 노즐이 막히는 등 문제 발생 시 조속히 수리하여 방치하지 않도록 한다.
· 집진시설을 설치하고, 포집된 먼지는 재비산되지 않도록 제거하는 등 적정관리를 하도록 한다.
· 주기적으로 조쇄시설 내부를 청소하여 먼지가 쌓이지 않도록 한다.
· 먼지 발생 부위에 적절한 후드를 설치하고, 먼지를 흡인하여 필터로 걸러내는 여과집진장치를 운영하고, 포집된 먼지는 재비산되지 않도록 제거하는 등 적정관리를 하도록 한다.

나. 분쇄작업은 **최대한 4면이 막히고 지붕이 있는 구조물**에서 실시

※ 시멘트 제조업만 해당

☞ 조쇄가 끝난 석회석이 부원료와 혼합된 후 실시되는 분쇄작업은 원료를 미세한 분말상태로 만들어 비산먼지가 다량으로 발생될 수 있으므로 최대한 4면이 막히고 지붕이 있는 구조물에서 실시하여 먼지가 흩날리지 않도록 하며 필요시 살수장치 및 여과집진장치를 설치 운영하여야 한다.

- 분쇄작업은 완전 밀폐된 시설에서 실시하여 먼지의 흩날림이 없도록 하며, 또한 필요시 살수장치 및 여과집진장치를 설치 운영하도록 한다.
- 국소배기부위에는 적합한 후드와 집진시설을 설치하고, 주기적으로 집진시설의 효율을 점검하여 기록하며 필터 등은 적정시기에 교체하여야 한다.
- 집진시설에 포집된 먼지는 재비산되지 않도록 제거하는 등 적정 관리를 하여야 한다.
- 분쇄시설 및 집진시설 점검 또는 보수 시 먼지가 발생하지 않도록 방풍망 설치, 진공청소차를 이용한 청소 등의 적정한 조치를 취하고 점검 또는 보수작업을 실시하도록 한다.

- 법적 의무사항은 아니나, 비철금속제련, 정련 및 합금제조업에서 파쇄 작업이 이루어지는 경우
  - 파쇄(분쇄) 작업은 가급적 옥내에서 실시하도록 하여야 하며, 대기환경보전법 시행규칙 별표 3 대기오염물질 배출시설 해당여부를 확인하고 배출시설에 해당 시는 그에 적합한 방지시설 설치 및 인허가 후 작업을 하도록 하여야 한다.
  - 조크러샤 등 파쇄기를 이용하여 파쇄작업을 할 시에는 살수설비를 가동하여 비산먼지가 저감되도록 하여야 한다.
  - 야외에서 파쇄한 경우는 파쇄된 원료나 제품에서 비산먼지가 발생하지 않도록 방진덮개 등 적정한 시설을 설치하여야 한다.
  - 파쇄 후 잔재물은 즉시 수거하고 진공청소기 등을 활용하여 깨끗이 정리하도록 한다.

설치사례

① 분쇄공정 옥내작업 및 집진시설 설치

분쇄공정 옥내 작업 및 집진시설 설치

다. 살수시설 등을 설치하여 먼지가 흩날리지 아니하도록 할 것

※ 시멘트 제조업만 해당

☞ 조쇄 및 분쇄 사업장 주변에는 이동식 고압살수기 또는 스프링클러 등을 설치하여 사업장 외부로 먼지가 비산되지 않도록 하여야 한다.

※ 조쇄 및 분쇄 공정 시 집진시설을 설치하고 포집된 먼지는 재비산될 수 있으므로 적정 제거해야 하며 조쇄시설 내부를 주기적으로 청소하여 먼지가 쌓이지 않도록 하면 비산먼지 발생이 최소화된다.

1-7. 야외 절단

억제시설 및 조치기준	비고
가. 고철 등의 절단작업은 가급적 **옥내**에서 실시할 것	
나. 야외절단 시 비산먼지 저감을 위해 **간이 칸막이** 등을 설치할 것	
다. 야외 절단 시 **이동식 집진시설을 설치**하여 작업할 것 (이동식 집진시설의 설치가 불가능한 경우 **진공식 청소차량** 이용)	강선건조업과 합성수지선건조업인 경우 평균초속 10m 이상
라. 풍속이 **평균초속 8m 이상**인 경우에는 **작업을 중지**할 것	

※ 해당 사업장은 **가~라**의 모든 기준을 준수해야 함

가. 고철 등의 **절단작업**은 가급적 **옥내**에서 실시할 것

☞ 고속절단기 등 기계를 사용하여 고철을 절단할 경우 절단 부위에서 철가루, 불티 등이 발생하여 바람에 의해 날릴 수 있으므로, 바람에 의한 비산을 최소화하기 위해 가급적 옥내에서 실시하여야 한다.

※ 고속절단기 사용시 불티에 의한 화재의 위험이 있으므로 불티방지막 등을 함께 설치하여 관리하여야 한다.

설치사례

○ 불티방지막 및 이동식 집진기 설치

① 불티방지막 설치(1)

② 불티방지막 설치(2)

③ 불티방지막 설치(3)

④ 이동식 집진기 설치

대체사례

① 철근가공장의 옥내 설치가 어려운 경우: 이동식 방진막 설치

② 그라인더에 **소형 수중펌프** 사용
- (기존) 절단작업시 발생하는 비산먼지에 대한 저감장치가 없어 과도한 비산먼지 발생으로 작업환경이 오염되고 작업자 및 주변 근로자의 건강 위협
- (개선) 소형 수중펌프를 사용하여 작업에 필요한 유량을 공급하여 비산먼지 억제, 물 소모가 많지 않아 장시간 작업이 가능하며 작업 후 잔여물 발생 최소화, 휴대가 간편하여 작업에 따른 이동에 적합함

· 소형 수중펌프

Size	89×112×98mm
정격전압	30w
유량	18ℓ/min
H-Max	2.6m
가격	30,000원

1. 수조에 소형 수중펌프 설치
2. 소형 수중펌프를 활용하여 그라인더로 물 이송
3. 그라인더 Blade에 물 유입 장치를 설치

4. 소형 수중펌프로 그라인더 Blade에 물이 유입되는 전경
5. Pile 두부 절단 시 비산먼지 발생 최소화 전경
6. 펌프 설치로 그라인더와 수조 거리가 이격 되어도 비산먼지 저감 가능

위반사례

① 고속절단 작업 또는 철근가공장 운영 시 방진조치 미이행

② 그라인더 작업으로 인한 비산먼지 발생

나. 야외절단 시 비산먼지 저감을 위해 **간이 칸막이 등을 설치할 것**

☞ 목재, 철근 등의 야외 절단 시 톱밥, 철가루 등이 흩날리지 않도록 간이 칸막이, 이동식 방진벽, 목재가공장, 철근가공장 등을 설치하여야 한다.

1. 절단기 하부에 수거장치를 설치하거나 절단작업장 바닥에 부직포를 설치하여 야외절단작업에 의해 발생되는 톱밥, 철가루 등이 바닥으로 떨어져 재비산되지 않도록 조치해야 한다.
2. 야외절단 작업으로 인해 발생하는 잔재에 대해서는 매일 작업 종료 시 폐기물 처리 등 정리정돈을 실시하여 재비산되지 않도록 해야 한다.

| 제철 및 제강업의 경우 |
· 야외절단 시 인근 주위에 칸막이 등을 설치하여 먼지가 흩날리지 아니하도록 하여야 한다.

설치사례

① 야외절단시 목재가공장 및 간이칸막이 설치사례

① 목재가공장 운영(분진망)

② 목재가공장 운영(천막)

③ 이동식 간이칸막이 설치

④ 야외절단가공장 칸막이 설치

우수사례

① 간이 칸막이 등 방지시설 설치

위반사례

① 야외절단 작업 시 방진조치 미이행 사례

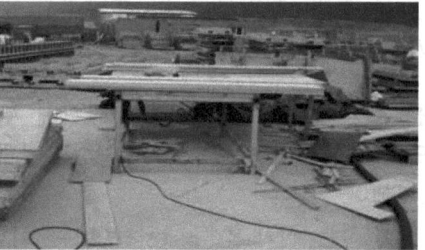

다. 야외절단 시 이동식 집진시설을 설치하여 작업할 것

☞ 목재, 철근 등의 야외 절단 시 톱밥, 철가루 등이 흩날리지 않도록 비산먼지 발생 억제 효과가 높은 이동식 집진시설을 설치하여 작업해야 한다.

※ 이동식 집진시설의 설치가 불가능한 경우 (제철 및 제강업의 경우)
→ 진공식 청소차량 등으로 작업현장에 대한 청소작업을 지속적으로 실시하여 비산먼지 발생을 억제해야 함

설치사례

①~③ 야외절단 시 진공식 청소차량 및 청소기 운영사례, ④ 집진기 설치

① 진공식 청소차량 운영(1)   ② 진공식 청소차량 운영(2)

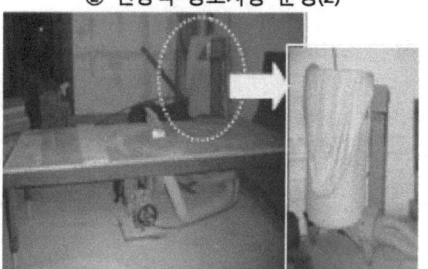

③ 핸디형 진공청소기 운영   ④ 옥내 가공장 및 이동식 집진기 설치

라. 풍속이 **평균초속 8m 이상**인 경우에는 **작업을 중지할 것**

☞ 사업장 내 풍속기를 설치하여 10분 간 풍속을 측정하여 평균초속 8m 이상(강선건조업과 합성수지선건조업인 경우에는 10m 이상)일 경우 야외절단 작업을 중지해야 한다.

| 제철 및 제강업의 경우 |
· 사업자는 이를 확인하기 위하여 풍속측정기를 설치하여 풍속을 측정하고 조치 사항 등을 기록하는 관리일지를 작성하도록 한다.

· 강선건조업과 합성수지선건조업인 경우에는 평균초속 10m 이상인 경우에 작업을 중지함

1-8. 야외 탈청(脫靑)

억제시설 및 조치기준	비고
가. 탈청구조물의 길이가 15m 미만인 경우에는 옥내작업을 할 것 나. 야외 작업시에는 간이칸막이 등을 설치하여 먼지가 흩날리지 아니하도록 할 것 다. 야외 작업 시 이동식 집진시설을 설치할 것. 다만, 이동식 집진시설의 설치가 불가능할 경우 진공식 청소차량 등으로 작업현장에 대한 청소작업을 지속적으로 할 것 라. 작업 후 남은 것이 다시 흩날리지 아니하도록 할 것 마. 풍속이 평균초속 8m 이상인 경우에는 작업을 중지할 것	 강선건조업과 합성수지선건조업인 경우에는 10m 이상

※ 해당 사업장은 가~마의 모든 기준을 준수해야 함

가. 탈청구조물의 길이가 15m 미만인 경우에는 옥내작업을 할 것
나. 야외 작업시에는 간이칸막이 등을 설치하여 먼지가 흩날리지 아니하도록 할 것
다. 야외 작업 시 이동식 집진시설을 설치할 것
라. 작업 후 남은 것이 다시 흩날리지 아니하도록 할 것

☞ 탈청은 금속재 표면의 녹을 제거하는 것으로 기계적 탈청에는 **쇼트블라스트**, **샌드블라스트**, **텀블러**, **그라인더** 등을 사용하며 탈청구조물의 길이가 15m 미만인 경우에는 옥내작업을 해야 한다.
☞ 야외 작업 시 제거된 녹 등이 흩날리지 않도록 간이칸막이와 이동식 집진시설을 설치하여 작업해야 한다.
☞ 탈청 작업 후 제거된 녹 등을 수거 및 청소하여 다시 흩날리지 않도록 한다.

※ **이동식 집진시설의 설치가 불가능한 경우**
→ 진공식 청소차량 등으로 작업현장에 청소작업을 지속적으로 실시하여야 한다.

설치사례

이동식집진기 설치

간이칸막이 설치

마. 풍속이 평균초속 8m 이상인 경우에는 작업을 중지할 것

☞ 사업장 내 풍속기를 설치하여 10분간 풍속을 측정하여 평균초속 8m 이상일 경우 야외절단 작업을 중지하여야 한다.

※ **토양 위에서 탈청작업시**
→ 제거된 녹에 의해 토양오염이 발생하지 않도록 바닥면에 천막 등으로 **보양**하여 방지조치를 취해야 함

· **쇼트블라스트(shot blast)**
: 주조한 후 주물표면에 붙어 있는 모래를 떨어내어 깨끗이 하는 장치. 숏 또는 그릿(grit)이라고 하는 금속·비금속의 미세한 입자를 매분 약 2,000회전의 고속으로 회전시켜 모래가 녹아 붙은 주물에 투사하면 원심력에 의해 자동적으로 주물 표면이 깨끗해진다. 샌드블라스트(sand blast)보다 10분의 1 정도의 시간으로 작업을 끝낼 수 있음

· **샌드블라스트(sand blast)**
: 주물 등 금속제품의 표면을 깨끗하게 마무리 손질을 하기 위해 모래를 압축공기로 뿜어대는 공법

· **텀블러(tumbler)**
: 주조(鑄造) 공장에서 소형 주물의 모래를 떨어내는 회전 기계

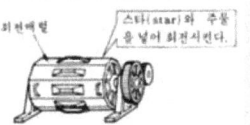

· **그라인더(연삭기)**
고속도로 회전하는 연삭 숫돌을 사용해서 공작물의 면을 깎는 기계

☞ 강선건조업과 합성수지선건조업인 경우에는 평균초속 10m 이상일 경우 작업을 중지함

· **보양(保養) 또는 양생(養生)**
: 콘크리트 치기가 끝난 다음 온도·하중·충격·오손·파손 등의 유해한 영향을 받지 않도록 충분히 보호 관리하는 것을 말함

1-9. 야외 연마

억제시설 및 조치기준	비고
가. 야외 작업 시 이동식 집진시설을 설치·운영할 것. 다만 이동식 집진시설의 설치가 불가능한 경우에는 진공식 청소차량 등으로 작업현장에 대한 청소작업을 지속적으로 실시할 것 나. 부지 경계선으로부터 40m 이내에서 야외 작업 시 작업 부위의 높이 이상의 이동식 방진망 또는 방진막을 설치할 것 다. 작업 후 남은 것이 다시 흩날리지 아니하도록 할 것 라. 풍속이 평균초속 8m 이상인 경우에는 작업을 중지할 것	강선건조업과 합성수지선건조업인 경우에는 평균초속 10m 이상

※ 해당 사업장은 **가~라**의 모든 기준을 준수해야 함

가~라. 이동식 집진시설, 이동식 방진망(막) 설치 등

☞ 야외 연마 작업 시 이동식 집진시설을 설치하여 작업해야 하나 이동식 집진시설의 설치가 불가능한 경우 진공식 청소차량 등으로 작업현장에 청소작업을 지속적으로 실시하여 비산먼지 발생을 억제하여야 한다.

☞ 미세한 비산물질이 사업장 외부로 유출되는 것을 막기 위하여 부지경계선으로부터 40m 이내에서 야외 작업 시 작업 부위의 높이 이상의 이동식 방진망 또는 방지막을 설치하여야 한다.

☞ 연마 작업 후 제거된 비산물질은 수거 및 청소하여 다시 흩날리지 않도록 해야 한다.

☞ 사업장 내 풍속기를 설치하여 10분 간 풍속을 측정하여 평균초속 8m 이상(강선건조업과 합성수지선건조업인 경우에는 10m 이상)일 경우 야외절단 작업을 중지하여야 한다.

- 구조물의 면을 깎는 연마 작업은 비산물질을 다량으로 발생시키며, 발생된 비산물질의 입자 또한 미세하여 제거가 어려우며 광범위하게 영향을 끼치고 재비산의 우려가 많음

- 바람으로 인한 안전상의 문제가 발생될 가능성이 있는 경우에도 야외절단 작업을 중지해야 함

설치사례

① 야외 연마 시 비산먼지 관리사례

① 연삭기에 진공청소기 부착(1)　② 연삭기에 진공청소기 부착(2)　③ 이동식 방진막 설치(1)　④ 이동식 방진막 설치(2)

위반사례

① 야외 연마 시 방진조치 미이행

1-10. 야외 도장

억제시설 및 조치기준	비고
가. 소형구조물(길이 10m 이하에 한한다)의 도장작업은 옥내에서 할 것 나. 부지 경계선으로부터 40m 이내에서 도장작업을 할 때에는 최고높이의 1.25배 이상의 방진망 (개구율 40% 상당)을 설치할 것 다. 풍속이 평균초속 8m 이상(도장 작업위치가 높이 5m 이상이며, 풍속이 평균초속 5m 이상일 경우에도 작업을 중지할 것)인 경우에는 작업을 중지할 것 라. 연간 2만톤 이상의 선박건조조선소는 도료사용량의 최소화, 유기용제의 사용억제 등 비산먼지 저감방안을 수립한 후 작업을 할 것	운송장비제조업, 조립금속제품제조업만 해당

※ 해당 사업장(운송장비제조업, 조립금속제품제조업 등)은 가~라의 모든 기준을 준수해야 함

가~라. 옥내 작업 및 방진망 설치 등

※ 운송장비제조업 및 조립금속제품제조업의 야외구조물, 선체외판, 수상구조물, 해수 담수화설비제조, 교량제조 등의 야외도장시설과 제품의 길이가 100m 이상인 제품의 야외도장공정만 해당

☞ 야외도장 작업 시 공기 중에 비산되는 도료가 50~100m 까지 대기 중에 비산되어 주변에 도료비산 피해를 초래할 수 있으므로 소형구조물(길이 10m 이하에 한함)은 옥내에서 작업을 실시하여야 한다.

☞ 부지 경계선으로부터 40m 이내에서 도장작업을 할 때에는 최고높이의 1.25배 이상의 방진망(개구율 40% 상당)을 설치하여야 한다.

☞ 사업장 내 풍속기를 설치하여 10분 간 풍속을 측정하여 평균초속 8m 이상(도장 작업위치가 높이 5m 이상이며, 풍속이 평균초속 5m 이상일 경우에도 작업 중지)일 경우 야외도장 작업을 중지하여야 한다.

> ※ 도장 작업으로 토양오염이 우려될 경우
> → 작업장 주변에 바닥 보양을 실시해야하며, 바람으로 인한 안전상의 문제가 발생될 가능성이 있는 경우에도 야외도장 작업을 중지해야 함

설치사례

① 옥내 도장시설 설치

대체사례

① 이동식 천막을 활용하여 간이 도장작업장 설치

1-11. 그 밖에 공정

억제시설 및 조치기준	비고

가. **건축물축조공사장**에서는 먼지가 공사장 밖으로 흩날리지 아니하도록 다음과 같은 시설을 설치하거나 조치를 할 것
  1) 비산먼지가 발생되는 작업(바닥청소, 벽체연마작업, 절단작업, 분사방식에 의한 도장작업 등의 작업을 말한다)을 할 때에는 **해당 작업 부위 혹은 해당 층에 대하여 방진막 등을** 설치할 것. 다만, 건물 내부공사의 경우 커튼 월 (curtain wall) 및 창호공사가 끝난 경우에는 그러하지 아니하다.
  2) 철골구조물의 내화피복작업시에는 **먼지발생량이 적은 공법**을 사용하고 비산먼지가 외부로 확산되지 아니하도록 **방진막** 등을 설치할 것
  3) 콘크리트구조물의 내부 마감공사 시 거푸집 해체에 따른 조인트 부위 등 돌출면의 면고르기 연마작업시에는 **방진막 등을 설치**하여 비산먼지 발생을 최소화할 것
  4) 공사 중 **건물 내부 바닥은 항상 청결하게 유지관리**하여 비산먼지 발생을 최소화할 것
나. 건축물축조공사장 및 토목공사장에서 철구조물의 분사방식에 의한 야외 도장 시 방진막 등을 설치할 것
다. 건축물해체공사장에서 건물해체작업을 할 경우 먼지가 공사장 밖으로 흩날리지 아니하도록 **방진막 또는 방진벽을** 설치하고, **물뿌림 시설**을 설치하여 작업 시 물을 뿌리는 등 비산먼지 발생을 최소화할 것
	건축물축조공사, 토목공사, 건물해체공사장 만 해당

※ 건축물축조공사장, 토목공사, 건물해체공사장의 경우 **가~다**의 모든 기준을 준수해야 함

> **가. 건축물축조공사장**에서는 먼지가 공사장 밖으로 흩날리지 아니하도록 다음과 같은 시설을 설치하거나 조치를 할 것

☞ 1. 바닥청소는 가급적 습식 또는 진공식 청소차량 등으로 비산먼지 발생을 최소화하고, 벽체연마작업시에는 이동식 집진시설을 활용할 수 있으며, 절단작업, 분사방식에 의한 도장작업시에는 해당 작업 부위 혹은 해당 층에 방진막 등을 설치하여야 한다. 다만, 건물 내부공사의 경우 커튼 월(curtain wall) 및 창호공사가 끝난 경우 사업장 외부로 비산먼지가 유출되지 않으므로 방진막 등을 설치하지 않아도 된다.
  - 외벽 연마작업 및 분사방식에 의한 도장 작업시에는 작업용 시설 외부(해당 작업 부위 혹은 해당 층)에 방진막을 설치하는 방법을 활용하여야 한다.
  - 또한 외벽 도장작업은 롤러를 활용하는 공법을 주로 활용하고 있으나 품질 등의 측면에서 일부 분사방식을 사용하는 경우가 있는 관계로 방진막 설치 등의 억제대책의 철저한 이행이 요구된다.
 2. 철골구조물의 내화피복작업시에는 먼지발생량이 적은 공법을 사용하고 비산먼지가 외부로 확산되지 아니하도록 방진막 등을 설치하여야 한다.
 3. 콘크리트 구조물의 내부 마감 공사 시 건축물 외부 개구부에 대해 방진막을 설치하거나, 공법개선으로 인해 골조공사와 마감공사가 동시에 진행되는 경우에는 갱폼 등의 거푸집 자체 방진시설을 활용하고 부분 개구부 방진막을 활용하여야 한다.
  - 또한 내부 마감작업의 공정을 창호 설치 후에 이루어질 수 있도록 조치하거나, 연마작업 시 이동식 집진시설 등을 설치하여 비산먼지 발생을 최소화 하도록 노력하여야 한다.
 4. 공사장 건물 내부 바닥은 1일 작업 종료 시는 반드시 청소를 실시하여 청결을 유지하여야 하며, 먼지흡입 기계 등을 활용하여 먼지를 제거할 경우 비산먼지 발생을 최소화 할 수 있다.

① 분사방식에 의한 도장작업은 수도권대기환경청에서 민원발생 등의 우려가 높아 자제를 권한 사항이며 가급적 롤러방식으로 도장작업을 진행해야 하며, 도장, 연마 작업 등으로 토양오염이 우려될 경우 작업장 주변에 천막 등으로 보양 후 작업을 실시해야 함

② 비산먼지 발생 작업 해당 층에 방진막을 방음재질로 설치하거나 경우 방음효과를 기대할 수 있으며, 건물 외벽에 전체적으로 방진막을 설치할 경우 작업상황이 보이지 않아 심리적 소음저감 효과를 기대할 수 있음

설치사례

○ 건축물 축조공사 비산먼지 관리사례

① 벽체 연마작업시 방진망

② 분사방식 도장작업시 간이방진망

③ 벽체 롤러 도장작업(1)

④ 벽체 롤러 도장작업(2)

⑤ 갱폼 인양 전 외벽 도장작업 실시

⑥ 건물 외벽 방진조치(1)

⑦ 건물 외벽 방진조치(2, 일본)

⑧ 비산먼지 발생 작업 층 방진망 설치

⑨ 분진 방지 스프링클러 설치

⑩ 골조 뿜칠 작업 시 천막 방진막 설치(1)

⑪ 골조 뿜칠 작업 시 비닐방진막 설치(2)

⑫ 야외도장작업 부위 방진막 설치

⑬ 벽체 연마작업시 이동식 집진기 사용

⑭ 내부 청소시 진공식 청소장비 사용

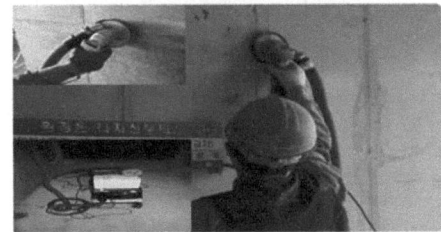
⑮ 면고르기시 집진기 일체형 사용

⑯ 각종 청소차량으로 청결유지

우수사례

① 건물 돔 형태의 방진망 설치
비산먼지의 외부 확산을 방지하기 위하여 작업장 내·외부를 격리할 수 있는 돔(밀폐형) 형태의 방진망 설치 운영

대체사례

① 방진막 대체사례

방진막 대신 방음효과(4~5dB(A))를 함께 기대할 수 있는 재질로 비산먼지 발생작업 해당 층에 이동식으로 설치

① 이동식 방음막(재질: 폴리카보네이트)

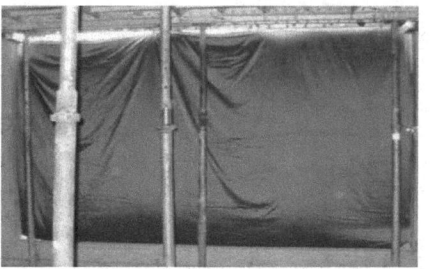
② 이동식 4중 방음커튼

위반사례

① 내부연마작업시 방진막 미설치

② 야외연마작업시 방진막 미설치

③ 분사방식 야외도장시 방진막 미설치

④ 야외도장작업 구간 방진막 설치 전(좌) 후(우)

나. 건축물축조공사장 및 토목공사장에서 철구조물의 분사방식에 의한 야외 도장 시 방진막 등을 설치할 것

☞ 철골구조물의 분사방식에 의한 야외도장작업시 구조물 외벽에 대한 방진막을 설치하여 작업하여야 하며, 토목공사장의 철골교량의 분사 방식의 경우 하천 및 인근 농경지의 오염이 예상되는 관계로 작업부위에 대한 작업 대차 및 작업자 주변에 방진막을 설치하여야 한다.

· 일반적인 경우 철골 제작공장에서 철골 도장작업을 완료한 후 철골을 출하하고 있기 때문에 건설공사장에서 철골구조물에 대한 야외도장 작업이 없는 경우가 많음

설치사례

① 철골 도장작업시 방진망 설치

우수사례

①~⑥ 야외 철골내화피복장 운영

① 내화피복작업 예정부지 천막보양

② 철골받침 설치

③ 받침 상부 철골 양중

④ 철골양중 후 천막보양(흩날림 방지)

⑤ 보양 완료 후 내화피복작업

⑥ 양생

위반사례

① 철골 도장작업시 방진막 미설치

> **다.** 건축물해체공사장에서 건물해체작업을 할 경우 먼지가 공사장 밖으로 흩날리지 아니하도록 **방진막 또는 방진벽**을 설치하고, **물뿌림 시설**을 설치하여 작업 시 물을 뿌리는 등 비산먼지 발생을 최소화할 것

☞ 건축해체작업시 비산먼지 발생 억제를 위해서 외벽에 방진벽을 설치하고 이동식 살수시설 또는 고정식 살수시설(스프링클러 등)을 설치하여 해체부위에 살수조치를 하여야 하며, 가급적 타격을 가해 해체하는 방법을 사용하지 않아야 한다.
또한 외벽 방진막 설치가 곤란한 경우 및 설치한 방진막 내부에 살수시설을 설치하여 비산먼지 발생을 최소화 하여야 한다.

- 철거된 폐기물의 싣기 내리기 작업시에 이동식 살수시설을 활용하여 비산먼지 발생 억제 조치를 해야 함

설치사례

①~⑥ 건축물해체작업시 비산먼지 관리 사례

① 건축물해체작업시 방진망 설치(1)

② 건축물해체작업시 방진망 설치(2)

③ 건축물해체작업시 방진벽 설치

④ 건축물 해체 작업 시 살수조치

⑤ 건축물 일부 해체(리모델링) 작업 시 살수조치

⑥ 건축물 해체 작업 시 크레인을 활용한 살수조치

우수사례

① 시가지 내 철거 공사 시 (IoT 활용)

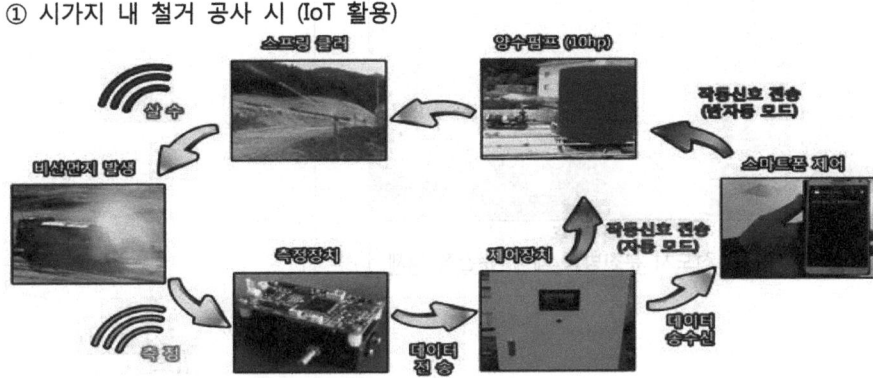

② 농촌지역 액체살포 광역방제기(살수) 활용
- 기존 살수공법(이동, 고정살수기+소방고압호스 동시 분사 방법 등) 대비 억제율 99% 이상
- 광역살수기 살수능력은 일반살수기의 12배(비산먼지 제거효과 월등함)
- 월 임대료 8,500,000원/대, 가시설 비용(가설방진벽설치비: 20,000,000원/1개동)의 42% 수준

- 최대거리: 150m
- 탱크용량: 3,000~4,000L
- 분무량: 350L/min
- 분사노즐: 147개
- 동작범위: 좌우 270도
- 상하 –7~+15도
- 소음: 30m 거리 85dB

활용효과	비산먼지 제거효과
철거현장 비산먼지 제거효과	가시설 설치비용 절감(분진억제), 쾌적한 작업환경, 비산먼지 민원예방, 대민신뢰구축
철거시 환경영향저감공법 개발	영농장비를 건축물 철거에 접목한 융합기술 확보

[출처: 2015년 건설환경관리 우수사례 경진대회 자료집]

적용 전
구조물 전도작업시 다량의 비산먼지 발생

적용 후
구조물 전도시 분진방향 제어, 순간적 억제

위반사례

① 철거 작업 시 살수조치 미실시

2 엄격한 기준

2-1. 야적

억제시설 및 조치기준(엄격한 기준)

가. 야적물질을 최대한 **밀폐된 시설에 저장 또는 보관**할 것
나. **수송 및 작업차량 출입문**을 설치할 것
다. 보관·저장시설은 가능하면 한 **3면이 막히고 지붕이 있는 구조**가 되도록 할 것

[대기환경보전법 시행규칙 별표 15 (제58조제5항 관련)]

※ 엄격한 기준을 적용해야 하는 사업장은 가~다의 모든 기준을 준수해야 함

가. 야적물질을 최대한 밀폐된 시설에 저장 또는 보관할 것
나. 수송 및 작업차량 출입문을 설치할 것
다. 보관·저장시설은 가능하면 한 3면이 막히고 지붕이 있는 구조가 되도록 할 것

☞ 사업장이 **특별관리공사장** 또는 **특별관리지역**으로 지정되어 엄격한 기준 적용대상이 될 경우 사업장 내 장기적으로 모래, 골재 등 분체상 물질을 보관할 경우(레미콘 시설(Barcher Plants) 지붕이 있는 **격벽**(3면이 막힘) 구조로 보관시설을 설치하여 관리하여야 한다.

※ 바람의 영향이 큰 지역의 경우는 보관소 내 천막 또는 비닐로 방진덮개를 설치하여 관리하면 비산먼지 억제에 도움

| 석회제조업, 콘크리트제품제조업의 경우 |

· 운반되어온 석분, 모래, 자갈 등 원료(재료)는 최대한 3면이 막히고 지붕이 있으며, 입구는 개폐가 가능한 실내에 보관한다.
· 운반되어온 분체상의 시멘트는 에어호스를 이용하여 저장소(SILO)에 보관한다.
  → 설치사례 ④

| 제철 및 제강업, 제1차 금속제조업의 경우 |

· 새로운 저장시설 설치 시에는 최대한 밀폐된 구조물로 설계하여 옥내에서 내리기 작업을 실시한다.

· 엄격하게 관리해야 하는 사업장이므로 강화된 저감방안으로 **완전히 밀폐된 시설에** 저장하는 것이 바람직함

· **특별관리공사장:** 비산먼지 발생사업 신고대상 최소규모의 10배 이상 공사장
  (환경부훈령 제1173호 제4조)

· **특별관리지역:** 단지지역 내 건축물축조공사의 연면적이 비산먼지 발생사업 신고대상 최소규모의 100배 이상, 굴절공사, 토목공사, 조경공사, 건축물해체공사의 연면적이 비산먼지 발생사업 신고대상 최소규모의 10배 이상 되는 공사장이 있는 지역
  (환경부훈령 제1173호 제4조)

· **격벽:** 몇 개의 구획으로 나누는 칸막이벽

※ **골재 등 부재료를 부득이하게 실외에 보관하는 경우**
방진망(막)을 덮어서 보관하며, 보관소에는 살수시설을 설치하여 주기적으로 살수하여 야적물질에 함수율을 일정하게 유지한다.

< 골재 야적장 살수시설 설치 >

설치사례

① 건설공사장 모래 및 골재 보관소

② 레미콘 사업장 자재(골재, 모래) 보관/하역소

③ 석탄사업장 보관소　　　　　　④ 시멘트 보관 사이로(silo)

2-2. 싣기 및 내리기

억제시설 및 조치기준

가. 최대한 **밀폐된 저장 또는 보관시설** 내에서만 분체상물질을 싣거나 내릴 것
나. 싣거나 내리는 장소 주위에 **고정식 또는 이동식 물뿌림시설**(물뿌림반경 7m 이상, 수압 5kg/㎠ 이상)을 설치할 것

[대기환경보전법 시행규칙 별표 15 (제58조제5항 관련)]

※ 엄격한 기준을 적용해야 하는 사업장은 **가~나**의 모든 기준을 준수해야 함

가. 최대한 밀폐된 저장 또는 보관시설 내에서만 분체상물질을 싣거나 내릴 것

☞ 밀폐된 저장 또는 보관시설 내에서만 분체상물질을 싣거나 내려야 한다.

| 콘크리트제품제조업의 경우 |
· 분체상의 시멘트의 싣기 및 내리기에는 에어슬라이드 상차, 에어호스 하차를 시행한다.
· 골재 등 부재료의 싣기 및 내리기는 최대한 삼면이 막히고 지붕이 있으며, 입구는 개폐가 가능한 실내에서 실시하며, 여과 집진시설을 설치하여 운영하고, 포집된 먼지의 흡인하고, 포집된 먼지는 재비산이 되지 않도록 관리한다.

설치사례

① 에어슬라이드시멘트 차량 싣기

② 분체상 시멘트의 에어슬라이드 상차

③ 에어호스를 통한 시멘트 내리기

④ 집진기를 설치하여 포장시멘트 상차 중 발생하는 먼지포집

나. 싣거나 내리는 장소 주위에 고정식 또는 이동식 물뿌림시설
 (물뿌림반경 7m 이상, 수압 5kg/㎠ 이상) 을 설치할 것

☞ 싣거나 내리는 장소 주위에 고정식 또는 이동식 살수시설을 설치해야 한다.

| 콘크리트제품제조업의 경우 |
· 부득이하게 야외에서 실시할 경우에는 살수시설(살수반경 7m 이상, 수압 5kg/㎠ 이상)을 설치하여 살수를 실시하며, 풍속이 평균초속 8m 이상일 경우에는 작업을 중지한다.

설치사례
① 고정식·이동식 살수시설 설치

고정식

이동식

2-3. 수송

억제시설 및 조치기준

가. 적재물이 흘러내리거나 흩날리지 아니하도록 **덮개가 장치된 차량으로 수송할 것**
나. 다음 규격의 세륜시설을 설치할 것
  금속지지대에 설치된 롤러에 차바퀴를 닿게 한 후 전력 또는 차량의 동력을 이용하여 차바퀴를 회전시키는 방법 또는 이와 같거나 그 이상의 효과를 지닌 자동물뿌림장치를 이용하여 차바퀴에 묻은 흙 등을 제거할 수 있는 시설
다. 공사장 출입구에 **환경전담요원을 고정배치**하여 출입차량의 세륜·세차를 통제하고 공사장 밖으로 토사가 유출되지 아니하도록 관리할 것
라. 공사장 내 차량통행도로는 다른 공사에 우선하여 포장하도록 할 것

[대기환경보전법 시행규칙 별표 15 (제58조제5항 관련)]

※ 해당 사업장은 **가~라**의 모든 기준을 준수해야 함

가. 적재물이 흘러내리거나 흩날리지 아니하도록 덮개가 장치된 차량으로 수송할 것

☞ 적재물이 흘러내리거나 흩날리지 아니하도록 완전 밀폐된 덮개를 장착한 차량으로 수송해야 한다.

| 석회제조업의 경우 |
· 석회제조업의 경우 엄격한 기준을 적용하는 사업장은 아니지만, 적재물이 흘러내리거나 흩날리지 아니하도록 완전 밀폐된 덮개를 장착한 차량으로 수송하는 것이 바람직하다.

- 분체상 시멘트 수송시 탱크로리 차량 이용

나. 세륜시설을 설치할 것

☞ 금속지지대에 설치된 롤러에 차바퀴를 닿게 한 후 전력 또는 차량의 동력을 이용하여 차바퀴를 회전시키는 방법 또는 이와 같거나 그 이상의 효과를 지닌 자동물뿌림장치를 이용하여 차바퀴에 묻은 흙 등을 제거할 수 있는 시설을 말한다.

☞ Ⅳ. 공정별 비산먼지 관리 (p.122 참조)

① 자동 세륜시설

다. 공사장 출입구에 환경전담요원을 고정배치하여 출입차량의 세륜·세차를 통제하고 공사장 밖으로 토사가 유출되지 아니하도록 관리할 것

☞ 사업장이 특별관리공사장 또는 특별관리지역으로 지정되어 엄격한 기준 적용대상이 될 경우 공사장 출입구에 환경전담요원을 배치하여 수송차량의 세륜·세차 상태를 확인 및 통제하여 수송차량 바퀴 혹은 적재함에 묻어 있는 토사의 외부 유출 또는 토사에 의한 비산먼지가 발생되지 않도록 관리하여야 한다.
※ 사업장 경비원과 별도로 환경전담요원을 배치하여 출입구에 배치 관리한다.

| 석회제조업, 콘크리트제품제조업의 경우 |
· 엄격한 기준을 적용하는 사업장은 아니지만, 고효율의 세륜 및 측면살수 시설을 설치하고 출입차량은 세륜 및 측면 살수 후 운행하도록 하며 출입구에 현장 관리 감독자를 배치하여 세륜·세차를 철저히 감독 실시하는 것이 바람직하다.

| 토목공사의 경우 |
· 운반차량 바퀴에서 묻어 외부 유출에 따른 2차적인 비산먼지 발생 우려, 진출입로의 세륜시설 계획 및 운영에 적극적인 관리 필요

설치사례

① 출입구 환경전담요원 배치 및 살수조치

① 출입구 환경전담요원 배치 ② 살수조치 ③ 인력 도로 정비

우수사례

① 건식세륜기 설치 운영
- 자동식 세륜세차기 후면에 건식세륜기 설치하여 도로 토사유출방지

위반사례

① 환경전담요원 미배치 및 토사유출(엄격한 기준 적용현장)

라. 공사장 내 차량통행도로는 다른 공사에 우선하여 포장하도록 할 것

☞ 공사장 내 차량통행도로는 우선 가포장해야 한다.

설치사례

① 공사장 내 도로부분에 가포장하여 비산먼지 저감 및 세륜시설 물사용 절감

비신고대상 건설공사장의 비산먼지 관리

1. 소규모 건설공사
2. 대수선 공사
3. 도장 공사
4. 농지정리 공사

1. 소규모 건설공사

○ 대기환경보전법에 의한 비산먼지 발생 신고대상 제외 사업장 중 비산먼지를 다량 배출하는 사업장의 경우 자발적으로 비산먼지를 저감하기 위한 노력이 필요하다.

○ 소규모 건설공사의 경우 주택과 인접한 경우가 많으나 관리 규정이 없어 대기오염 관리의 사각지대로 민원이 빈번하게 발생하며, 민원 발생시 조치를 취하는 사후적인 관리만 이루어지고 있다.

※ 소규모 건설공사로 인한 피해사례 ※

일자	기사 제목	주요 내용	사진
2008.04.17. 환경일보	소규모 건설현장 법적 제도 마련 시급	- 연면적 864.4㎡ 유치원을 짓는 공사로 인근 청암 3단지 아파트 주민들에게 피해를 주고 있다. - 관계자는 "공사가 마무리 단계이기 때문에 거의 먼지가 발생하지 않는다"며 "행정적으로 제재할 수 있는 법적 근거가 없어 공사 시 물을 자주 뿌리는 등 구두로 주의를 주고 있다"	
2014.12.28. 전북 중앙신문	원룸 신축공사 "소음·먼지에 못 살겠다"	- 주민 김모(35)씨는 "건축자재 절단 소리 등 귀를 찌르는 소음에 먼지까지 심하게 날려 이사라도 가고 싶은 심정이다" - 전주시는 주민들의 불만이 날이 갈수록 심해지고 있지만 '관련 규정이 없다'는 이유로 사실상 방치 상태이다.	

○ 중앙환경분쟁조정위원회 5년간(2011~2015) 사례집을 분석한 결과 소규모 건설공사장의 분쟁사례는 21건(2015: 10건, 2013: 5건, 2012: 1건, 2011: 5건)으로 파악되었다.
- 다세대 주택 신축공사장(연면적 765.9㎡) 소음진동, 먼지, 일조조망 방해로 인한 재산, 건물 및 정신적 피해 배상(13,000천원) 분쟁사건 등이 있다.

> ○ 소규모 건설공사 범위
> - 비산먼지 발생대상사업의 '건설업' 규모 미만의 소규모 공사장
>   · 건축공사(연면적 1,000㎡ 미만), 굴정공사(총 연장 200m 미만 또는 굴착토사량 200㎡ 미만)
>   · 토목공사(구조물 용적 합계 1,000㎡ 미만이거나 공사 면적이 1,000㎡ 미만 또는 총 연장이 200m 미만)
>   · 조경공사(면적의 합계가 5,000㎡ 미만)
>   · 건축물해체공사(연면적 3,000㎡ 미만), 토공사 및 정지공사(공사면적의 합계가 1,000㎡ 미만)
>
> ○ 정온시설[1]
> - 종합병원, 공공도서관, 학교, 공동주택, 노인전문병원, 어린이집 등

---
[1] 소음·진동관리법 시행규칙 [별표 5] 공장소음·진동의 배출허용기준 비고 6. 나. 종합병원, 공공도서관, 입소 규모 100명 이상인 노인전문병원 및 보육시설을 '정온시설'이라 함

○ 전국의 건축물 규모별 건축허가 및 착공신고 현황(2014~2015)[2]을 보면, 연면적 1천㎡ 이상의 중·대규모 건축공사가 7~8%이고, 나머지 92~93%가 소규모 건축공사로 많은 비중을 차지하고 있다.

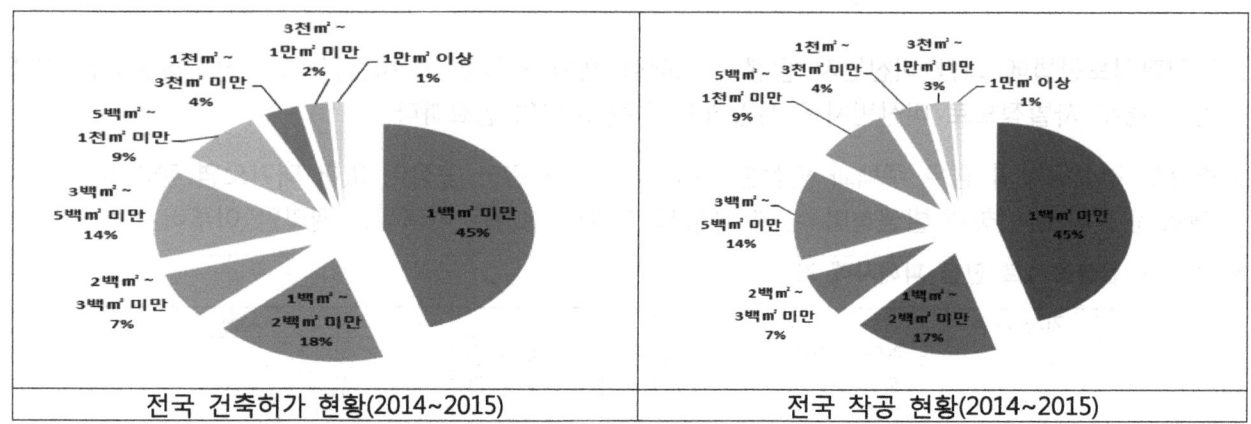

| 전국 건축허가 현황(2014~2015) | 전국 착공 현황(2014~2015) |

○ 서울연구원(2015)[3]의 '소규모 건설공사장 규제 의무화 적용'에 대한 설문조사 결과에 따르면 일반시민과 건설공사장 환경관리 관련자 모두 찬성이 약 60% 이상이다.
  - 일반시민 찬성 64.6%, 건설공사장 환경관리 관련자 찬성 62.7%

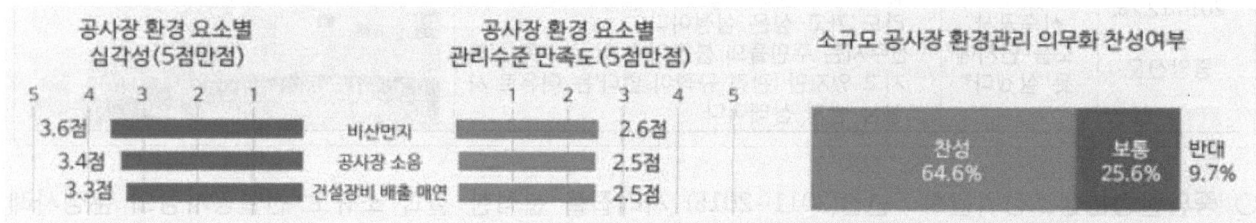

- 건설공사장 규모별 비산먼지의 심각성을 조사해본 결과, 대·중규모보다는 소규모 공사장에서 더 심각하다고 생각하는 것으로 조사되었다.

<건설공사장 규모별 비산먼지의 심각성>

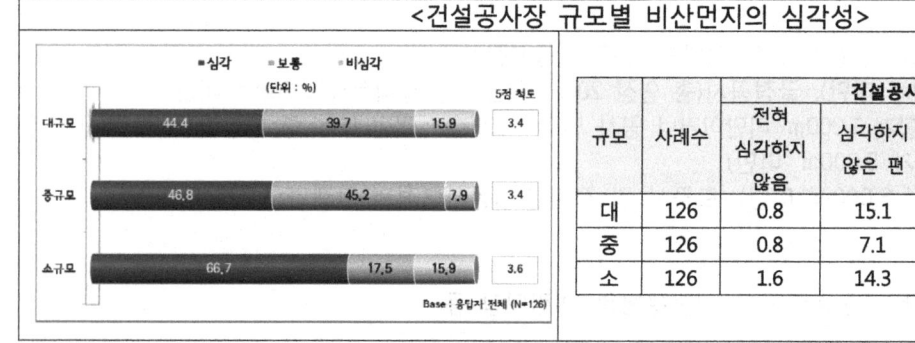

규모	사례수	전혀 심각하지 않음	심각하지 않은 편	보통	다소 심각한편	매우 심각
대	126	0.8	15.1	39.7	34.9	9.5
중	126	0.8	7.1	45.2	40.5	6.3
소	126	1.6	14.3	17.5	52.4	14.3

건설공사장의 비산먼지 (단위: %)

---

2) 국토교통부, 통계누리 건축허가 및 착공통계; e-나라지표, 건축허가 및 착공현황
3) 서울연구원(2015), 서울시 건설공사장 소음·대기오염 개선

○ 비신고대상 사업장에 해당되는 소규모 건설공사도 인근 주민건강에 주목할 만한 영향을 미칠 수 있는 것으로 분석되었으며, 이에 따라 비산먼지 저감을 위한 관리대책이 필요하다.

- 2개 규모의 소규모 건설사업장으로 인한 비산먼지 영향을 미국 EPA(환경청)의 대기모델(SCREEN3)을 통해 분석한 결과, 사업장으로부터 100m 이격된 지점의 PM-10 농도가 24시간 환경기준의 2.9~4.2배까지 증가할 수 있는 것으로 예측되었다.

- 2개 규모의 소규모 건설사업장 공사로 인해 PM-10 농도가 50㎍/㎥(1시간 환경기준)까지 증가하는 지역범위(이격거리)는 약 500~700m인 것으로 분석되었다.

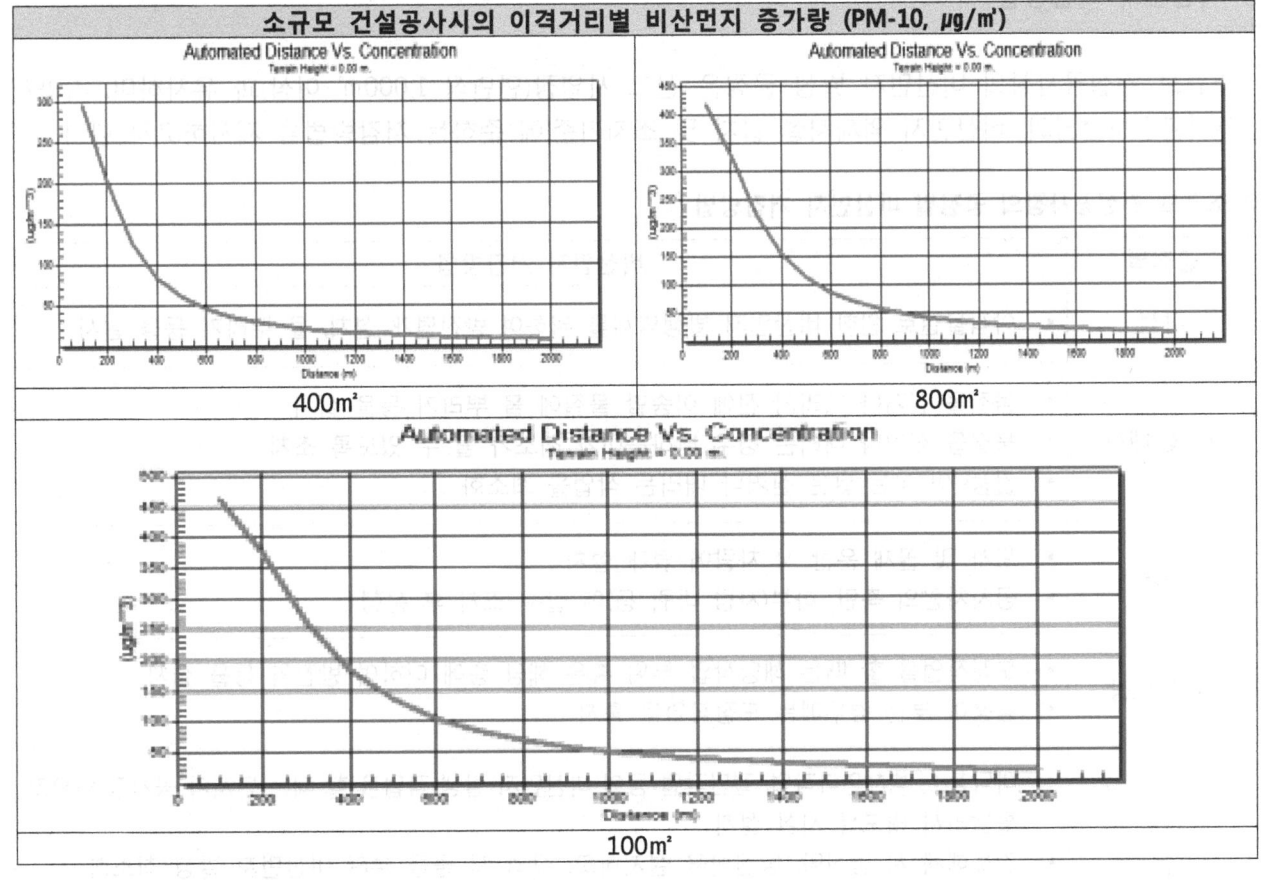

소규모 건설공사시의 이격거리별 비산먼지 증가량 (PM-10, ㎍/㎥)

사업장 면적		100m	200m	300m	400m	500m	600m	700m	1000m
소규모 사업장	400㎡	295.9	203.5	125.9	84.03	60.00	45.13	35.32	20.43
	800㎡	418.9	329.5	221.6	153.8	112.3	85.48	67.43	39.50
신고사업장	1000㎡	463.5	374.7	259.4	183.0	134.8	103.2	81.67	48.08

○ **민감·취약집단**[4]이 대기오염에 장기 노출되었을 경우 천식 및 심혈관계 위험이 더 높은 것으로 조사되었음(환경부, 2015). 공사장 주변에 민감, 취약집단이 분포하고 있을 경우, 소규모 사업장이라 할지라도 비산먼지 저감을 위한 관리가 이루어질 필요가 있다.
- 미세먼지(PM-10) 10㎍/㎥ 증가시 사망발생위험을 천식입원환자 12.78%, 심혈관계 입원환자 8.53% 높였다.
- 소음진동관리법 시행규칙 제21조[5]에서는 **부지경계선으로부터 직선거리 50m 이내의 지역**에서 시행되는 특정공사는 사전신고를 해야 하는 조항이 있다.

○ **비산먼지 저감방법**

소규모 건설공사장의 비산먼지 발생 공정은 신고 사업장(연면적 1,000㎡ 이상)과 유사하며, 따라서 대기환경보전법의 '비산먼지 억제시설 설치 및 조치기준'에 준하는 저감방법을 제시하고자 한다.

1) 소규모 건설공사장의 공정별 비산먼지 저감방법

공정별	비산먼지 저감방법
야적	• 야적물질로 인한 비산먼지 발생억제를 위하여 방진덮개 설치, 물 뿌리기 등을 실시
싣기 및 내리기	• 물질을 싣거나 내리기 전에 이송할 물질에 물 뿌리기 등을 실시 • 물질을 싣거나 내리는 경우 낙하높이가 최소가 될 수 있도록 조치 • 강풍[6]이 부는 날은 싣거나 내리는 작업을 최소화
수송	• 토사 및 골재 운반 시 차량에 덮개 설치 • 공사차량의 측면, 하부(차량 바퀴 등)에 살수 조치 후 운행
야외 도장	• 도장작업을 할 때는 해당작업 부위 혹은 해당 층에 대하여 방진막 등을 설치 • 강풍이 부는 경우에는 도장작업을 중지
기타	• 바닥청소, 벽체연마작업, 절단작업 등의 비산먼지 발생 작업을 할 때는 먼지가 공사장 밖으로 흩날리지 않도록 시설 설치 • 건물해체 시 방진막, 방진벽을 설치하고, 작업 시 물을 뿌려 비산먼지 발생 최소화 • 공사 중 내부 바닥은 청결하게 유지 • 뿜칠공정(내화피복 등)시 차단막 설치로 인접지에 비산되지 않도록 조치 • 창호공사 전 건물 내 건축 자재가 바람에 의해 인접지에 비산되지 않도록 조치

---

[4] 환경부(2015), '국민건강보험 빅데이터 연계 기후변화 건강영향평가'에서 대기오염에 장기 노출되었을 때 15세 미만과 65세 이상 취약계층에서 천식 및 심혈관계 위험이 더 높다는 연구결과 제시
[5] 소음진동관리법 시행규칙 제21조(특정공사의 사전신고 등) 참조
[6] 대기환경보전법 시행규칙 별표 14에서는 풍속이 평균초속 8m 이상일 경우에는 작업을 중지하도록 하고 있다.

2 대수선 공사

○ 현행 비산먼지 발생대상사업으로 증·개축 및 재축에 대한 관리기준은 있으나, 이와 유사한 비산먼지 발생 공정으로 대수선 공사장에 대한 관리기준은 현재 설정되어 있지 않아 이에 따라 본 매뉴얼에서는 대수선 공사장에서의 비산먼지 저감방법을 제시하고자 한다.

> ○ **리모델링이란?**
> - 건축물의 노후화를 억제하거나 기능 향상 등을 위하여 대수선하거나 일부 증축하는 행위를 말한다(건축법 제2조).
> - 리모델링이란 가. 대수선, 나. 15년 이상된 공동주택 30% 증축 등(주택법 제2조)
>
> ○ **대수선이란?**
> - 건축물의 기둥, 보, 내력벽, 주계단 등의 구조나 외부 형태를 수선·변경하거나 증설하는 것(건축법 제2조)
>
> ○ **증축이란?**
> - 기존 건축물이 있는 대지에서 건축물의 건축면적, 연면적, 층수 또는 높이를 늘리는 것을 말한다(건축법 시행령 제2조)

※ 공사시 피해 사례 ※

일자	기사 제목	주요 내용	사진
2008.05.04. 환경일보	연마작업에 먼지 날리는 줄 모르고	- 건물 외장제 연마 작업 중 발생하는 비산먼지가 고스란히 통행자 입속으로 들어가고 있는데도 건물주는 작업 시간이 짧다는 이유로 아무런 조치도 취하지 않은 채 작업을 강행	
2014.06.19. 경북매일	포항시내 리모델링 공사현장 안전 '뒷전'	- 인도는 물론 도로까지 건축 폐자재들이 널브러져 있었고 공사 진행 중 발생하는 비산먼지가 날려 시야를 가림	

○ 중앙환경분쟁조정위원회 5년간(2011~2015) 사례집을 분석한 결과, 가구점 리모델링 공사장 소음, 먼지 등으로 인한 정신적 및 경제적 피해 분쟁(총 83,088,200원) 사례가 있다.
- 먼지를 최소화하기 위해 수업이 없는 낮시간대 또는 일요일날 작업하고, 작업 후에는 수작업으로 물청소를 실시하여 먼지 피해를 최소화한 사례이다.

○ 대수선 공사로 인한 비산먼지 영향을 미국 EPA의 대기모델(SCREEN3)을 통해 분석한 결과, 풍속이 커질 때 그 영향이 증대되며, 영향범위는 국지적으로 나타나나 인접하여 주거시설이 입지하므로 비산먼지 저감을 위한 관리대책이 이행될 필요가 있다.
- 공사장 중심으로부터 30m 이격된 지점(부지경계선 15m 이격)에서의 최고착지농도는 2.6m/s 풍속시 15.0㎍/㎥으로 나타났으나, 6m/s 풍속시에는 44.70㎍/㎥으로 PM-10 농도가 50㎍/㎥(1시간 환경기준)과 근접하게 나타났으며, 거리에 따라 지속적으로 감소하는 것으로 나타났다.

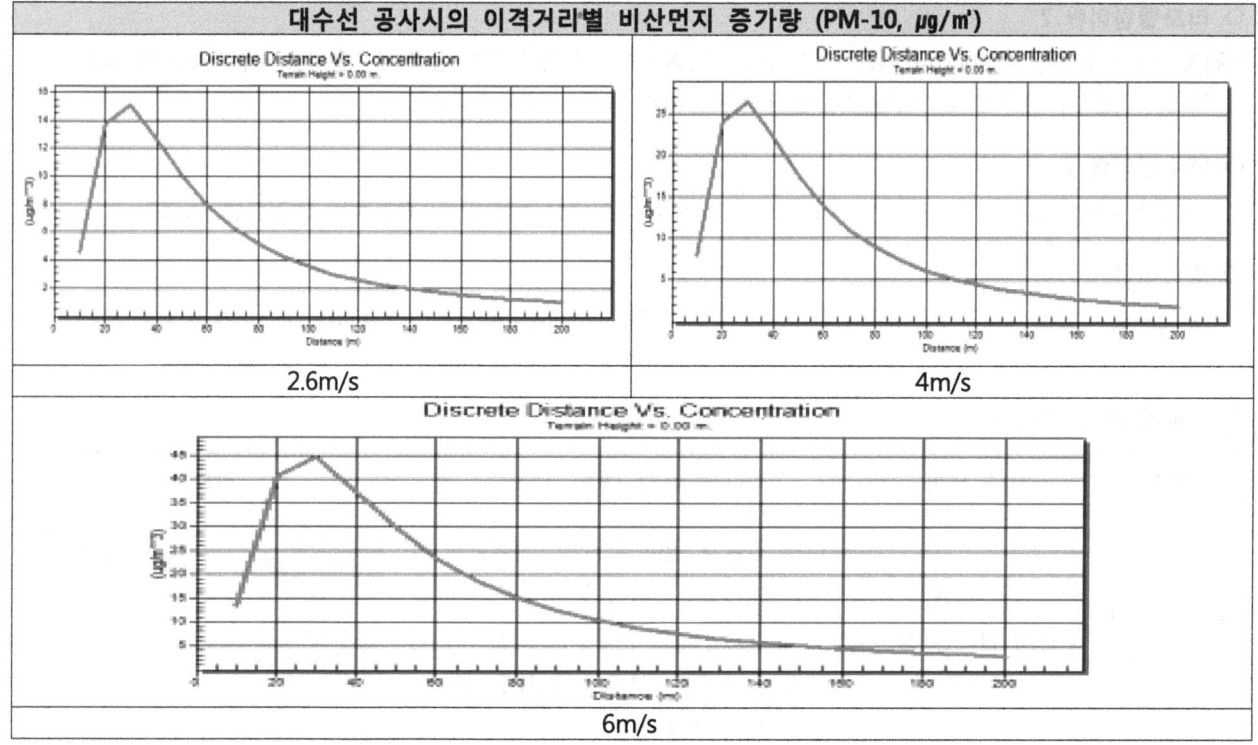

구 분	10m	20m	30m	40m	50m	60m	70m	80m	90m	100m
2.6m/s	4.57	13.77	15.08	12.66	10.02	7.89	6.30	5.10	4.21	3.52
4.0m/s	8.00	24.11	26.41	22.17	17.54	13.82	11.02	8.94	7.37	6.17
6.0m/s	13.53	40.81	44.70	37.52	29.69	23.40	18.66	15.13	12.47	10.44

○ 비산먼지 저감방법

대수선 공사장은 규모와 관계없이 비산먼지 발생 요인과 동일한 공정에서 비산먼지가 발생되므로 대기환경보전법의 '비산먼지 억제시설 설치 및 조치기준'에 준하는 저감방법을 준수할 필요가 있다.

1) 대수선 공사장의 공정별 비산먼지 저감방법

공정별	비산먼지 저감방법
야적	• 야적물질로 인한 비산먼지 발생억제를 위하여 방진덮개 설치, 물 뿌리기 등을 실시
싣기 및 내리기	• 물질을 싣거나 내리기 전에 이송할 물질에 물 뿌리기 등을 실시 • 물질을 싣거나 내리는 경우 낙하높이가 최소가 될 수 있도록 조치 • 강풍[7]이 부는 날은 싣거나 내리는 작업을 최소화
수송	• 토사 및 골재 운반 시 차량에 덮개 설치 • 공사차량의 측면, 하부(차량 바퀴 등)에 살수 조치 후 운행 • 공사장 내 속도 제한 표지판 부착, 운전자 자발적 저속운행, 통행도로는 주기적으로 살수
야외 절단	• 고철 등의 절단작업은 실내에서 실시 • 야외 절단 시 진공식 청소차량 등으로 청소 실시 • 강풍이 부는 날은 작업을 중지
야외 연마	• 야외 연마 시 진공청소기나 연마기에 진공흡입장치를 부착하여 비산먼지 저감 • 강풍이 부는 날은 작업을 중지
야외 도장	• 도장작업을 할 때는 해당작업 부위 혹은 해당 층에 대하여 방진막 등을 설치 • 강풍이 부는 경우에는 도장작업을 중지
기타	• 바닥청소, 벽체연마작업, 절단작업 등의 비산먼지 발생 작업을 할 때는 먼지가 공사장 밖으로 흩날리지 않도록 시설 설치 < 폐쇄관로를 이용한 청소쓰레기 비산먼지 저감방법 사례 > 건축폐기물 발생 / PVC관 • 건물해체 시 방진막, 방진벽을 설치하고, 작업 시 물을 뿌려 비산먼지 발생 최소화 • 공사 중 내부 바닥은 청결하게 유지 • 뿜칠공정(내화피복 등)시 차단막 설치로 인접지에 비산되지 않도록 조치 • 창호공사 전 건물 내 건축 자재가 바람에 의해 인접지에 비산되지 않도록 조치

---

[7] 대기환경보전법 시행규칙 별표 14에서는 풍속이 평균초속 8m 이상일 경우에는 작업을 중지하도록 한다.

3. 도장 공사

○ 기존 아파트 등의 건물 외벽을 도색하는 경우 페인트를 분사하면 비산먼지(페인트 잔여물)가 날리면서 주변 지역주민들로부터 민원이 제기되고 있으나, 도장 공사는 비산먼지 배출사업에 포함되지 않아 무방비로 노출된 상태이므로 비산먼지를 관리할 필요가 있다.

- 페인트는 건강과 환경에 해로운 영향을 미칠 수 있는 유해화학물질(크롬6가 화합물, 납, 카드뮴 등)이 함유되어 있으며, 피부에 닿거나 호흡기로 들이마실 경우 암을 유발할 수 있는 VOC(휘발성유기화합물)가 포함되어 있다.

- 특히, 스프레이건을 사용해 건물에 분사하는 방식은 차량 도장시설보다 대기 중으로 오염물질을 배출할 가능성이 높아 주민들에게 피해를 줄 수 있다.

> ○ 도장 공사업
> - 시설물에 칠바탕을 다듬고 도료 등을 솔·로울러·기계 등을 사용하여 칠하는 공사
> <예시> 일반도장공사, 도장뿜칠공사, 차선도색공사, 분사표면처리공사, 전천후 경기장바탕도장공사, 부식방지공사 등
> [건설산업기본법 시행령 별표 1 건설업의 업종과 업종별 업무내용]

※ 도장 공사로 인한 피해사례 ※

일자	기사 제목	주요 내용
2016.08.08. 뉴시스	건물 도색시 페인트 분사 '비산먼지' 발생	- 환경운동연합은 페인트를 건물에 분사할 경우 차량을 도장할 때보다 대기 중으로 오염물질을 배출할 가능성이 높다며 "대기환경보전법에는 분사 방식의 페인트 칠을 규제할 방법이 없다"고 주장 - 페인트는 건강과 환경에 해로운 영향을 미칠 수 있는 유해화학물질과 암을 유발할 수 있는 VOC(휘발성유기화합물)을 포함하고 있다"며 관련 법과 제도 개선이 시급하다고 강조
2014.10.15. 대전투데이	주민 민원 무시 '나몰라' 공사 진행	- 아파트 건물 및 기타구조물의 균열보수·도장공사 등 외부 벽면 도색작업을 롤러방식이 아닌 분사식으로 공사를 하고 있어 비산먼지 분진 페인트가 날려 자동차, 자전거 등 집안으로 분진이 스며든다며 이곳 주민들의 민원이 발생 - 신축건물일 경우에는 분진막을 설치하고 도색을 해야 하지만 재도색작업은 분사방식으로 공사를 하여도 민원발생이 되지 않도록 권고나 유도를 할 수 밖에 없다는 답변으로 일관하고 있어 이에 대한 피해는 고스란히 아파트 주민들에게 돌아가고 있는 실정

스프레이 방식	롤러 방식

○ **비산먼지 저감방법**

　도장 공사는 페인트를 분사하면서 비산먼지(페인트 잔여물)가 발생되므로 대기환경보전법의 '비산먼지 억제시설 설치 및 조치기준'에 준하는 저감방법을 제시하고자 한다.

1) 도장 공사시 비산먼지 저감방법

공정	비산먼지 저감방법
야외 도장	• 도장작업을 할 때는 해당작업 부위 혹은 해당 층에 대하여 방진막 등을 설치 • 강풍이 부는 경우에는 도장작업을 중지

4 농지조성 공사

○ 농지조성(농지정리, 농지개량 등) 공사는 「국토의 계획 및 이용에 관한 법」 및 「개발행위 허가운영지침」에 의해 2m 이상의 성토(또는 절토) 작업이 수반될 경우, 개발행위 허가대상이 된다. 이러한 농지조성 공사에서도 비산먼지가 다량 배출될 수 있으며 실제로 이와 관련된 민원이 다수 발생되고 있는 실정이다. 일정 규모 이상의 성토(또는 절토) 작업이 이루어지는 농지조성 공사의 경우, 지방자치단체 환경부서에서의 비산먼지 지도·관리가 필요하다.

> **○ 대기환경보전법 시행규칙 별표 13 제5호의 규정**
>
> | 5. 건 설 업 | 라. 지반조성공사 중 건축물해체공사(연면적이 3,000제곱미터 이상인 공사만 해당한다), 토공사 및 정지공사(공사면적의 합계가 1,000제곱미터 이상인 공사만 해당하되, 농지정리를 위한 공사는 제외한다) |
> |---|---|
>
> **○ 개발행위허가운영지침(국토교통부 훈령 제524호, 2015.05.08.)**
>
> 제4절 개발행위허가의 대상
> (2) 토지의 형질변경(경작을 위한 토지의 형질변경 제외)
> 절토.성토.정지.포장 등의 방법으로 토지의 형상을 변경하는 행위와 공유수면의 매립. 다만, 경작을 위한 토지의 형질변경의 범위와 이에 대한 허가에 관한 사항은 다음 각 항과 같다.
> ① 경작을 위한 토지형질변경이란 조성이 완료된 농지에서 농작물 재배, 농지의 지력 증진 및 생산성 향상을 위한 객토나 정지작업, 양수.배수시설 설치를 위한 토지의 형질변경으로서 다음 각 호의 어느 하나에 해당되지 아니한 경우를 말한다.
> ㉮ 인접토지의 관개.배수 및 농작업에 영향을 미치는 경우
> ㉯ 재활용 골재, 사업장 폐토양, 무기성 오니 등 수질오염 또는 토질오염의 우려가 있는 토사 등을 사용하여 성토하는 경우
> ㉰ 지목의 변경을 수반하는 경우(전.답.과 상호간의 변경은 제외)
> ② ①에서 정한 규정을 충족하는 경우에도 **2m 이상의 성토나 절토를 하고자 하는 때에는 농지조성 행위로 보아 허가대상에 포함하고,** 경작을 위한 형질변경을 함에 있어 옹벽의 설치(1-5-4(2)에 해당하는 경미한 행위는 제외)가 수반되는 경우에도 개발행위 허가를 받아야 한다.

○ 국토교통부 전문건설업 통계조사 자료에 농지정리 사업건수는 2013년 17,407건, 2014년 15,527건으로 조사되었다. 또한 2013년 CAPSS 전국 비산먼지 배출량 자료에 따르면 경지정리(밭)에서 배출되는 PM-10은 3,036톤(전체 3%), PM-2.5는 607톤(전체 4%)으로 파악되었다.

※ 농지조성 공사 피해 사례 ※

일자	기사 제목	주요 내용
2004.02.20. 김포 미래신문	비산먼지발생 주민피해 우려 - 농지정리는 환경법 예외, 대책 부심	- 농지 매립으로 인한 비산먼지 발생으로 인근 주민들의 항의가 빗발치고 있지만 이를 규제할 법적 근거가 없어 주민피해 확산이 우려 - 현행 대기환경보전법상 비산먼지 발생을 유발하는 공사는 신고를 하고 발생을 억제하기 위한 시설과 조치를 취해야 하지만 농지정리를 위한 공사는 예외규정을 두고 있기 때문에 법적인 규제 장치가 없는 실정 - 주민피해가 발생하고 있는 만큼 토지주와 공사진행자 측이 비산먼지 발생을 최소화하기 위해 집진시설이나 지속적인 살수작업을 실시하는 것이 바람직하다고 본다.

○ 중앙환경분쟁조정위원회 5년간(2011~2015) 사례집을 분석한 결과, 농지개량을 위한 모래채취 사업장과 골재차량에서 발생되는 소음·진동, 먼지로 정신적 피해 등 총 5,000만원의 피해배상을 주장한 사례가 있다.
  - 비산먼지 저감을 위해 차량 운행시에는 일 10회 이상 살수차량 운행 및 교통통제안내원을 배치하였다.

○ 농지조성 공사는 내부의 절-성토 작업 또는 외부 반입 토사의 성토작업시 장비운행 등에 의해 비산먼지가 발생되므로, 농지개량사업 3건(소규모 환경영향평가 대상사업)을 사례로 미국 EPA의 대기모델(SCREEN3)을 통해 비산먼지 영향을 분석한 결과, 비산먼지 영향범위는 최대 1,000m 이상까지로 나타나 비산먼지 저감을 위한 관리대책이 이행될 필요가 있다.
  - 각 농지조성 공사에 따른 비산먼지 영향범위는 공사장 중심으로부터 증가하다 공사장 부지경계인 25m 지점에서 최대가 되며, 영향범위는 최대 1,000m 이상까지로 나타났다. 특히 불도저 작업시의 비산먼지 발생이 극대화되는 것으로 나타나 비산먼지 관리가 필요하다.

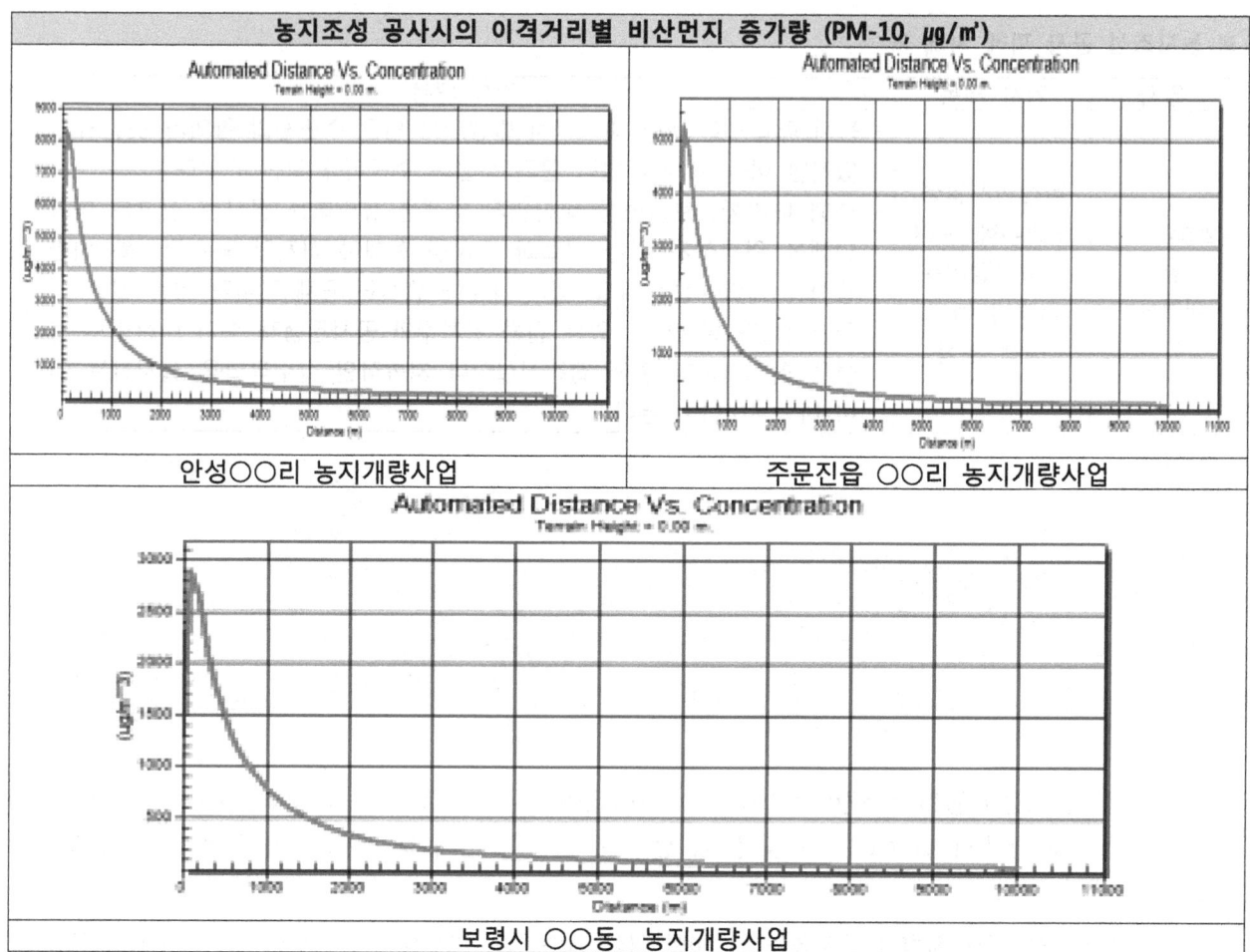

농지조성 공사시의 이격거리별 비산먼지 증가량 (PM-10, μg/㎥)

구 분	100m	200m	300m	500m	1000m	1500m	2000m	5000m	70000m	10000m
안성○○리 농지개량사업	8329.0	7642.0	6071.0	4263.0	2280.0	1428.0	979.4	293.8	187.6	118.4
주문진읍○○리 농지개량사업	5263.0	4829.0	3836.0	2693.0	1440.0	902.0	618.8	185.6	118.5	74.79
보령시○○동 농지개량사업	2897.0	2658.0	2111.0	1483.0	792.9	496.5	340.6	102.2	65.23	41.17

○ 비산먼지 저감방법

농지조성 공사장의 경우 규모와 관계없이 야적, 싣기 및 내리기, 수송 공정 등에서 비산먼지가 발생되므로 대기환경보전법의 '비산먼지 억제시설 설치 및 조치기준'에 준하는 저감방법을 제시하고자 한다.

1) 농지조성 공사장의 작업별 비산먼지 저감방법

공정별	비산먼지 저감방법
야적	• 야적물질로 인한 비산먼지 발생억제를 위하여 방진덮개 설치, 물 뿌리기 등을 실시
싣기 및 내리기	• 물질을 싣거나 내리기 전에 이송할 물질에 물 뿌리기 등을 실시 • 물질을 싣거나 내리는 경우 낙하높이가 최소가 될 수 있도록 조치 • 강풍[8]이 부는 날은 싣거나 내리는 작업을 최소화
수송	• 토사 및 골재 운반 시 차량에 덮개 설치 • 공사차량의 측면, 하부(차량 바퀴 등)에 살수 조치 후 운행 • 공사장 내에서는 먼지가 흩날리지 않도록 저속운행하고, 통행도로는 주기적으로 살수

---

[8] 대기환경보전법 시행규칙 별표 14에서는 풍속이 평균초속 8m 이상일 경우에는 작업을 중지하도록 한다.

비산먼지 관리 체크리스트

VI

1. 개요
2. 사업자용(자체점검) 체크리스트
3. 관리·감독자용(지도점검) 체크리스트

1 개요

○ **목적**

- 비산먼지 발생사업장의 경우, 정기·수시 지도 점검시 기준 미이행/미흡 조치로 인한 불이익을 사전에 예방하고 사업장 자발적으로 비산먼지 저감방안을 수립하여 관리해야 한다.
- 비산먼지 발생사업장에서는 다음의 업무 흐름도와 같이 비산먼지 저감 관련 업무를 수행하며, 사업자 및 관리 감독자에게 현장관리가 용이하도록 자체·지도점검에 필요한 체크리스트를 제공하고자 한다.

○ **절차**

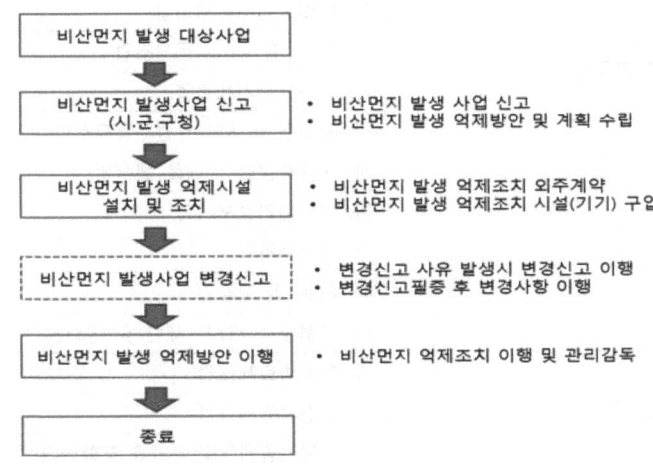

< 비산먼지 발생사업 업무 흐름도 >

2 사업자용 (자체점검) 체크리스트

○ 비산먼지 발생 대상사업(11개 업종, 35개 사업장)별 사업자용 자체점검 체크리스트 부록 제시
☞ 체크리스트 유형별 해당 사업 분류 : A타입 ~ K타입 (11개 타입)

Type	사업별 분류	비고
A	시멘트 제조업	
B	석회제조업, 플라스터제조업, 토사석광업, 내화요업제품제조업, 유리 및 유리제품제조업, 일반도자기제조업, 구조용비내화요업제품제조업, 비금속광물분쇄물생산업, 건설폐기물처리업, 금속주조업, 비철금속제1차제련 및 정련업, 화학비료제조업, 배합사료제조업, 곡물가공업(임가공업), 조경공사, 건설의 그밖에 공사, 발전업, 부두, 역구내 및 기타 지역의 저탄사업, 석탄을 연료로 사용하는 사업, 폐기물매립시설, 폐기물 최종처분업 및 폐기물 종합처분업	현행 기준 별표 14, 15 중 예외조항이 없는 업종 (A,C,D,E,F,G,H,I,J,K 이외)
C	콘크리트제품제조업	
D	석탄제품제조업	
E	제철 및 제강업	
F	비료 및 사료제품제조업	
G	건축물축조공사장, 토목공사장, 건물해체공사장	
H	시멘트·석탄·토사·사료·곡물·고철의 운송업	
I	강선건조업과 합성수지선건조업	
J	곡물하역업,목재수송	
K	운송장비제조업 및 금속제품제조가공업	

☞ 사업별 체크리스트 유형 분류

엄격한 기준 적용 사업장

비산먼지 발생 대상사업		체크리스트 유형
1. 시멘트.석회.플라스터 및 시멘트관련 제품의 제조 및 가공업	가. 시멘트제조업.가공 및 저장업	A
	나. 석회제조업	B
	다. 콘크리트제품제조업	C
	라. 플라스터제조업	B
2. 비금속물질의 채취 .제조.가공업	가. 토사석광업	B
	나. 석탄제품제조업 및 아스콘제조업	D
	다. 내화요업제품제조업	B
	라. 유리 및 유리제품제조업	B
	마. 일반도자기제조업	B
	바. 구조용 비내화 요업제품제조업	B
	사. 비금속광물 분쇄물 생산업	B
	아. 건설폐기물처리업	B
3. 제1차 금속제조업	가. 금속주조업	B
	나. 제철 및 제강업	E
	다. 비철금속 제1차 제련 및 정련업	B
4. 비료 및 사료 제품의 제조업	가. 화학비료제조업	F
	나. 배합사료제조업	F
	다. 곡물가공업(임가공업을 포함한다)	F
5. 건 설 업	가. 건축물축조공사, 굴정공사	G
	나. 토목공사	G
	다. 조경공사	B
	라. 건축물해체공사, 토공사 및 정지공사	G
	마. 그 밖에 공사	B
6. 시멘트.석탄.토사.사료.곡물.고철의 운송업		H
7. 운송장비제조업	가. 강선건조업과 합성수지선건조업	I
	나. 선박구성부분품제조업	K
	다. 그 밖에 선박건조업	K
8. 저탄시설의 설치가 필요한 사업	가. 발전업	B
	나. 부두, 역구내 및 기타 지역의 저탄사업	B
	다. 석탄을 연료로 사용하는 사업	B
9. 고철.곡물.사료.목재 및 광석의 하역업 또는 보관업	수상화물취급업	J
10. 금속제품 제조가공업	가. 금속처리업	K
	나. 구조금속제품 제조업	K
11. 폐기물매립시설 설치·운영 사업	가. 폐기물매립시설을 설치·운영하는 사업	B
	나. 폐기물최종처분업 및 폐기물종합처분업	B

Type A. 시멘트제조·가공·저장업

구분	점검사항	점검결과 준수	점검결과 일부준수	점검결과 미준수	대기환경보전법
발생사업신고	1. 비산먼지 발생사업신고 여부				시행규칙 제58조
	2. 비산먼지 발생신고 사항과 방지시설 설치 내용과의 일치 여부 (신고사항 준수 여부)				
	3. 비산먼지 발생 변경사항 변경신고 여부 확인 (세륜기 철거, 펜스 철거 시 변경신고 여부 확인, 공사종료시점도 해당)				
야적	1. 야적물질을 1일 이상 보관하는 경우 방진덮개 설치 여부				시행규칙 [별표 14]
	2. 부지경계선에 방진벽 설치 및 적정성 여부 (바닥에서부터 방진벽+방진망의 높이가 최고 저장높이의 1.25배 이상)				
	3. 살수시설 설치 여부 (고철야적장과 수용성물질 제외)				
	4. 야적물질을 최대한 밀폐된 시설에 저장 또는 보관 여부				시행규칙 [별표 15]
	5. 수송 및 작업차량 출입문 설치 여부				
	6. 보관 저장시설이 3면이 막히고 지붕이 있는 구조인지 여부				
싣기 및 내리기	1. 싣거나 내리는 장소 주위에 고정식 또는 이동식 물을 뿌리는 시설 설치. 운영 (살수반경 7m 이상, 수압 5kg/㎠ 이상)				시행규칙 [별표 15]
	2. 풍속이 평균 초속 8m 이상일 경우 작업 중지				시행규칙 [별표 14]
	3. 밀폐된 저장 또는 보관시설 내에서 분체상 물질을 싣고 내리는지 여부				시행규칙 [별표 15]
수송	1. 덮개가 장치된 차량으로 수송하는지 여부				시행규칙 [별표 15]
	2. 비포장사설도로인 경우 반지름 1km 이내의 도로 포장, 간이포장 또는 살수 시행 여부				시행규칙 [별표 14]
	3. 측면살수시설 설치규격에 적합한지 여부 (높이: 차량 바퀴부터 적재함 하단부까지, 길이: 수송차량 전체길이의 1.5배 이상, 살수압: 3kg/㎠ 이상)				
	4. 수송차량은 세륜 및 측면 살수 후 운행하는지 여부				
	5. 공사장 안의 통행차량은 20km/h 이하 운행 여부				
	6. 통행차량 운행기간 중 통행도로 1일 1회 이상 살수 여부				
	7. 광산 진입로의 임시 포장 여부(시멘트 제조만 해당)				
	8. 공사장 내 차량통행도로는 다른 공사에 우선하여 포장 여부				시행규칙 [별표 15]
	9. 출입구 환경전담요원 배치 여부				
	10. 자동물뿌림장치 등의 세륜시설 설치 여부				
이송	1. 야외 이송시설 밀폐화 여부				시행규칙 [별표 14]
	2. 이송시설의 낙하, 출입구 및 국소배기부위에 집진시설 설치 여부				

구분	점검사항	점검결과			대기환경보전법
		준수	일부준수	미준수	
	3. 물뿌림 또는 그 밖의 제진(除塵)방법을 사용 여부(기계적인 방법이 아닌 시설 사용시)				시행규칙 [별표 14]
채광. 채취 (갱내작업 제외)	1. 살수시설 등을 설치하여 주위에 먼지 발생하지 않도록 조치				시행규칙 [별표 14]
	2. 발파시 발파공에 젖은 가마니 등을 덮거나 적정한 방지시설 설치 후 발파 실시 여부				
	3. 발파전후 발파지역에 살수 실시, 천공시 먼지 포집시설 설치 여부				
	4. 풍속이 평균 초속 8미터 이상인 경우 발파작업 중지 여부				
	5. 채광·채취가 이루어진 구역에 먼지가 흩날리지 않도록 조치하였는지 여부				
	6. 분체상 물질 등 비산 가능성이 있는 물질을 밀폐용기 보관, 방진덮개 덮기				
야외 절단	1. 고철 등의 절단작업은 옥내에서 실시 여부				시행규칙 [별표 14]
	2. 야외절단 시 간이 칸막이 등 설치 여부				
	3. 야외절단 시 이동식 집진시설을 설치 여부 (불가능한 경우 진공식 청소차량 등의 청소작업 실시 여부)				
	4. 풍속이 평균초속 8m 이상 작업 중지				
야외 탈청	1. 탈청구조물의 길이가 15m 미만인 경우에는 옥내작업 실시 여부				시행규칙 [별표 14]
	2. 야외 작업 시 간이칸막이 등 설치 여부				
	3. 작업 후 남은 것이 다시 흩날리지 아니하도록 조치 여부				
	4. 풍속이 평균초속 8m 이상 작업 중지				
야외 연마	1. 야외 작업 시 이동식 집진시설을 설치.운영 (불가능한 경우 진공식 청소차량 등의 청소작업 실시 여부)				시행규칙 [별표 14]
	2. 부지 경계선으로부터 40m 이내에서 야외 작업 시 작업 부위의 높이 이상의 이동식 방진망 또는 방진막을 설치 여부				
	3. 작업 후 남은 것이 다시 흩날리지 아니하도록 조치 여부				
	4. 풍속이 평균초속 8m 이상 작업 중지				

○ **준수**: 대기환경보전법 시행규칙 별표 14, 15의 억제시설 및 조치기준을 준수한 경우에 해당
○ **일부준수**: 억제세설 및 조치기준을 이행하였으나, 저감효과가 미흡한 경우에 해당
○ **미준수**: 억제세설 및 조치기준을 미준수한 경우에 해당

Type B. 석회제조업, 플라스터 제조업 등 (A~K에 해당되지 않는 모든 업종)

구분	점검사항	점검결과			대기환경보전법
		준수	일부준수	미준수	
발생 사업 신고	1. 비산먼지 발생사업신고 여부				시행규칙 제58조
	2. 비산먼지 발생신고 사항과 방지시설 설치 내용과의 일치 여부(준수사항 확인)				
	3. 비산먼지 발생 변경사항 변경신고 여부 확인 (세륜기 철거, 펜스 철거 시 변경신고 여부 확인, 공사종료시점도 해당)				
야적	1. 야적물질을 1일 이상 보관하는 경우 방진덮개 설치 여부				시행규칙 [별표 14]
	2. 부지경계선에 방진벽 설치 및 적정성 여부 (바닥에서부터 방진벽+방진망의 높이가 최고 저장높이의 1.25배 이상)				
	3. 살수시설 설치 여부 (고철야적장과 수용성물질 제외)				
싣기 및 내리기	1. 싣거나 내리는 장소 주위에 고정식 또는 이동식 물을 뿌리는 시설 설치. 운영(살수반경 5m 이상, 수압 3kg / ㎠ 이상)				시행규칙 [별표 14]
	2. 풍속이 평균 초속 8m 이상일 경우 작업 중지				
수송	1. 적재함을 밀폐할 수 있는 덮개를 설치하여 적재물이 외부에서 보이지 아니하고 흘림이 없도록 운행하는지 여부				시행규칙 [별표 14]
	2. 적재함 상단으로부터 5㎝ 이하까지 적재물을 수평으로 적재 여부				
	3. 도로가 비포장사설도로인 경우 반지름 1㎞ 이내의 도로 포장, 간이포장 또는 살수 시행 여부				
	4. 자동식 또는 수조식 세륜시설 설치 여부				
	5. 측면살수시설 설치 여부(살수높이: 수송차량의 바퀴부터 적재함 하단부까지, 살수길이: 수송차량 전체길이의 1.5배 이상, 살수압: 3kg / ㎠ 이상)				
	6. 수송차량은 세륜 및 측면 살수 후 운행하는지 여부				
	7. 공사장 안의 통행차량은 20km/h 이하 운행 여부				
	8. 통행차량 운행기간 중 통행도로 1일 1회 이상 살수 여부				
이송	1. 야외 이송시설 밀폐화 여부				시행규칙 [별표 14]
	2. 이송시설의 낙하, 출입구 및 국소배기부위에 집진시설 설치 여부				
	3. 물뿌림 또는 그 밖의 제진(除塵)방법을 사용 여부 (기계적인 방법이 아닌 시설 사용할 경우)				
	4. 표면 먼지를 제거할 수 있는 시설 설치 여부 (기계적(벨트컨베이어 등)인 방법의 시설 사용, 제철 및 제강업만 해당하며 스크래퍼 또는 살수시설 설치하였는지 여부)				
	5. 이송시설의 하부는 주기적으로 청소하는지 여부(제철 및 제강업만)				
채광. 채취 (갱내작업 제외)	1. 살수시설 등을 설치하여 주위에 먼지 발생하지 않도록 조치				
	2. 발파시 발파공에 젖은 가마니 등을 덮거나 적정한 방지시설 설치 후 발파 실시 여부				
	3. 발파 전후 발파지역에 살수 실시, 천공시 먼지 포집시설 설치 여부				

구분	점검사항	점검결과			대기환경보전법
		준수	일부준수	미준수	
	4. 풍속이 평균 초속 8미터 이상인 경우 발파작업 중지 여부				
	5. 채광·채취가 이루어진 구역에 먼지가 흩날리지 않도록 조치하였는지 여부				
	6. 분체상 물질 등 비산 가능성이 있는 물질을 밀폐용기 보관, 방진덮개 덮기				
야외 절단	1. 고철 등의 절단작업은 옥내에서 실시 여부				
	2. 야외절단 시 간이 칸막이 등 설치 여부				
	3. 야외절단 시 이동식 집진시설을 설치 여부 (불가능한 경우 진공식 청소차량 등의 청소작업 실시 여부)				
	4. 풍속이 평균초속 8m 이상 작업 중지				
야외 탈청	1. 탈청구조물의 길이가 15m 미만인 경우에는 옥내작업 실시 여부				
	2. 야외 작업 시 간이칸막이 등 설치 여부				
	3. 작업 후 남은 것이 다시 흩날리지 아니하도록 조치 여부				
	4. 풍속이 평균초속 8m 이상 작업 중지				
야외 연마	1. 야외 작업 시 이동식 집진시설을 설치·운영 (불가능한 경우 진공식 청소차량 등의 청소작업 실시 여부)				
	2. 부지 경계선으로부터 40m 이내에서 야외 작업 시 작업 부위의 높이 이상의 이동식 방진망 또는 방진막을 설치 여부				
	3. 작업 후 남은 것이 다시 흩날리지 아니하도록 조치 여부				
	4. 풍속이 평균초속 8m 이상 작업 중지				

° **준수**: 대기환경보전법 시행규칙 별표 14, 15의 억제시설 및 조치기준을 준수한 경우에 해당
° **일부준수**: 억제세설 및 조치기준을 이행하였으나, 저감효과가 미흡한 경우에 해당
° **미준수**: 억제세설 및 조치기준을 미준수한 경우에 해당

Type C. 콘크리트제품제조업

구분	점검사항	점검결과			대기환경보전법
		준수	일부준수	미준수	
발생 사업 신고	1. 비산먼지 발생사업신고 여부				시행규칙 제58조
	2. 비산먼지 발생신고 사항과 방지시설 설치 내용과의 일치 여부 (신고사항 준수 여부)				
	3. 비산먼지 발생 변경사항 변경신고 여부 확인 (세륜기 철거, 펜스 철거 시 변경신고 여부 확인, 공사종료시점도 해당)				
야적	1. 야적물질을 1일 이상 보관하는 경우 방진덮개 설치 여부				시행규칙 [별표 14]
	2. 부지경계선에 방진벽 설치 및 적정성 여부 (바닥에서부터 방진벽+방진망의 높이가 최고 저장높이의 1.25배 이상)				
	3. 살수시설 설치 여부 (고철야적장과 수용성물질 제외)				
	4. 야적물질을 최대한 밀폐된 시설에 저장 또는 보관 여부				시행규칙 [별표 15]
	5. 수송 및 작업차량 출입문 설치 여부				
	6. 보관 저장시설이 3면이 막히고 지붕이 있는 구조인지 여부				
싣기 및 내리기	1. 싣거나 내리는 장소 주위에 고정식 또는 이동식 물을 뿌리는 시설 설치. 운영 (살수반경 7m 이상, 수압 5kg / ㎠ 이상)				시행규칙 [별표 15]
	2. 풍속이 평균 초속 8m 이상일 경우 작업 중지				시행규칙 [별표 14]
	3. 밀폐된 저장 또는 보관시설 내에서 분체상 물질을 싣고 내리는지 여부				시행규칙 [별표 15]
수송	1. 덮개가 장치된 차량으로 수송하는지 여부				시행규칙 [별표 15]
	2. 비포장사설도로인 경우 반지름 1km 이내의 도로 포장, 간이포장 또는 살수 시행 여부				시행규칙 [별표 14]
	3. 측면살수시설 설치규격에 적합한지 여부 (높이: 차량 바퀴부터 적재함 하단부까지, 길이: 수송차량 전체길이의 1.5배 이상, 살수압: 3kg / ㎠ 이상)				
	4. 수송차량은 세륜 및 측면 살수 후 운행하는지 여부				
	5. 공사장 안의 통행차량은 20km/h 이하 운행 여부				
	6. 통행차량 운행기간 중 통행도로 1일 1회 이상 살수 여부				
	8. 공사장 내 차량통행도로는 다른 공사에 우선하여 포장 여부				시행규칙 [별표 15]
	9. 출입구 환경전담요원 배치 여부				
	10. 자동물뿌림장치 등의 세륜시설 설치 여부				
이송	1. 야외 이송시설 밀폐화 여부				시행규칙 [별표 14]
	2. 이송시설의 낙하, 출입구 및 국소배기부위에 집진시설 설치 여부				
	3. 물뿌림 또는 그 밖의 제진(除塵)방법을 사용 여부(기계적인 방법이 아닌 시설 사용시)				

º **준수**: 대기환경보전법 시행규칙 별표 14, 15의 억제시설 및 조치기준을 준수한 경우에 해당
º **일부준수**: 억제세설 및 조치기준을 이행하였으나, 저감효과가 미흡한 경우에 해당
º **미준수**: 억제세설 및 조치기준을 미준수한 경우에 해당

Type D. 석탄제품제조업

구분	점검사항	점검결과 준수	점검결과 일부준수	점검결과 미준수	대기환경보전법
발생 사업 신고	1. 비산먼지 발생사업신고 여부				시행규칙 제58조
	2. 비산먼지 발생신고 사항과 방지시설 설치 내용과의 일치 여부 (신고사항 준수 여부)				
	3. 비산먼지 발생 변경사항 변경신고 여부 확인 (세륜기 철거, 펜스 철거 시 변경신고 여부 확인, 공사종료시점도 해당)				
야적	1. 야적물질을 1일 이상 보관하는 경우 방진덮개 설치 여부				시행규칙 [별표 14]
	2. 부지경계선에 방진벽 설치 및 적정성 여부 (바닥에서부터 방진벽+방진망의 높이가 최고 저장높이의 1.25배 이상)				
	3. 살수시설 설치 여부 (고철야적장과 수용성물질 제외)				
	4. 야적물질을 최대한 밀폐된 시설에 저장 또는 보관 여부				시행규칙 [별표 15]
	5. 수송 및 작업차량 출입문 설치 여부				
	6. 보관 저장시설이 3면이 막히고 지붕이 있는 구조인지 여부				
싣기 및 내리기	1. 작업 시 발생하는 비산먼지를 제거할 수 있는 이동식 집진시설 또는 분무식 집진시설(Dust Boost) 설치 여부				시행규칙 [별표 14]
	2. 싣거나 내리는 장소 주위에 고정식 또는 이동식 물을 뿌리는 시설 설치. 운영 (살수반경 7m 이상, 수압 5kg/㎠ 이상)				시행규칙 [별표 15]
	3. 풍속이 평균 초속 8m 이상일 경우 작업 중지				시행규칙 [별표 14]
	4. 밀폐된 저장 또는 보관시설 내에서 분체상 물질을 싣고 내리는지 여부				시행규칙 [별표 15]
수송	1. 덮개가 장치된 차량으로 수송하는지 여부				시행규칙 [별표 15]
	2. 비포장사설도로인 경우 반지름 1km 이내의 도로 포장, 간이포장 또는 살수 시행 여부				시행규칙 [별표 14]
	3. 측면살수시설 설치규격에 적합한지 여부 (높이: 차량 바퀴부터 적재함 하단부까지, 길이: 수송차량 전체길이의 1.5배 이상, 살수압: 3kg/㎠ 이상)				
	4. 수송차량은 세륜 및 측면 살수 후 운행하는지 여부				
	5. 공사장 안의 통행차량은 20km/h 이하 운행 여부				
	6. 통행차량 운행기간 중 통행도로 1일 1회 이상 살수 여부				
	7. 공사장 내 차량통행도로는 다른 공사에 우선하여 포장 여부				시행규칙 [별표 15]
	8. 출입구 환경전담요원 배치 여부				
	9. 자동물뿌림장치 등의 세륜시설 설치 여부				
이송	1. 야외 이송시설 밀폐화 여부				시행규칙 [별표 14]
	2. 이송시설의 낙하, 출입구 및 국소배기부위에 집진시설 설치 여부				
	3. 물뿌림 또는 그 밖의 제진(除塵)방법을 사용 여부(기계적인 방법이 아닌 시설 사용시)				
채광. 채취 (갱내작업 제외)	1. 살수시설 등을 설치하여 주위에 먼지 발생하지 않도록 조치				시행규칙 [별표 14]
	2. 발파시 발파공에 젖은 가마니 등을 덮거나 적정한 방지시설 설치 후 발파 실시 여부				
	3. 발파전후 발파지역에 살수 실시, 천공시 먼지 포집시설 설치 여부				
	4. 풍속이 평균 초속 8미터 이상인 경우 발파작업 중지 여부				
	5. 채광·채취가 이루어진 구역에 먼지가 흩날리지 않도록 조치하였는지 여부				
	6. 분체상 물질 등 비산 가능성이 있는 물질을 밀폐용기 보관, 방진덮개 덮기				

° **준수**: 대기환경보전법 시행규칙 별표 14, 15의 억제시설 및 조치기준을 준수한 경우에 해당
° **일부준수**: 억제세설 및 조치기준을 이행하였으나, 저감효과가 미흡한 경우에 해당
° **미준수**: 억제세설 및 조치기준을 미준수한 경우에 해당

Type E. 제철 및 제강업

구분	점검사항	점검결과 준수	점검결과 일부준수	점검결과 미준수	대기환경보전법
발생 사업 신고	1. 비산먼지 발생사업신고 여부				시행규칙 제58조
	2. 비산먼지 발생신고 사항과 방지시설 설치 내용과의 일치 여부 (신고사항 준수 여부)				
	3. 비산먼지 발생 변경사항 변경신고 여부 확인 (세륜기 철거, 펜스 철거 시 변경신고 여부 확인, 공사종료시점도 해당)				
야적	1. 야적물질을 1일 이상 보관하는 경우 방진덮개 설치 여부				시행규칙 [별표 14]
	2. 부지경계선에 방진벽 설치 및 적정성 여부 (바닥에서부터 방진벽+방진망의 높이가 최고 저장높이의 1.25배 이상)				
	3. 살수시설 설치 여부 (고철야적장과 수용성물질 제외)				
	4. 혹한기(매년 12월 1일~다음 연도 2월 말일까지)에는 표면경화제 등을 살포				
	5. 야적 설비를 이용하여 작업 시 낙하거리를 최소화하고, 야적 설비 주위에 물을 뿌려 비산먼지가 흩날리지 않도록 조치하는지 여부				
싣기 및 내리기	1. 작업 시 발생하는 비산먼지를 제거할 수 있는 이동식 집진시설 또는 분무식 집진시설(Dust Boost) 설치 여부				시행규칙 [별표 14]
	2. 싣거나 내리는 장소 주위에 고정식 또는 이동식 물을 뿌리는 시설 설치. 운영 (살수반경 5m 이상, 수압 3kg/㎠ 이상)				
	3. 풍속이 평균 초속 8m 이상일 경우 작업 중지				
수송	1. 밀폐할 수 있는 덮개를 설치하여 적재물이 외부에서 보이지 않는지 여부				시행규칙 [별표 14]
	2. 비포장사설도로인 경우 반지름 1km 이내의 도로 포장, 간이포장 또는 살수 시행 여부				
	3. 측면살수시설 설치규격에 적합한지 여부 (높이: 차량 바퀴부터 적재함 하단부까지, 길이: 수송차량 전체길이의 1.5배 이상, 살수압: 3kg/㎠ 이상)				
	4. 수송차량은 세륜 및 측면 살수 후 운행하는지 여부				
	5. 공사장 안의 통행차량은 20km/h 이하 운행 여부				
	6. 통행차량 운행기간 중 통행도로 1일 1회 이상 살수 여부				
이송	1. 야외 이송시설 밀폐화 여부				시행규칙 [별표 14]
	2. 이송시설의 낙하, 출입구 및 국소배기부위에 집진시설 설치 여부				
	3. 물뿌림 또는 그 밖의 제진(除塵)방법을 사용 여부 (기계적인 방법이 아닌 시설 사용시)				
	4. 기계적(벨트컨베이어, 바켓엘리베이터 등)인 방법의 시설을 사용하는 경우에는 표면 먼지를 제거할 수 있는 시설을 설치하였는지 여부 * 표면 먼지를 제거할 수 있는 시설은 스크래퍼 또는 살수시설 등				시행규칙 [별표 14]
	5. 이송시설의 하부는 주기적으로 청소하여 이송시설에서 떨어진 먼지가 재비산 되지 않도록 조치하였는지 여부				시행규칙 [별표 14]

구분	점검사항	점검결과			대기환경보전법
		준수	일부준수	미준수	
채광. 채취 (갱내작업 제외)	1. 살수시설 등을 설치하여 주위에 먼지 발생하지 않도록 조치				시행규칙 [별표 14]
	2. 발파시 발파공에 젖은 가마니 등을 덮거나 적정한 방지시설 설치 후 발파 실시 여부				
	3. 발파전후 발파지역에 살수 실시, 천공시 먼지 포집시설 설치 여부				
	4. 풍속이 평균 초속 8미터 이상인 경우 발파작업 중지 여부				
	5. 채광·채취가 이루어진 구역에 먼지가 흩날리지 않도록 조치하였는지 여부				
	6. 분체상 물질 등 비산 가능성이 있는 물질을 밀폐용기 보관, 방진덮개 덮기				
야외 절단	1. 고철 등의 절단작업은 옥내에서 실시 여부				시행규칙 [별표 14]
	2. 야외절단 시 간이 칸막이 등 설치 여부				
	3. 야외절단 시 이동식 집진시설을 설치 여부 (불가능한 경우 진공식 청소차량 등의 청소작업 실시 여부)				
	4. 풍속이 평균초속 8m 이상 작업 중지				
야외 탈청	1. 탈청구조물의 길이가 15m 미만인 경우에는 옥내작업 실시 여부				시행규칙 [별표 14]
	2. 야외 작업 시 간이칸막이 등 설치 여부				
	3. 작업 후 남은 것이 다시 흩날리지 아니하도록 조치 여부				
	4. 풍속이 평균초속 8m 이상 작업 중지				
야외 연마	1. 야외 작업 시 이동식 집진시설을 설치.운영 (불가능한 경우 진공식 청소차량 등의 청소작업 실시 여부)				시행규칙 [별표 14]
	2. 부지 경계선으로부터 40m 이내에서 야외 작업 시 작업 부위의 높이 이상의 이동식 방진망 또는 방진막을 설치 여부				
	3. 작업 후 남은 것이 다시 흩날리지 아니하도록 조치 여부				
	4. 풍속이 평균초속 8m 이상 작업 중지				

º **준수**: 대기환경보전법 시행규칙 별표 14의 억제시설 및 조치기준을 준수한 경우에 해당
º **일부준수**: 억제세설 및 조치기준을 이행하였으나, 저감효과가 미흡한 경우에 해당
º **미준수**: 억제세설 및 조치기준을 미준수한 경우에 해당

Type F. 비료 및 사료제품제조업

구분	점검사항	점검결과 준수	점검결과 일부준수	점검결과 미준수	대기환경보전법
발생 사업 신고	1. 비산먼지 발생사업신고 여부				시행규칙 제58조
	2. 비산먼지 발생신고 사항과 방지시설 설치 내용과의 일치 여부(준수사항 확인)				
	3. 비산먼지 발생 변경사항 변경신고 여부 확인 (세륜기 철거, 펜스 철거 시 변경신고 여부 확인, 공사종료시점도 해당)				
야적	1. 야적물질을 1일 이상 보관하는 경우 방진덮개 설치 여부				시행규칙 [별표 14]
	2. 부지경계선에 방진벽 설치 및 적정성 여부 (바닥에서부터 방진벽+방진망의 높이가 최고 저장높이의 1.25배 이상)				
	3. 살수시설 설치 여부(수용성물질 제외)				
싣기 및 내리기	1. 싣거나 내리는 장소 주위에 고정식 또는 이동식 물을 뿌리는 시설 설치. 운영 (살수반경 5m 이상, 수압 3kg/㎠ 이상)(곡물작업장의 경우 제외)				시행규칙 [별표 14]
	2. 풍속이 평균 초속 8m 이상일 경우 작업 중지				
수송	1. 적재함을 밀폐할 수 있는 덮개를 설치하여 적재물이 외부에서 보이지 아니하고 흘림이 없도록 운행하는지 여부				시행규칙 [별표 14]
	2. 적재함 상단으로부터 5㎝ 이하까지 적재물을 수평으로 적재 여부				
	3. 도로가 비포장사설도로인 경우 반지름 1km 이내의 도로 포장, 간이포장 또는 살수 시행 여부				
	4. 자동식 또는 수조식 세륜시설 설치 여부				
	5. 측면살수시설 설치 여부(살수높이: 수송차량의 바퀴부터 적재함 하단부까지, 살수길이: 수송차량 전체길이의 1.5배 이상, 살수압: 3kg/㎠ 이상)				
	6. 수송차량은 세륜 및 측면 살수 후 운행하는지 여부				
	7. 공사장 안의 통행차량은 20km/h 이하 운행 여부				
	8. 통행차량 운행기간 중 통행도로 1일 1회 이상 살수 여부				
이송	1. 야외 이송시설 밀폐화 여부				시행규칙 [별표 14]
	2. 이송시설의 낙하, 출입구 및 국소배기부위에 집진시설 설치 여부				
	3. 물뿌림 또는 그 밖의 제진(除塵)방법을 사용 여부 (기계적인 방법이 아닌 시설 사용할 경우)				

º **준수**: 대기환경보전법 시행규칙 별표 14의 억제시설 및 조치기준을 준수한 경우에 해당
º **일부준수**: 억제세설 및 조치기준을 이행하였으나, 저감효과가 미흡한 경우에 해당
º **미준수**: 억제세설 및 조치기준을 미준수한 경우에 해당

Type G. 건축물축조공사장, 토목공사장, 건축물해체공사장(별표 15 제외)

구분	점검사항	점검결과 준수	점검결과 일부준수	점검결과 미준수	대기환경보전법
발생 사업 신고	1. 비산먼지 발생사업신고 여부				시행규칙 제58조
	2. 비산먼지 발생신고 사항과 방지시설 설치 내용과의 일치 여부 (신고사항 준수 여부)				
	3. 비산먼지 발생 변경사항 변경신고 여부 확인 (세륜기 철거, 펜스 철거 시 변경신고 여부 확인, 공사종료시점도 해당)				
야적	1. 야적물질을 1일 이상 보관하는 경우 방진덮개 설치 여부				시행규칙 [별표 14]
	2. 부지경계선에 방진벽 설치 및 적정성 여부 (바닥에서부터 방진벽+방진망의 높이가 최고 저장높이의 1.25배 이상)				
	3. 살수시설 설치 여부 (고철야적장과 수용성물질 제외)				
	4. 야적물질을 최대한 밀폐된 시설에 저장 또는 보관 여부				시행규칙 [별표 15]
	5. 수송 및 작업차량 출입문 설치 여부				
	6. 보관 저장시설이 3면이 막히고 지붕이 있는 구조인지 여부				
싣기 및 내리기	1. 싣거나 내리는 장소 주위에 고정식 또는 이동식 물을 뿌리는 시설 설치. 운영 (살수반경 7m 이상, 수압 5kg/㎠ 이상)				시행규칙 [별표 15]
	2. 풍속이 평균 초속 8m 이상일 경우 작업 중지				시행규칙 [별표 14]
	3. 밀폐된 저장 또는 보관시설 내에서 분체상 물질을 싣고 내리는지 여부				시행규칙 [별표 15]
수송	1. 덮개가 장치된 차량으로 수송하는지 여부				시행규칙 [별표15]
	2. 비포장사설도로인 경우 반지름 1km 이내의 도로 포장, 간이포장 또는 살수 시행 여부				시행규칙 [별표 14]
	3. 측면살수시설 설치규격에 적합한지 여부 (높이: 차량 바퀴부터 적재함 하단부까지, 길이: 수송차량 전체길이의 1.5배 이상, 살수압: 3kg/㎠ 이상)				
	4. 수송차량은 세륜 및 측면 살수 후 운행하는지 여부				
	5. 공사장 안의 통행차량은 20km/h 이하 운행 여부				
	6. 통행차량 운행기간 중 통행도로 1일 1회 이상 살수 여부				
	8. 공사장 내 차량통행도로는 다른 공사에 우선하여 포장 여부				시행규칙 [별표 15]
	9. 출입구 환경전담요원 배치 여부				
	10. 자동물뿌림장치 등의 세륜시설 설치 여부				
이송	1. 야외 이송시설 밀폐화 여부				시행규칙 [별표 14]
	2. 이송시설의 낙하, 출입구 및 국소배기부위에 집진시설 설치 여부				
	3. 물뿌림 또는 그 밖의 제진(除塵)방법을 사용 여부(기계적인 방법이 아닌 시설 사용시)				
채광. 채취 (갱내작업 제외)	1. 살수시설 등을 설치하여 주위에 먼지 발생하지 않도록 조치				시행규칙 [별표 14]
	2. 발파시 발파공에 젖은 가마니 등을 덮거나 적정한 방지시설 설치 후 발파 실시 여부				
	3. 발파전후 발파지역에 살수 실시, 천공시 먼지 포집시설 설치 여부				
	4. 풍속이 평균 초속 8미터 이상인 경우 발파작업 중지 여부				
	5. 채광·채취가 이루어진 구역에 먼지가 흩날리지 않도록 조치하였는지 여부				
	6. 분체상 물질 등 비산 가능성이 있는 물질을 밀폐용기 보관, 방진덮개 덮기				
야외 절단	1. 고철 등의 절단작업은 옥내에서 실시 여부				시행규칙 [별표 14]
	2. 야외절단 시 간이 칸막이 등 설치 여부				
	3. 야외절단 시 이동식 집진시설을 설치 여부 (불가능한 경우 진공식 청소차량 등의 청소작업 실시 여부)				
	4. 풍속이 평균초속 8m 이상 작업 중지				

구분	점검사항	점검결과 준수	점검결과 일부준수	점검결과 미준수	대기환경보전법
야외 탈청	1. 탈청구조물의 길이가 15m 미만인 경우에는 옥내작업 실시 여부				시행규칙 [별표 14]
	2. 야외 작업 시 간이칸막이 등 설치 여부				
	3. 작업 후 남은 것이 다시 흩날리지 아니하도록 조치 여부				
	4. 풍속이 평균초속 8m 이상 작업 중지				
야외 연마	1. 야외 작업 시 이동식 집진시설을 설치·운영 (불가능한 경우 진공식 청소차량 등의 청소작업 실시 여부)				시행규칙 [별표 14]
	2. 부지 경계선으로부터 40m 이내에서 야외 작업 시 작업 부위의 높이 이상의 이동식 방진망 또는 방진막을 설치 여부				
	3. 작업 후 남은 것이 다시 흩날리지 아니하도록 조치 여부				
	4. 풍속이 평균초속 8m 이상 작업 중지				
그밖에 공정	1. 건축물축조공사장에서는 비산먼지가 발생되는 작업 부위 혹은 해당 층에 대하여 방진막 설치 (건물 내부공사의 경우 커튼 월 및 창호공사가 끝난 경우 제외)				시행규칙 [별표 14]
	2. 철골구조물의 내화피복작업시 먼지발생량이 적은 공법을 사용하여 비산먼지가 외부로 확산되지 아니하도록 방진막 등을 설치하였는지 여부				
	3. 콘크리트구조물의 내부 마감공사 시 거푸집 해체에 따른 조인트 부위 등 돌출면의 면고르기 연마작업시 방진막 등을 설치하였는지 여부				
	4. 공사 중 건물 내부 바닥은 항상 청결하게 유지관리하고 있는지 여부				
	5. 건축물축조공사장 및 토목공사장에서 철구조물의 분사방식에 의한 야외 도장 시 방진막 등을 설치하였는지 여부				
	6. 건축물해체공사장에서 건물해체작업을 할 경우 먼지가 공사장 밖으로 흩날리지 아니하도록 방진막 또는 방진벽, 살수시설을 설치하였는지 여부				

○ **준수:** 대기환경보전법 시행규칙 별표 14, 15의 억제시설 및 조치기준을 준수한 경우에 해당
○ **일부준수:** 억제세설 및 조치기준을 이행하였으나, 저감효과가 미흡한 경우에 해당
○ **미준수:** 억제세설 및 조치기준을 미준수한 경우에 해당

Type H. 시멘트·석탄·토사·사료·곡물·고철의 운송업

구분	점검사항	점검결과 준수	점검결과 일부준수	점검결과 미준수	대기환경보전법
발생 사업 신고	1. 비산먼지 발생사업신고 여부				시행규칙 제58조
	2. 비산먼지 발생신고 사항과 방지시설 설치 내용과의 일치 여부(준수사항 확인)				
	3. 비산먼지 발생 변경사항 변경신고 여부 확인 (세륜기 철거, 펜스 철거 시 변경신고 여부 확인, 공사종료시점도 해당)				
싣기 및 내리기	1. 싣거나 내리는 장소 주위에 고정식 또는 이동식 물을 뿌리는 시설 설치·운영 (살수반경 5m 이상, 수압 3kg/㎠ 이상)				시행규칙 [별표 14]
	2. 풍속이 평균 초속 8m 이상일 경우 작업 중지				
수송	1. 적재함을 밀폐할 수 있는 덮개를 설치하여 적재물이 외부에서 보이지 아니하고 흩림이 없도록 운행하는지 여부				시행규칙 [별표 14]
	2. 적재함 상단으로부터 5cm 이하까지 적재물을 수평으로 적재 여부				
	3. 수송차량은 세륜 및 측면 살수 후 운행하는지 여부				
	4. 공사장 안의 통행차량은 20km/h 이하 운행 여부				
	5. 광산 진입로의 임시 포장 여부(시멘트 제조업만 해당)				
이송	1. 야외 이송시설 밀폐화 여부				시행규칙 [별표 14]
	2. 이송시설의 낙하, 출입구 및 국소배기부위에 집진시설 설치 여부				
	3. 물뿌림 또는 그 밖의 제진(除塵)방법을 사용 여부 (기계적인 방법이 아닌 시설 사용할 경우)				

○ **준수:** 대기환경보전법 시행규칙 별표 14, 15의 억제시설 및 조치기준을 준수한 경우에 해당
○ **일부준수:** 억제세설 및 조치기준을 이행하였으나, 저감효과가 미흡한 경우에 해당
○ **미준수:** 억제세설 및 조치기준을 미준수한 경우에 해당

Type I. 강선건조업과 합성수지선건조업

구분	점검사항	점검결과			대기환경보전법
		준수	일부준수	미준수	
발생사업신고	1. 비산먼지 발생사업신고 여부				시행규칙 제58조
	2. 비산먼지 발생신고 사항과 방지시설 설치 내용과의 일치 여부(준수사항 확인)				
	3. 비산먼지 발생 변경사항 변경신고 여부 확인 (세륜기 철거, 펜스 철거 시 변경신고 여부 확인, 공사종료시점도 해당)				
야적	1. 야적물질을 1일 이상 보관하는 경우 방진덮개 설치 여부				시행규칙 [별표 14]
	2. 부지경계선에 방진벽 설치 및 적정성 여부 (바닥에서부터 방진벽+방진망의 높이가 최고 저장높이의 1.25배 이상)				
	3. 살수시설 설치 여부 (고철야적장과 수용성물질 제외)				
싣기 및 내리기	1. 싣거나 내리는 장소 주위에 고정식 또는 이동식 물을 뿌리는 시설 설치. 운영 (살수반경 5m 이상, 수압 3kg / ㎠ 이상)				시행규칙 [별표 14]
	2. 풍속이 평균 초속 8m 이상일 경우 작업 중지				
수송	1. 적재함을 밀폐할 수 있는 덮개를 설치하여 적재물이 외부에서 보이지 아니하고 흘림이 없도록 운행하는지 여부				시행규칙 [별표 14]
	2. 적재함 상단으로부터 5㎝ 이하까지 적재물을 수평으로 적재 여부				
	3. 도로가 비포장사설도로인 경우 반지름 1km 이내의 도로 포장, 간이포장 또는 살수 시행 여부				
	4. 자동식 또는 수조식 세륜시설 설치 여부				
	5. 측면살수시설 설치 여부(살수높이: 수송차량의 바퀴부터 적재함 하단부까지, 살수길이: 수송차량 전체길이의 1.5배 이상, 살수압: 3kg / ㎠ 이상)				
	6. 수송차량은 세륜 및 측면 살수 후 운행하는지 여부				
	7. 공사장 안의 통행차량은 20km/h 이하 운행 여부				
	8. 통행차량 운행기간 중 통행도로 1일 1회 이상 살수 여부				
이송	1. 야외 이송시설 밀폐화 여부				시행규칙 [별표 14]
	2. 이송시설의 낙하, 출입구 및 국소배기부위에 집진시설 설치 여부				
	3. 물뿌림 또는 그 밖의 제진(除塵)방법을 사용 여부(기계적인 방법이 아닌 시설 사용할 경우)				
야외절단	1. 고철 등의 절단작업은 옥내에서 실시 여부				시행규칙 [별표 14]
	2. 야외절단 시 간이 칸막이 등 설치 여부				
	3. 야외절단 시 이동식 집진시설을 설치 여부 (불가능한 경우 진공식 청소차량 등의 청소작업 실시 여부)				
	4. 풍속이 평균초속 10m 이상 작업 중지				
야외탈청	1. 탈청구조물의 길이가 15m 미만인 경우에는 옥내작업 실시 여부				시행규칙 [별표 14]
	2. 야외 작업 시 간이칸막이 등 설치 여부				
	3. 작업 후 남은 것이 다시 흩날리지 아니하도록 조치 여부				
	4. 풍속이 평균초속 10m 이상 작업 중지				
야외연마	1. 야외 작업 시 이동식 집진시설을 설치.운영 (불가능한 경우 진공식 청소차량 등의 청소작업 실시 여부)				시행규칙 [별표 14]
	2. 부지 경계선으로부터 40m 이내에서 야외 작업 시 작업 부위의 높이 이상의 이동식 방진망 또는 방진막을 설치 여부				
	3. 작업 후 남은 것이 다시 흩날리지 아니하도록 조치 여부				
	4. 풍속이 평균초속 10m 이상 작업 중지				
야외도장	1. 소형구조물(길이 10m 이하에 한한다)의 도장작업을 옥내에서 실시하는지 여부				시행규칙 [별표 14]
	2. 부지경계선으로부터 40m 이내에서 도장작업을 할 시 최고높이의 1.25배 이상의 방진망 (개구율 40% 상당)을 설치하였는지 여부				
	3. 풍속이 평균초속 8m 이상 작업 중지 (도장작업위치가 높이 5m 이상, 풍속이 평균초속 5m 이상일 경우도 작업중지)				
	4. 연간 2만톤 이상의 선박건조조선소는 도료사용량의 최소화, 유기용제의 사용억제 등 비산먼지 저감방안을 수립한 후 작업하는지 여부				

° **준수**: 대기환경보전법 시행규칙 별표 14, 15의 억제시설 및 조치기준을 준수한 경우에 해당
° **일부준수**: 억제세설 및 조치기준을 이행하였으나, 저감효과가 미흡한 경우에 해당
° **미준수**: 억제세설 및 조치기준을 미준수한 경우에 해당

Type J 곡물하역업, 목재수송*

구분	점검사항	점검결과 준수	점검결과 일부준수	점검결과 미준수	대기환경보전법
발생사업신고	1. 비산먼지 발생사업신고 여부				시행규칙 제58조
	2. 비산먼지 발생신고 사항과 방지시설 설치 내용과의 일치 여부(준수사항 확인)				
	3. 비산먼지 발생 변경사항 변경신고 여부 확인 (세륜기 철거, 펜스 철거 시 변경신고 여부 확인, 공사종료시점도 해당)				
야적	1. 야적물질을 1일 이상 보관하는 경우 방진덮개 설치 여부				시행규칙 [별표 14]
	2. 부지경계선에 방진벽 설치 및 적정성 여부 (바닥에서부터 방진벽+방진망의 높이가 최고 저장높이의 1.25배 이상)				
	3. 살수시설 설치 여부 (고철야적장과 수용성물질 제외)				
싣기 및 내리기	1. 싣거나 내리는 장소 주위에 고정식 또는 이동식 물을 뿌리는 시설 설치. 운영 (살수반경 5m 이상, 수압 3kg/㎠ 이상) (곡물작업장의 경우 제외)				시행규칙 [별표 14]
	2. 풍속이 평균 초속 8m 이상일 경우 작업 중지				
수송	1. 적재함을 밀폐할 수 있는 덮개를 설치하여 적재물이 외부에서 보이지 아니하고 흘림이 없도록 운행하는지 여부				시행규칙 [별표 14]
	2. 적재함 상단으로부터 5㎝ 이하까지 적재물을 수평으로 적재 여부				
	3. 도로가 비포장사설도로인 경우 반지름 1km 이내의 도로 포장, 간이포장 또는 살수 시행 여부				
	4. 자동식 또는 수조식 세륜시설 설치 여부				
	5. 측면살수시설 설치 여부(살수높이: 수송차량의 바퀴부터 적재함 하단부까지, 살수길이: 수송차량 전체길이의 1.5배 이상, 살수압: 3kg/㎠ 이상)				
	6. 수송차량은 세륜 및 측면 살수 후 운행하는지 여부				
	7. 공사장 안의 통행차량은 20km/h 이하 운행 여부				*목재수송은 7,8만 해당
	8. 통행차량 운행기간 중 통행도로 1일 1회 이상 살수 여부				
이송	1. 야외 이송시설 밀폐화 여부				시행규칙 [별표 14]
	2. 이송시설의 낙하, 출입구 및 국소배기부위에 집진시설 설치 여부				
	3. 물뿌림 또는 그 밖의 제진(除塵)방법을 사용 여부 (기계적인 방법이 아닌 시설 사용할 경우)				

° **준수**: 대기환경보전법 시행규칙 별표 14, 15의 억제시설 및 조치기준을 준수한 경우에 해당
° **일부준수**: 억제세설 및 조치기준을 이행하였으나, 저감효과가 미흡한 경우에 해당
° **미준수**: 억제세설 및 조치기준을 미준수한 경우에 해당

Type k 운송장비제조업, 금속제품제조가공업

구분	점검사항	점검결과			대기환경보전법
		준수	일부준수	미준수	
발생 사업 신고	1. 비산먼지 발생사업신고 여부 2. 비산먼지 발생신고 사항과 방지시설 설치 내용과의 일치 여부(준수사항 확인) 3. 비산먼지 발생 변경사항 변경신고 여부 확인 　(세륜기 철거, 펜스 철거 시 변경신고 여부 확인, 공사종료시점도 해당)				시행규칙 제58조
야적	1. 야적물질을 1일 이상 보관하는 경우 방진덮개 설치 여부 2. 부지경계선에 방진벽 설치 및 적정성 여부 　(바닥에서부터 방진벽+방진망의 높이가 최고 저장높이의 1.25배 이상) 3. 살수시설 설치 여부 (고철야적장과 수용성물질 제외)				시행규칙 [별표 14]
싣기 및 내리기	1. 싣거나 내리는 장소 주위에 고정식 또는 이동식 물을 뿌리는 시설 설치. 운영 　(살수반경 5m 이상, 수압 3kg/㎠ 이상) 2. 풍속이 평균 초속 8m 이상일 경우 작업 중지				시행규칙 [별표 14]
수송	1. 적재함을 밀폐할 수 있는 덮개를 설치하여 적재물이 외부에서 　보이지 아니하고 흘림이 없도록 운행하는지 여부 2. 적재함 상단으로부터 5cm 이하까지 적재물을 수평으로 적재 여부 3. 도로가 비포장사설도로인 경우 반지름 1km 이내의 도로 포장, 　간이포장 또는 살수 시행 여부 4. 자동식 또는 수조식 세륜시설 설치 여부 5. 측면살수시설 설치 여부(살수높이: 수송차량의 바퀴부터 적재함 하단부까지, 살수길이: 　수송차량 전체길이의 1.5배 이상, 살수압: 3kg/㎠ 이상) 6. 수송차량은 세륜 및 측면 살수 후 운행하는지 여부 7. 공사장 안의 통행차량은 20km/h 이하 운행 여부 8. 통행차량 운행기간 중 통행도로 1일 1회 이상 살수 여부				시행규칙 [별표 14]
이송	1. 야외 이송시설 밀폐화 여부 2. 이송시설의 낙하, 출입구 및 국소배기부위에 집진시설 설치 여부 3. 물뿌림 또는 그 밖의 제진(除塵)방법을 사용 여부 　(기계적인 방법이 아닌 시설 사용할 경우)				시행규칙 [별표 14]
야외 절단	1. 고철 등의 절단작업은 옥내에서 실시 여부 2. 야외절단 시 간이 칸막이 등 설치 여부 3. 야외절단 시 이동식 집진시설을 설치 여부 　(불가능한 경우 진공식 청소차량 등의 청소작업 실시 여부) 4. 풍속이 평균초속 8m 이상 작업 중지				시행규칙 [별표 14]
야외 탈청	1. 탈청구조물의 길이가 15m 미만인 경우에는 옥내작업 실시 여부 2. 야외 작업 시 간이칸막이 등 설치 여부 3. 작업 후 남은 것이 다시 흩날리지 아니하도록 조치 여부 4. 풍속이 평균초속 8m 이상 작업 중지				시행규칙 [별표 14]
야외 연마	1. 야외 작업 시 이동식 집진시설을 설치.운영 　(불가능한 경우 진공식 청소차량 등의 청소작업 실시 여부) 2. 부지 경계선으로부터 40m 이내에서 야외 작업 시 작업 부위의 높이 이상의 이동식 방진망 　또는 방진막을 설치 여부 3. 작업 후 남은 것이 다시 흩날리지 아니하도록 조치 여부 4. 풍속이 평균초속 8m 이상 작업 중지				시행규칙 [별표 14]
야외 도장 (운송장비 제조업만)	1. 소형구조물(길이 10m 이하에 한한다)의 도장작업을 옥내에서 실시하는지 여부 2. 부지경계선으로부터 40m 이내에서 도장작업을 할 시 최고높이의 1.25배 이상의 방진망 　(개구율 40% 상당)을 설치하였는지 여부 3. 풍속이 평균초속 8m 이상 작업 중지 　(도장작업위치가 높이 5m 이상, 풍속이 평균초속 5m 이상일 경우도 작업중지) 4. 연간 2만톤 이상의 선박건조조선소는 도료사용량의 최소화, 유기용제의 사용억제 등 비산 　먼지 저감방안을 수립한 후 작업하는지 여부				시행규칙 [별표 14]

○ **준수**: 대기환경보전법 시행규칙 별표 14, 15의 억제시설 및 조치기준을 준수한 경우에 해당
○ **일부준수**: 억제세설 및 조치기준을 이행하였으나, 저감효과가 미흡한 경우에 해당
○ **미준수**: 억제세설 및 조치기준을 미준수한 경우에 해당

3 관리·감독자용 (지도점검) 체크리스트

○ **비산먼지 발생 사업장 점검 현황**

비산먼지 발생 사업장 합동점검시 주로 시·군·구는 건설업, 환경부 환경청 환경감시단은 건설업 이외에 비산먼지를 발생시키는 제조업 위주로 이원화하여 지도·점검을 실시한다.

구분	점검주체	점검대상
비산먼지 발생 사업장 점검	시·군·구	건설업
	환경부 환경청 환경감시단	건설업 이외 제조업

○ **비산먼지 관리·감독 절차 및 방법**

단계	점검방법
사전준비	• 비산먼지발생사업과 관련한 신고(변경신고) 및 비산먼지발생 • 억제시설 설치 및 조치에 관한 사항을 숙지 • 비산먼지발생사업 지도. 점검, 확인서 및 대상시설 비산먼지 • 발생신고서 지도. 점검 관련자료 사전준비 • 수압측정기, 차량속도측정기, 풍속계 등 측정장비 사전준비 • 단속에 따른 법규의 정확한 이해 • 필요시 업무분담
⇩	
사업장 방문	• 사업장 출입시 사업자에게 단속자의 신분증 제시, 점검목적, 점검사항 등을 밝히는 단속실명제 이행 • 지도. 점검 전에 "단속. 점검 방문일지"를 교부받아 지도. 점검 목적, 점검내용 및 지도. 점검자의 소속. 성명을 기재·서명 후 지도. 점검 실시 • 비산먼지발생사업과 관련하여 신고, 지도. 점검 사항 및 이의제기절차, 공직자비리신고센터 등을 안내하고 안내문 배포
⇩	
사업장 현장점검	• 지도. 점검은 사업장 관계자 입회하에 지도.점검표에 의한 점검
⇩	
결과 통보	• 조치기준 통보 (**필요시**)

출처: 서울시 기후대기과, 2014.05, (비산먼지 교육자료) 공사장 비산먼지 점검요령 참고

○ **비산먼지 관리·감독 점검표**
- 현장 지도·점검시 **환경부 훈령 '환경오염물질 배출시설 등에 관한 통합지도·점검 규정' 별지 제2호 서식(3)**을 활용하고 있으나, 보다 정밀한 지도 점검이 필요한 사업장에 대해서는 사업자용 자체 체크리스트(부록 5.A~5.K)를 참고하여 점검한다.

☞ 별지 제2호서식(3)

비산먼지 발생 사업장 지도·점검표

I. 사업(장) 현황

신고(변경) 번호		신고(변경신고) 년 월 일		신고(변경신고) 기 관	
사업(장)명			소 재 지		
대 표 자 (신 고 자)			사업자등록번호		
대상사업		배출공정		설치시기 (공사기간)	
비산먼지 발생사업	대 상 사 업			규 모	

II. 점검사항 및 결과

점 검 사 항	주요확인사항	점 검 결 과
° 비산먼지 발생신고 사항	° 비산먼지 발생사업신고 이행여부 ° 신고사항과 설치시설의 일치여부	
° 비산먼지 발생억제시설에 관한 기준	° 비산먼지 발생억제시설에 관한 기준에 적합한 시설설치 여부 ° 시설의 임의철거등 변경 여부 ° 시설의 정상운영 여부	
° 사업(장) 주변 환경관리	° 방치된 토사로 인한 흙먼지 방치여부 ° 토사운반차량의 과적 및 세륜세차실시 확인여부 ° 도로 굴착공사시의 토사방치 여부 ° 주변도로 등 청소실시 여부	
° 지시사항 및 행정처분	° 각종 지시사항 및 행정처분 이행상태	
III. 특기사항		
IV. 점검자 의견		
V. 첨 부		

년 월 일

점검자 : 소속　　　　　직급　　　　성명　　　㊞
점검표 사본 수령자 : 직책　　　　성명　　　㊞

Ⅶ 부록

1. Q&A
2. 용어해설
3. 비산먼지 신고대상 여부 확인이 필요한 한국표준산업분류(9차)
4. 참고문헌

Ⅶ. 부록 1. Q&A

1. 비산먼지 발생사업 신고 및 변경신고

□ 민원요지
○ 건설현장이며 공사를 진행하는 구간은 강서구와 부천시에 걸쳐 있으며, 현장사무실은 부천시에 위치함
○ 사무실 소재지가 아닌 공사를 진행하는 구간의 관할 지자체에 신고를 하고 당 현장과 같이 2개의 관할 지역에 걸쳐 있을 경우 공사구간이 많이 차지하는 지역의 지자체에 신고를 해야 하는 것으로 알고 있음
- 현재는 현장사무실 소재지의 관할 지자체에 신고를 해야 하는 것으로 개정이 되었다고 하는데 현장사무실이 위치한 부천시에 비산먼지 발생사업 신고 및 특정공사 사전신고를 하면 적합한 것인지?
- 공사구간이 걸쳐 있는 강서구에는 신고를 하지 않아도 되는지?

□ 답변
○ 비산먼지 발생사업 및 특정공사 사전신고는 현장사무실 소재지 관할지자체가 아닌 공사지역을 관할하는 지자체에 신고를 하여야 하고 공사지역이 둘 이상의 특별자치시·특별자치도·시·군·구에 걸쳐 있는 경우에는 공사지역의 면적 또는 길이가 가장 많이 포함되는 지역을 관할하는 지자체에 신고를 해야 합니다.

□ 민원요지
○ 건설(철거, 토목, 건축)공사 중 어떤 공사가 특정공사 및 비산먼지 저감시설 공사에 해당되는지요?
○ 건설(철거, 건축, 토목)공사 중 특정공사 및 비산먼지 저감시설 신고 내용을 무시하고 공사를 진행하면 어떻게 되는지요?
○ 건설(철거, 토목, 건축)공사 중 어떤 공사가 비산먼지 저감시설 및 특정공사 신고를 해야 되는지요?

□ 답변
○ 비산먼지 사전신고 대상 건설업의 기준은 대기환경보전법 시행규칙 [별표 13]에 해당하는 사업장(건축물 축조공사의 연면적 1,000제곱미터 이상 공사, 토목공사의 총연장이 200미터 이상인 공사 등)을 의미하며,
○ 동법 시행규칙 [별표 14]의 기준에 따라 배출공정별 시설관리기준을 이행해야 하고, 이를 위반 시에는 대기환경보전법 제92조에 따라 벌칙에 처하게 되며,
○ 특정공사 사전신고 대상 공사장은 소음진동관리법 시행규칙 제21조에 따라 같은법 시행규칙 [별표 9]의 기계·장비(브레이커 등 11종)를 5일 이상 사용하는 공사로서 아래에 해당하는 공사를 의미합니다.
① 연면적이 1천제곱미터 이상인 건축물의 건축공사 및 연면적이 3천 제곱미터 이상인 건축물의 해체공사
② 구조물의 용적 합계가 1천세제곱미터 이상 또는 면적 합계가 1천 제곱미터 이상인 토목건설공사
③ 면적 합계가 1천제곱미터 이상인 토공사(土工事)·정지공사(整地工事)
④ 총연장이 200미터 이상 또는 굴착 토사량의 합계가 200세제곱미터 이상인 굴정공사
⑤ 소음진동관리법 시행령 제2조제2항에 따른 지역에서 시행되는 공사
 - 소음진동관리법 제22조에 따라 관할 지자체에 특정공사 사전신고를 하지 않고 공사를 하였을 경우 동법 제60조에 따라 과태료 처분대상입니다

☐ 민원요지
○ 아스콘포장 절삭 및 포장복구만 이루어지는 단순공종으로서 비산먼지 발생 및 특정공사 사전신고 대상이 되는지요? 신고 대상이 되면 신고를 별도로 3군데(지방자치 단체)에 각각 해야 하나요? 아니면 법규에 명기되어 있는 것처럼 가장 면적이 넓은 지역 한 군데만 신고해도 되는지?
○ 2공구인 경우 공사구간이 외동이란 지역과 강동이란 지역으로 나눠져 있는데 따로 신고를 해야 되는지요?

☐ 답변
○ 대기환경보전법 시행규칙 제58조 제3항에 따라 비산먼지발생사업 신고를 할 때 공사지역이 둘 이상의 시군구에 걸쳐있는 건설공사이면 공사면적 또는 길이가 가장 많이 포함되는 지역을 관할하는 시장군수구청장에게 신고하도록 규정하고 있으므로 가장 면적이 넓은 영덕관내에 신고하여야 합니다.

☐ 민원요지
○ 임시야적을 위해 협력업체에서 사업구간 외 임대한 야적장에 대하여 비산먼지발생신고를 원도급업체에서 해야 하는지 하도급업체 명의로 야적장을 임대하였기 때문에 하도급업체에서 신고해야 하는지 문의드립니다(야적장은 하도급업체에서 먼저 다른 공사건으로 비산먼지발생신고 및 허가를 받았으나 현재 공사기간 중 비산먼지 발생신고기간이 만료된 상태입니다).
○ 비산먼지발생신고기간이 만료된 현 상태에서 야적장 야적물로 인한 대기환경보전법 위반으로 과태료 및 벌금 부과 시 원도급업체도 해당되는지 문의 드립니다.(하도급업체에 비산먼지발생신고 독촉을 하고 있으나 하도급업체에서 비산먼지발생신고를 이행하고 있지 않는 상태입니다)

☐ 답변
○ 귀 사업장은 원도급업체로서 비산먼지 발생사업 신고를 하였고 동 신고내용에는 야적장 관련한 사항도 포함되어 있습니다.
○ 따라서, 하도급업체의 야적장 비산먼지발생 신고기간이 만료되어 관련법을 위반한 경우에는 동 사업 전체에 대해 비산먼지 발생사업 신고를 한 원도급업체가 책임을 지게 됩니다.(대기환경보전법 시행규칙 제58조 제1항)

☐ 민원요지
○ 저희 사업장이 이번에 대표이사가 변경되어 이전에 교부 받았던 "비산먼지 발생사업 신고필증"상에 대표자 성명을 의무적으로 변경해야 하는지 여부가 궁금하여 질의 드립니다.(법인명이나 법인 등록번호는 변경사항이 없으며 대표자 이름만 변경된 사항입니다)

☐ 답변
○ 귀하가 질의하신 사항의 경우 비산먼지 발생사업 신고필증 상 대표이사로만 등재되었다면 대표이사 변경시 성명을 변경신고 할 필요가 없지만, 대표이사와 대표자 성명을 함께 신고하였다면 대표자 성명만 변경된 사항이라도 변경신고를 하여야 합니다.

□ **민원요지**
○ 비산먼지 변경신고 주체와 관련해서 문의 드립니다. A사업장과 B사업장이 비산먼지 신고 규모이상 사업장으로 야적과 싣기 및 내리기의 배출공정(수송과정 없음)으로 신고 후 공사 중, A사업장이 부지조성을 위해 토사가 필요하여 운송업체와 계약 후 B사업장에서 발생하는 토사를 A사업장으로 수송할 경우 신고주체가 누가 되어야 하는지요?
- 가령 A사업장에서 토사가 필요하여 A사업장만 변경신고(배출공정 추가)를 하고 B사업장 내부나 연접하여 비산먼지 억제시설(세륜시설)을 설치한 후 영업이 가능한지요?
- 아니면 A사업장 및 B사업장 모두 부지 내에서 차량의 출입행위가 발생하므로 둘다 변경신고를 하고 각 사업장의 책임하에 비산먼지 억제시설(세륜시설)을 설치하여야 하는지요?
- 또한 A사업장과 계약한 운송업체에서도 수송에 따른 비산먼지 발생사업 신고를 하고 영업이 가능한지? 이 경우 A와 B사업장은 변경신고 없이 운송업체가 각 사업장에 세륜시설을 설치하여 운영이 가능한지요?

□ **답변**
○ A사업장과 B사업장이 별개의 사업장으로 각각의 부지 내에서 차량의 출입행위가 발생한다면 두 사업장 모두 변경신고를 하고 각 사업장의 책임 하에 비산먼지 억제시설(세륜시설)을 설치하고 기준을 준수하여야 합니다.
○ 비산먼지 변경신고의 주체는 비산먼지 발생 사업을 하려는 자로 운송업자는 이에 해당되지 않습니다.

□ **민원요지**
○ 비산먼지신고대상에 해당이 되는지요? 신고대상이 되면 [별표 13]의 어느 항에 해당이 되는지요?
- 지역: 일반공업지역, 일반산업단지
- 건축허가: 건축구분 신축 (공장신축입니다)- 건축과 -신축허가
- 건물용도: 공장
- 공사종별: 신축
- 구조: 철골조
- 대지면적: 3,322㎡
- 건축면적: 735㎡
- 연면적 합계: 995.68㎡ (1,000㎡이 안돼요)
- 동명칭 및 번호: 주건축물 제1동
- 건축물 축조행위를 하기위해서 일부 터파기와 대지형태에 따라 일부 흙을 메우는 작업이 있습니다.

□ **답변**
○ 건축물축조공사에서는 연면적이 1,000제곱미터 이상인 공사의 경우 비산먼지 발생사업 신고를 하도록 규정되어 있습니다.(대기환경보전법 시행규칙 제57조 별표 13)
○ 귀 사업장의 경우 건축면적인 735㎡은 상기 조항에 해당되지 않아 비산먼지발생사업 신고대상에 해당되지 않지만, 간혹 건축물 축조공사를 위한 일부 터파기 및 일부 흙을 메우는 행위가 토공사 및 정지공사(공사면적의 합계가 1,000㎡ 이상인 공사)에 해당될 수 있으니 관할 행정기관에 문의하시기 바랍니다.

□ **민원요지**
○ 대기환경보전법 시행규칙 제58조(비산먼지발생사업의신고 등) 제1항의 "비산먼지 발생사업을 하려는 자는 비산먼지발생사업 신고서를 사업 시행 전(건설공사의 경우에는 착공전)에 시장, 군수, 구청장에게 제출하여야 하며" 중에서 '사업 시행 전(건설공사의 경우에는 착공 전)'이라는 문구에 해석상 이견이 있어 질의 드립니다.
- 건설사업의 경우, 비산먼지발생신고 시점을 건설현장에서 실제 비산먼지가 발생될 수 있는 해당공사를 시행하기 전에 하면 되는지?
- 아니면, 실제 비산먼지가 발생되는 해당공사의 시기와 관계없이 건축법 제14조(착공신고 등)에 의한 착공신고서 제출시 비산먼지신고서를 첨부하여 허가권자에게 제출하여야 하는지 여부?

□ **답변**
○ 비산먼지를 발생시키는 사업을 하려는 자는 비산먼지 발생사업 신고서를 사업 시행 전(건설공사의 경우에는 착공 전)에 특별자치도지사·시장·군수·구청장에게 제출하여야 합니다.(대기환경보전법 시행규칙 제58조 제1항)

□ **민원요지**
○ 당사는 기타산업용 유리제품제조업으로 원료 등을 포장한 상태로 이송, 싣기, 내리기 등의 작업을 실시하고 폐유리도 옥내 암롤박스에 보관하고 있어 야적 등으로 인한 비산먼지는 배출되지 않고 있습니다만, 이러한 경우에도 환경보전법 시행령 44조의 비산먼지 발생 사업(시행규칙 별표 13)에 해당하는 업종에 해당되는 경우 무조건 비산먼지 발생사업 신고를 득해야 하는지요?

□ **답변**
○ 대기환경보전법 시행규칙 [별표 13]에 따라 유리 및 유리제품제조업은 비산먼지 발생사업에 해당되어 동법 제43조 제1항에 따라 관할 행정기관에 신고하여야 합니다. 다만, 원료를 포장한 상태로 야적, 이송하는 등 비산먼지 발생우려가 없다면 관련 내용을 비산먼지 발생 억제조치로 인정받아 동법 시행규칙 [별표 14]에 따른 조치기준 중 해당되는 사항을 제외할 수 있을 것입니다.

□ **민원요지**
○ 당사는 좁쌀 정도의 규격을 가진 제올라이트 90킬로(90%), 식물액추출물 2킬로(2%), 미생물배양액 5킬로(5%), 식물추출물 오일 2킬로(2%), 물 1킬로(1%)을 섞어 친환경배양액(친환경비료)를 생산하고자 하는 업체로 비료제품제조업으로 등록을 하고자 합니다.(일일 제품생산량은 100킬로그램 정도임)
- 질의) 위 사업내용으로 보아 비산먼지발생대상 사업장 중 화학비료제품제조업체로 볼 수 있는지의 여부?

□ **답변**
○ 비료제품제조업의 경우 대기환경보전법 제57조 [별표 13] 화학비료 제조업에 해당되어 비산먼지 발생사업 신고를 하여야 합니다.

□ **민원요지**
○ 국가기관과 계약체결한 0000 산업단지 조성공사와 관련하여 비산먼지 발생사업장 신고와 특정공사 사전신고와 관련하여 아래와 같이 의문사항이 있어 질의하오니 바쁘시더라도 답변 부탁드립니다.
- 질의1) 문화재 조사와 관련한 시굴 및 발굴 조사시 굴착토량이 1,000㎥를 초과하거나 시굴 및 발굴 조사 면적이 1,000㎡ 초과할 경우 비산먼지 발생사업 신고를 하여야 되는지와 상기 문화재 조사와 관련한 시굴 및 발굴 조사에 사용되는 굴삭기 등의 특정장비 사용시 특정공사 사전신고를 하여야 되는지에 대하여 질의 합니다.
- 질의2) 저희 현장과 같은 산업단지 조성공사의 경우 공사구역 내 도시계획도로 신설 및 이설 지연으로 불가피하게 사용 중인 도로가 있을 경우 공사구역 내 사용 중인 도로를 횡단하여 운반차량의 통과시 세륜시설 설치에 관하여 질의 합니다.
· 갑설) 전체 사업장내 신설 또는 이설도로 설치지연에 따라 임시로 사용 중인 도로이며, 지목상 산업단지로 분류되어 있으므로 횡단구간에 세륜기를 추가로 설치하여 관리하는 것은 공사내용과 맞지 않으므로 철거전인 기존도로 횡단구간 발생시 해당구간에 대하여 작업시 고압살수 등으로 비산먼지를 저감토록 관리 하는 것이 적절한 방법이다.
· 을설) 전체 사업장에 포함된 도로이고 향후 철거예정인 도로라도 현재 사용 중인 도로라면 횡단부에 세륜기를 설치하여 공사를 수행하여야 되므로 기존도로 횡단구간 발생시 설계변경을 해서라도 세륜기를 추가로 설치하여 공사를 수행하여야 된다.

□ **답변**
○ 비산먼지를 발생시키는 사업을 하려는 자는 특별자치도지사·시장·군수·구청장에게 신고하고 비산먼지의 발생을 억제하기 위한 시설을 설치하거나 필요한 조치를 하여야 합니다.(대기환경보전법 제43조 제1항)
○ 귀 사업장은 대기환경보전법 시행규칙 제57조 별표13 5.건설업 나. 토목공사에 해당되어 비산먼지 발생 사업 신고를 하여야 합니다. 또한, 소음·진동관리법 제21조 및 시행규칙 제20조에 따라, 산업단지(산업단지 중 주거지역과 상업지역은 제외)에서 발생하는 소음은 생활소음 규제대상에서 제외되므로, 특정공사 사전신고에도 제외됨을 알려드립니다.
○ 귀 사업장 산업단지 조성공사의 경우 공사구역 내 도시계획도로 신설 및 이설 지연으로 불가피하게 사업장 내에서 사용 중인 도로가 있을 경우, 그런 상황이 임시적인 상태라면 추가적인 세륜기 설치 없이 고압살수 등의 방법으로 관리하는 것이 가능하다고 사료되지만, 현장 확인 등이 필요한 사안으로 구체적인 판단에 대해서는 관할 지자체에 문의하시기 바랍니다.

□ **민원요지**
○ 대기환경보전법 제43조(비산먼지의 규정)등에 대하여 궁금한 사항에 대하여 질의 드리니 답변하여 주시기 바랍니다.
 - 문제 상황 : 시흥시 과림동 지역에 2010년 3월 31일부로 광명시흥 보금자리 주택 예정지구로 발표가 됨으로 이 지역에서 골재채취 및 선별업을 하고 있는 A사가 1994년 4월 1일부터 현재까지 영업을 하고 있으며, A사는 보금자리 택지개발지구 내 모든 인·허가행위 제한으로 시에 비산먼지 기간연장 신고 등 관련법에 의한 허가 등 하지 못한 상태로 영업을 지속한 바 있습니다.
 - 질의내용 : 이러한 경우에도 대기환경보전법 제43조 동법시행령 제44조, 동법시행규칙 제59조에 의거 비산먼지발생사업 신고를 못하고 골재채취업을 지속 실행한 부분에 대하여 미신고로 보아 행정처분을 받아야 되는지?

□ **답변**
○ 비산먼지를 발생시키는 사업을 하려는 자는 특별자치도지사·시장·군수·구청장에게 신고하고 비산먼지의 발생을 억제하기 위한 시설을 설치하거나 필요한 조치를 하여야 합니다.(대기환경보전법 제43조 제1항)
○ 귀 사업장의 골재채취업에 대해 신고를 하는 것은 비산먼지를 발생하는 사업장에 대하여 비산먼지의 발생을 억제하는 등 적절하게 관리하여 국민의 건강을 보호하기 위한 것으로 보금자리 택지개발지구 내 모든 인·허가행위가 제한되는 것과는 전혀 다른 별개의 의무행위입니다.
○ 따라서 비산먼지 발생사업 신고를 득하지 아니하고 골재채취업을 지속 실행한 부분에 대하여는 행정처분이 부과될 수 있으니 관할 행정기관에 문의하시기 바랍니다.

□ **민원요지**
○ 택지조성공사를 시행하면서 건축물해체 철거공사와 이로 인해 발생되는 건설폐기물을 처리하기 위하여 수집 운반하는 공종이 각각 다른 업체에게 발주되어 있는 경우로서 건축물해체철거 사업자는 비산먼지발생 사업신고를 필하였으나, 건설폐기물을 수집운반하는 사업자는 비산먼지발생 신고를 하지 않은 경우 해당 공사장에서 건설폐기물을 수집 운반하는 사업자는 비산먼지발생신고를 하지 않아도 되는지 여부를 알려주시기 바랍니다.
○ 또한 대기환경보전법 시행규칙 제57조 관련 [별표 13]의 비산먼지 발생사업 중 2.비금속 물질의 채취·제조·가공업 항목 중 '아. 건설폐기물 처리업'은 중간처리사업장에만 해당하는 것인지 아니면 공사장에서 발생하는 건설폐기물을 수집운반하는 경우에도 해당하는 것인지의 여부를 알려 주시기 바랍니다.

□ **답변**
○ 비산먼지를 발생시키는 사업을 하려는 자는 특별자치도지사·시장·군수·구청장에게 신고하고 비산먼지의 발생을 억제하기 위한 시설을 설치하거나 필요한 조치를 하여야 합니다.(대기환경보전법 제43조 제1항)
○ 건설폐기물을 수집·운반하는 사업자는 대기환경보전법 시행규칙 제57조 관련 [별표 13]의 비산먼지 발생사업 중 2.비금속 물질의 채취·제조·가공업 항목 중 '아. 건설폐기물처리업'에 해당되지 않으므로 신고의무가 없는 것으로 판단됩니다.

□ 민원요지
○ 자전거도로 개설공사에 A업체와 B업체가 군청에서 분리 발주를 받았습니다. A업체는 전체도로 기반공사 (6km) 및 경계석 설치를 하고 B업체는 일부구간(A업체와 겹침) 미사토와 황토를 혼합하여 일부구간 (2km) 포장을 합니다. A업체는 비산먼지발생사업 신고를 하였으나, B업체는 비산먼지발생사업을 신고하지 않았습니다.
- 질의1) B업체는 미사토와 황토를 혼합한 후 다짐하여 도로포장을 하는데 비산먼지발생사업장에 해당하는지 여부? 해당하면 [별표 13]에 어느 공정에 해당하는지 알려주세요.
- 질의2) A, B업체는 공사구간이 겹쳤으나 발주를 따로 받은 원도급업체에 해당하는데 각각 신고를 해야 하는지 여부?

□ 답변
○ 1) 도로포장공사의 경우 대기환경보전법 시행규칙 [별표 13]의 건설업 중 토목공사에 해당되므로 규모이상의 공사는 비산먼지 발생사업에 해당됩니다.
○ 2) 동일 공사구간에 대하여 A, B업체가 대기환경보전법 시행규칙 [별표 13]에 의한 비산먼지 발생사업에 해당하는 공사를 각각 시행하는 경우 각각 신고하여야 할 것입니다.

□ 민원요지
□ 사업장 현황
○ 사업장면적 : 990㎡
○ 발생사업 및 대상사업 : 운송장비제조업, 합성수지선건조업
○ 배출공정 : 야외절단, 야외탈청, 야외연마, 야외도장
○ 용도지역 : 자연녹지지역, 도시자연공원구역
○ 상기 사업장 소재지는 도시 인근 유인도에 위치하고 있으며 해당부지의 토지 용도는 도시자연공원구역, 자연녹지지역으로 비산먼지 발생사업(신고번호 제1994가-61호, 1994. 3. 3.)신고를 득하고 운영 중에 있으나, 현재 공원구역 내 무단 토지 형질 변경, 공유수면 무단점용, 국유지 무단 사용 등 관련 법규를 위반하여 도시공원 및 녹지에 관한 법률, 공유수면 관리 및 매립에 관한 법률 등에 의거 원상회복명령 및 고발조치를 하였으나 현재까지 사업장을 운영하고 있습니다.
○ 질의 사항
1. 위와 같이 타법에 저촉될 경우 비산먼지 발생사업 신고 취소 가능 여부?
2. 상기 사업장에서 비산먼지 발생사업 대표자가 변경되어 비산먼지 발생사업 대표자 변경신고 접수시 변경신고 수리를 거부 할 수 있는 관련 법규 여부 및 변경신고 불가통보 가능 여부 ?

□ 답변
○ 대기환경보전법에는 비산먼지 발생사업 신고 취소 및 변경신고 수리 거부 등에 대해 규정하고 있지 않습니다. 다만, 다른 법을 준수하지 않아 비산먼지 발생사업 시행이 위법이라면, 해당 사업장의 비산먼지 발생사업 변경신고 수리를 거부할 수 있을 것입니다.

□ **민원요지**
○ 당사는 조경공사를 하고 있으며, 기 단지공사(토목)의 현장에 설치중인 세륜기 등을 "사용동의서" 등을 작성 후 관련 지자체에 신고를 하여 필증교부 받았습니다. 아울러, 당사는 세륜기 사용이 거의 없어(작업시작 전 장비 진입, 약 4~5개월 6~7대/년 중, 사용동의서외 각사간 "확약서" 등을 작성하였는데, 주요내용은 아래와 같습니다.
1. 세륜장의 관리는 토목업체에서 한다.
2. 사용자( )사는 세륜장 인원을 추가배치하고, 이동식살수기 2대, 환경간판 등 부담한다.
3. 폐슬러지(건설오니), 폐유 유출 등의 사항은 주관리자가 관리한다.
4. 주관리자인 토목업체에서 세륜기 관리 소홀로 발생되는 제반 환경문제 등이 발생시 책임을 진다(관계기관의 지적 및 과태료, 벌점 등).
이것이 폐기물관리법에서 신고, 관리 등의 문제가 없는 것인지 궁금하고, 또한 "확약서" 등을 각사간 작성하여 책임을 지겠다고 하지만, 양벌규정으로 함께 처벌을 받는 것은 아닌지 궁금합니다.

□ **답변**
○ "건설폐기물"이라 함은 「건설산업기본법」제2조 제4호에 해당하는 건설공사로 인하여 공사를 착공하는 때부터 완료하는 때까지 건설현장에서 발생되는 5톤 이상의 폐기물(포장재, 폐합성수지, 폐비닐, 스티로폴, 보온덮개, 거푸집 잔재물 등 건설현장 자체 발생 및 반입된 건설폐재류, 하자에 의한 재시공시 발생되는 건설폐기물, 가설사무소 철거시 발생되는 건설폐기물, 세륜슬러지 등 하나의 당해 건설현장에서 발생하는 건설폐기물의 총합계)로서「건설폐기물의 재활용촉진에 관한 법률」시행령 별표1에서 정하는 건설폐기물을 말합니다.(폐유 등은 지정폐기물로 분류)
- 당해 건설공사로 인하여 발생하는 건설폐기물에 대한 신고 및 처리책임은 건설폐기물 배출자가 되며, "배출자"라 함은『건설폐기물의 재활용촉진에 관한 법률』제2조제9호의 규정에 따라 발주자 또는 발주자로부터 최초로 건설공사의 전부를 도급받은 자를 말합니다. 다만, 제15조의 규정에 의한 분리발주를 함에 있어서는 발주자를 말합니다.
- 또한, 「건설폐기물의 재활용촉진에 관한 법률」제17조에 따라 배출자는 해당 건설공사에서 발생할 건설폐기물에 대해 처리계획서를 시장·군수·구청장에게 신고하여야 합니다.
-『건설폐기물의 재활용촉진에 관한 법률』제16조의 규정에 따라 건설폐기물배출자는 당해 건설공사현장에서 발생하는 건설폐기물을 스스로 처리(당해 현장 재활용 가능)하거나 건설폐기물처리업자 등에게 위탁처리 하여야 합니다. (배출자가 선택)
- 건설폐기물배출자가 건설폐기물을 스스로 재활용하고자 하는 경우에는 해당 건설공사현장에 한하며, 「건설폐기물의재활용촉진에 관한법률」제27조 규정에 따라 배출자가 시·도지사로부터 직접 승인을 받아 건설폐기물처리시설을 설치하여 중간처리(「건폐법」시행규칙 별표1의2 참고)하고, 중간처리된 것에 대하여는 순환골재의 용도별 품질기준(국토해양부 공고 2012-1096호, 2012.8.11 참고)에 적합할 경우 「건설폐기물의 재활용촉진에 관한 법률」시행령 제4조의 재활용용도에 적합하게 재활용할 수 있습니다.
○ 대기환경보전법 제95조에 따른 양벌규정은 법 제92조 제5호 및 제6호의 위반행위에 해당되는 경우 그 법인 및 위반 행위자에게 벌금을 부과토록 하는 규정입니다. 따라서 귀 사의 비산먼지 발생사업 신고증명서에 세륜시설 이용에 관한 조치사항만 명시된 경우 해당사항을 준수하면 될 것입니다.

☐ **민원요지**
○ 대기환경보전법 시행규칙 제58조2항의 "4. 비산먼지 발생억제시설 또는 조치사항을 변경하는 경우에는 비산먼지 발생사업신고를 하여야 한다"라고 되어있습니다. 당 현장에서는 비산먼지 신고를 하여 공사를 진행하던 중 준공시점에 이르러 PDP 휀스를 3월 18일경 이설이 아니라 철거를 하였는데 구청 환경과에서는 비산먼지 발생사업 신고를 안 하고 철거를 하였다하여 "비산먼지 발생 사업장 지도·점검표"를 작성 하였습니다. 중요한 것은 "비산먼지 발생억제시설 또는 조치사항을 변경하는 경우"란 시행규칙이 현장 작업시 휀스를 이설시 적용이 되고 당 현장처럼 준공 때문에 철거시에는 적용이 되지 않는다고 생각됩니다. 건축공사를 많이는 안 해봤지만 주위선배, 동료에게 물어보니 휀스 철거시에 비산먼지 변경신고를 해본 적이 없다 합니다. 현장에서 휀스 이설시 비산먼지 변경신고사항 적용이 되는 것은 알고 있으나 당 현장처럼 준공시점에 휀스 철거를 할 때도 변경신고사항에 적용이 되는 것인지 알고 싶습니다.

☐ **답변**
○ 귀 사의 비산먼지 발생사업 신고내역을 알 수 없어 정확한 판단은 어려우나, 비산먼지 발생사업으로 신고된 공사기간에는 비산먼지 발생 억제시설 및 조치기준을 이행하여야 합니다. 따라서 공사기간 만료 후 비산먼지 발생 억제시설을 철거할 수 있으나, 공사기간 중에 철거하고자 하는 경우 대기환경보전법 시행규칙 제58조 제2항 제4호(비산먼지 발생억제시설 또는 조치사항을 변경하는 경우)에 따라 변경신고 하여야 합니다.

☐ **민원요지**
○ 태양광 발전소 설치 목적으로 임야의 소나무를 굴취하고 부지정리를 위한 토공사 계획에 있습니다. 대기 환경보전법 시행규칙 제 제58조에 비산먼지 발생사업을 하려는 자는 비산먼지 발생사업 신고서를 사업 시행 전(건설공사의 경우 착공 전)에 신고하게 되어 있으며, 시행규칙 [별표 14]의 비산먼지 발생을 억제 하기 위한 시설의 설치 및 필요한 조치에 관한 기준에도 분체상물질의 야적, 싣기 및 내리기, 수송에 대 한 조치사항만 규정하고 있는데 본 사업의 소나무 굴취과정에서는 분체상물질의 야적 및 흙 반출이 없 이 단순히 소나무 운반과정만 있어 비산먼지가 발생하지 않는데, 비산먼지 발생사업 신고를 소나무 굴취 작업 전에 하여야 하는지 아니면 비산먼지가 발생하는 시점인 토사반출 작업 전에 하여야 하는지 답변 바랍니다.

☐ **답변**
○ 비산먼지를 발생시키는 사업을 하려는 자는 환경부령으로 정하는 바에 따라 특별자치도지사·시장·군수·구 청장에게 신고하고 비산먼지의 발생을 억제하기 위한 시설을 설치하거나 필요한 조치를 하여야 합니다. (대기환경보전법 제43조제1항)
- 귀 사업장의 신고시점은 실제 비산먼지의 발생 여부와 관계없이 사업을 개시하기 전인 굴취작업 전임을 알려드립니다.

☐ **민원요지**

○ 비산먼지 발생사업 분류를 보면 "고철의 운송업"이 있습니다.
1. 고철의 운송업 정의가 무엇인가요?
2. 흔히 보는 고물상처럼 고철을 수집한 후 일정량이 모이면 출고를 하는데 이런 종류는 비산먼지 발생사업장에 해당되는지? 출고할 때 운송하는 것을 고철의 운송업이라고 할 수 있는지요?
3. 고철의 운송업이란 것이 운송 차량을 가지고 고물상과 같은 고철이 모이는 장소의 고철을 전문적으로 운송만하는 것 업종이라면 비산먼지 신고시에 고철의 운송업자가 조치할 사항은 무엇인가요? 비산먼지 배출공정상에 수송 과정에 세륜 해야 되고 하는 것이 있던데 세륜시설은 고물상 같은 곳에 설치가 되어야 된다는 뜻인지?? 아니면 운송업자가 고물상 같은 곳의 고철을 모아서 운송업자 운영하는 야적장에 일정기간 야적한다고 봤을 때 야적장 출차시 세륜을 해야 된다는 뜻인지요?
4. 야적은 '분체상물질에 한하여'라고 되어 있는데 질의회신 내용을 살펴보면 고철 표면의 녹가루 같은 것이 날릴 우려가 있을 때는 억제조치를 취해야 된다고 되어 있던데. 그렇다면 고철의 운송업자가 운영하는 야적장에는 방진벽, 방진망 등을 설치를 해야 된다는 뜻인지요?

☐ **답변**

○ 1, 3) 고철의 운송업은 고철은 운송하는 차량 또는 사업자를 말하며, 대기환경보전법 제43조 및 같은법 시행령 제44조에 따라 비산먼지 발생사업에 해당되나, 같은법 시행규칙 제58조 제1항에 따라 신고대상에서는 제외됩니다. 따라서 고철을 운송하는 경우에는 대기환경보전법 시행규칙 [별표 14]의 3. 수송 공정 중 가, 나, 바, 사의 규정을 준수하여야 합니다.

○ 2, 4) 대기환경보전법 시행규칙 [별표 13]에 따라 건설폐기물처리업이 비산먼지 발생신고대상에 해당되므로, 고물상이 건설폐기물처리업을 함께 하는 경우 비산먼지 발생사업 신고대상에 해당됩니다. 따라서 고물상이 비산먼지 발생신고대상인 경우 야적 공정의 조치기준을 준수하여야 하나, 고철에서 먼지 발생 우려가 없는 경우 관할 행정기관에 신고를 통해 해당 조치를 제외할 수 있습니다.

☐ **민원요지**

○ 밀스케일(철강재를 가열, 압연, 가공할 때 그 표면에 붙은 산화철로 된 찌꺼기)을 입고해서 습식분쇄 후 선별 하고 출고를 하는데 비산먼지 발생사업 신고대상에 해당이 되는지 궁금하네요.

☐ **답변**

○ 질의하신 사례의 경우 대기환경보전법 시행규칙 제57조 [별표 13] 비산먼지 발생사업의 제1차금속제조업 중 '제철 및 제강업'에 해당되어 비산먼지 발생사업 신고대상에 해당됩니다.

2. 비산먼지 억제시설 및 조치기준

□ **민원요지**
○ 대기환경보전법 시행규칙 [별표 14] '비산먼지 발생을 억제하기 위한 시설의 설치 및 필요한 조치에 관한 기준'의 배출공정 야적 기준 중 '분체상물질을 야적하는 경우에만 해당한다'라고 되어 있는데 분체상물질은 어떤 것을 말하는지
○ 남아 있는 석분(5mm 이하 제품)만 덮개로 덮으면 되는지 아니면 건축용 굵은 골재(40mm, 25mm, 19mm 규격 제품)도 덮개로 덮어야 하는지

□ **답변**
○ 분체(粉體) 형태의 물질이란 토사·석탄·시멘트 등과 같은 정도의 먼지를 발생시킬 수 있는 물질을 말하며 분체상물질을 야적하여 1일 이상 보관하는 경우 크기에 관계없이 방진덮개로 덮어야 합니다.

□ **민원요지**
○ 토목공사장으로 성토작업 등으로 토목공사는 시작되었지만 토사의 반출입이 없고 야적만 해둔 상태로 공사작업차량은 왔다 갔다 하고 자재운반도 함
- 공사작업차량, 자재운반차량, 중장비도 수송 공정에 해당이 되는지 아니면 토사운반차량만 수송공정에 해당되는지?

□ **답변**
○ 비산먼지 발생사업의 모든 수송차량은 비산먼지 발생을 억제하기 위한 시설의 설치 및 필요한 조치를 해야 합니다.

□ **민원요지**
○ 대기환경보전법에 방진망은 건축 현장에 설치하라고 되어 있으나 방진망의 재질 같은 것이 명시가 없는데 모기장 같은 망은 적절한 것인가?
○ 건축 구조물 설치 시 방진망을 무성의하게 설치한 것에 대한 행정처분 대상 여부는?

□ **답변**
○ 대기환경보전법 시행규칙 [별표 14] 비산먼지 발생을 억제하기 위한 시설의 설치 및 필요한 조치에 관한 기준 중 건축물축조공사장에 설치하는 방진망에 대한 재질이나 개구율 기준은 없습니다. 그러나 방진망이 적절하게 설치되지 않았을 경우 행정처분 대상이 될 수 있습니다.

□ **민원요지**
○ 대기환경보전법 시행규칙 제58조(비산먼지 발생사업의 신고 등) 제4항 [별표 14]에 의거
- 야적(분체상물질을 야적하는 경우에만 해당한다) 가. 야적물질을 1일 이상 보관하는 경우 방진덮개로 덮을 것으로 규정되어 있습니다. 야적물질에 대한 최소 수량 기준이 있는지요?
- 야적물질이 민가(사람이 거주하는 곳)와 어느 정도 떨어져 있으면 상기 방진덮개를 설치하지 않아도 되는 규정이 있는지요?

□ **답변**
○ 귀하께서 질의하신 야적의 경우 대기환경보전법 시행규칙 [별표 14]에 따라 야적물질을 1일 이상 보관 시 방진덮개를 덮도록 되어있으며, 야적물질의 최소 수량 기준은 없습니다. 또한 야적물질이 민가와 가까이 있는 경우(민가와 50m 이내)는 방진망 등의 높이를 3m 높이 이상으로 설치를 해야 하며, 민가와 거리로 인한 방진덮개 미설치에 대한 규정은 없습니다.

□ **민원요지**
○ 시에서 위탁운영 중인 매립시설에 근무하고 있습니다. 폐기물 매립시설 설치 운영 사업장의 경우에도 비산먼지 발생사업 신고 대상입니다.
- 신고 서류 중 대기환경보전법 제58조제4항 [별표 14] "비산먼지 발생을 억제하기 위한 시설의 설치 및 필요한 조치에 관한 기준"을 작성하는 중 야적의 부분이 해당되는지 여부를 알고 싶습니다.
- 비산먼지 발생사업을 신고함에 있어, 해당관청에서는 복토제도 흙이기에 야적에 포함되며, 방진덮개를 설치하여야 한다는 대답을 받았습니다. 폐기물 처리법상 매립시설은 복토가 최선의 방법입니다. 매립시설의 경우 폐기물 매립에 사용된 토사가 야적에 해당되는지 답변 부탁드립니다.

□ **답변**
○ 「대기환경보전법」 시행규칙 제57조 관련 [별표 13] 11에 해당하는 폐기물매립시설 설치·운영 사업의 경우 비산먼지 발생사업으로 신고해야 합니다.
○ 이중 야적은 폐기물, 복토제의 야외 보관 등을 의미하여 복토제의 야적은 법 시행규칙 제58조제4항 관련 [별표 14]에 따라 비산먼지 발생을 억제하기 위한 시설의 설치 및 필요한 조치에 관한 기준을 준수해야 합니다.

□ **민원요지**
○ 대기환경보전법 시행규칙 [별표 14] 제3항 제'라'목 및 제'차'목은 수송시 세륜시설을 설치하도록 하면서 다만 그와 같거나 그 이상의 효과를 가지는 시설을 설치하거나 조치를 하는 경우에는 제'라'목에 따른 세륜시설 설치 의무를 제외한다고 규정하고 있는 바,
○ 살수압력이 30kg/cm²로 일반적인 세륜시설의 살수압력인 3~4kg/cm²의 약 10배에 달하는 고압살수기를 설치해놓고 전담 살수차를 배치하여 수송시 세륜 작업을 실시하며, 특히 공사현장 내부까지 도로의 포장이 완료되어 있어 고압살수기를 통한 살수만으로도 충분한 세륜효과를 거둘 수 있는 경우, 세륜시설 설치 의무가 제외되는지 여부를 알려주시기 바랍니다.

□ **답변**
○ 대기환경보전법 시행규칙 [별표 14] 제3호 수송 공정에서 라목에 따른 자동식 세륜시설 또는 수조를 이용한 세륜시설을 설치하도록 규정하고, 차목에 따라 조치기준 이상의 효과를 가지는 시설을 설치하거나 조치하는 경우는 그에 해당하는 시설의 설치 또는 조치를 제외한다고 규정하고 있어,
- 수송공정에서 세륜시설 설치 이상의 효과를 가지는 시설을 설치하여 충분한 살수 등을 통해 비산먼지가 발생하지 않는다면 조치기준을 이행하였다고 볼 수 있을 것이나, 세륜시설 설치 이상의 효과가 지속되는지 여부를 확인하여 비산먼지가 발생하지 않도록 조치하여야 합니다.

□ **민원요지**
○ 현장에서 자동식 세륜시설을 설치하여 운영 중입니다. 법(비산먼지 발생을 억제하기 위한 시설의 설치 및 필요한 조치에 관한 기준)의 수송에 있어서 '마. 다음 규격의 측면 살수시설을 설치할 것' - 살수길이 : 수송차량 전체길이의 1.5배 이상'이라고 명시되어 있는데 자동식 세륜시설도 이에 적용을 받는지 궁금합니다.

□ **답변**
○ 배출공정 수송에 있어서 자동식 세륜시설이나 수조를 이용한 세륜시설을 설치한 사업장에서도 수송차량 전체길이 1.5배 이상의 측면 살수시설을 설치하여야 합니다.(대기환경보전법 시행규칙 제58조 제4항 별표 14, 3. 수송 라. 마)

☐ 민원요지
○ 콘크리트용 골재 자갈을(이하에서 굵은 골재25mm)분체상물질로 분류하는지요?
○ 분체상물질이 아닌 굵은 골재 25mm는 공장 내 야산 쪽에 야적을 하고, 방진덮개로 덮었으며(가목), 살수시설(다목)을 설치하였습니다. 이때에 야적물질의 최고저장높이의 1/3이상의 방진벽을 설치하고, 최고저장높이의 1.25배 이상의 방진망(막)까지 설치를 하는 것까지 모두 설치하여야 하는지요?
○ 비산먼지 발생 억제 노력을 해야 한다면 어떠한 시설의 설치 및 필요한 조치가 무엇인지요?

☐ 답변
○ 분체(粉體)형태의 물질이란 토사·석탄·시멘트 등과 같은 정도의 먼지를 발생시킬 수 있는 물질을 말하는 것으로, 귀 사업장의 콘크리트용 골재 자갈에 토사 등이 묻어 있어 먼지를 발생시킬 수 있는 경우에는 분체상 물질에 해당되어 야적 등 배출공정 관련 시설의 설치 및 조치에 관한 기준을 준수하여야 합니다.
○ 또한, 귀 사업장이 야적공정 관련 시설의 설치 및 조치에 관한 기준으로 다항. 살수시설을 설치하였더라도 이와는 별도로 나항. 방진벽과 방진망(막)을 설치하여야 합니다.

☐ 민원요지
○ 금번 공사작업으로 건축물축조 후 외벽 마무리를 위하여 소석고가 주성분인 마감재를 분사방식으로 외벽에 뿌리는 작업을 하였습니다. 마감재의 제품명은 Stolite K/R/E 이며 액상, 흰색으로 물을 베이스로 한 미세한 소석고가 주성분입니다. 이번 작업의 주목적은 올록볼록한 느낌을 내기 위하여 외벽에 분사방식으로 동 마감재를 뿌리는 것이며 이후 롤러를 사용한 페인트 도장작업으로 외벽을 마무리할 예정입니다. 상기와 같이 소석고가 주성분인 마감재를 분사방식으로 외벽에 뿌리는 작업이 대기환경보전법 시행규칙 [별표 14] 제11호 그 밖의 공정(건축물축조공사장)중 가. 1)의 규정에 따른 비산먼지가 발생되는 작업인 분사방식에 의한 도장작업에 해당되어 비산먼지발생 억제조치를 하여야 하는지 여부에 대하여 질의 드립니다.

☐ 답변
○ 귀 사는 비산먼지 발생사업 신고를 하고 토목 및 건축물 축조공사를 시행하고 있는 경우로 건축물 외벽 마무리를 위한 마감재 분사작업은 동 사업의 연장으로 판단됩니다.
○ 따라서 대기환경보전법 시행규칙 [별표 14] 제11호 그 밖에 공정에 해당하는 비산먼지 발생억제 시설 및 조치에 관한 기준을 준수하여야 할 것으로 판단되며, 보다 자세한 사항은 관할 행정기관의 현장 확인 등을 통해 최종적으로 판단 받으시기 바랍니다.

□ **민원요지**
○ 현재 대기환경보전법 시행규칙 [별표 14]를 보면 분체상물질을 1일 이상 야적하는 경우 방진덮개를 설치하게 되어 있습니다. 이때, 분체상물질의 기준이 무엇인지 궁금합니다. 방진덮개를 설치하여야 하는 분체상물질이라고 분류될 수 있는 물질이 무엇인지, 크기(입경)는 어느 수준인지, 성상은 어떠해야 하는지 알고 싶습니다.
○ 야적의 규모에 관계없이 모두 방진덮개를 하여야만 하는지도 알고 싶습니다. 야적 높이, 야적량, 야적 반지름 등에 대한 규정이 있는지도 알려주시기 바랍니다.

□ **답변**
○ 분체상물질은 토사·석탄·시멘트 등과 같은 정도의 먼지를 발생시킬 수 있는 물질을 의미합니다.
○ 분체상물질이 전혀 섞여 있지 않고, 잡석이 날릴 우려가 없는 경우에는 방진덮개를 하지 않아도 됩니다.
○ 또한, 방진덮개를 하여야 하는 야적의 규모(야적높이, 야적량 등)에 대해서는 별도로 규정하고 있지 않습니다.

□ **민원요지**
○ 비산먼지 발생 사업을 하려는 자는 비산먼지 발생사업 신고서를 제출하여야 하는데, 세륜시설이 언제 설치되어야 하고 언제 철거하여도 되는지를 알고 싶습니다.
○ 어떠한 조건이 충족되어야 세륜시설을 설치하여야 하고, 어떠한 조건이 충족되어야 세륜시설을 철거해도 되는지 알고 싶습니다.

□ **답변**
○ 비산먼지를 발생시키는 사업을 하려는 자는 특별자치시장·특별자치도지사·시장·군수·구청장에게 신고하고 비산먼지의 발생을 억제하기 위한 시설을 설치하거나 필요한 조치를 하여야 합니다.(대기환경보전법 제43조 제1항)
○ 따라서 세륜시설 등의 비산먼지 억제시설은 비산먼지 발생사업 신고 후에 설치하여야 하고 세륜시설의 철거는 신고한 공사기간이 완료된 시점에 하시면 됩니다.

□ **민원요지**
○ 대기환경보전법 시행규칙 [별표 13]에서는 비산먼지 발생사업 신고대상을 규정하고, [별표 14]에서는 비산먼지 발생을 억제하기 위한 시설의 설치 및 필요한 조치에 관한 기준에 대해 명시하고 있는데요. [별표 14]의 억제 조치에 대해 의문사항이 있어 질의 드립니다. 배출공정 3. 수송 부분에 대한 시설의 설치 및 조치에 관한 기준으로 아래와 같이 기재되어 있는데요,

가.~다. (생략)
라. 다음의 어느 하나에 해당하는 시설을 설치할 것
 1) 자동식 세륜시설
 2) 수조를 이용한 세륜시설
마. 측면살수시설
자. (생략)
차. 가목부터 자목까지와 같거나 그 이상의 효과를 가지는 시설을 설치하거나 조치하는 경우에는 가목부터 자목까지 중 그에 해당하는 시설의 설치 또는 조치를 제외한다.

- 질의 1) 그렇다면 라.항의 자동식 세륜시설이나 수조를 이용한 세륜시설 중 하나의 시설을 설치하고, 마. 항의 측면살수시설도 함께 설치를 하여야 하는 것인지요?
- 질의 2) 자동식세륜시설은 차바퀴를 회전시켜 차바퀴에 흙 등을 제거하는 시설로 공사 현장에 적합하고, 수조식 세륜시설은 시설하부 침전물에 의해 세륜효과가 부족하며 제조업 현장에 부적합 하다고 판단됩니다. 또한 측면 살수시설은 살수길이가 수송차량 전체길이의 1.5배 이상으로 규정되어 있어 탱크로리 등을 이용하여 제품을 운송하는 현장 여건 상(살수길이를 너무 길게 설치하여야 함. 탱크로리 전장이 15m임으로, 살수길이는 22.5m이상이어야 함) 설치가 어려운 상황입니다. 그렇다면 상기 조치 기준 차. 항에 따라 차량의 바퀴를 세척할 수 있는 시설(차량 측면 및 하부 세척이 가능한 시설)을 설치하여 라. 항의 자동식 세륜시설과 수조를 이용한 세륜시설, 마 항의 측면살수시설 등을 설치하지 않고 운영이 가능한지요?
- 질의 3) 질의 2)와 관련하여 상기 차 항의 가목부터 자목까지와 같거나 그 이상의 효과를 가지는 시설을 설치하여 운영이 가능하면, '같거나 그 이상의 효과를 가지는 시설'에 대한 기준은 무엇인지요? 현장 점검자의 주관적인 판단으로 구분이 되어야 하는 것인지요? 법규 해석의 차이가 발생될 소지가 있는 부분인데, 정확한 구분 방법을 알고 싶습니다.

□ **답변**
○ 대기환경보전법 제58조제4항 관련 시행규칙 [별표 14] 제3호 바목에 '수송차량은 세륜 및 측면 살수 후 운행하도록 할 것'이라고 명시되어 있습니다. 따라서 동 규정 라항의 1) 자동식 세륜시설 또는 2) 수조를 이용한 세륜시설 및 마항의 측면 살수시설은 동시에 설치하여야 합니다.
○ 또한, 차량의 바퀴를 세척할 수 있는 시설(차량 측면 및 하부 세척이 가능한 시설)을 설치하여 세륜 및 측면살수시설 이상의 효과가 있는 경우에는 라항의 자동식 세륜시설 또는 수조를 이용한 세륜시설 및 마항의 측면살수시설 등을 설치하지 않고 운영할 수 있습니다.(대기환경보전법 제58조제4항 관련 시행규칙 [별표 14] 제3호 차목)
○ 다만, 세륜 및 측면살수시설 이상의 효과에 대해서는 현장 점검자의 주관적인 판단이 아닌 관할 지자체의 현장검증 및 이에 따른 판단을 받으셔야 합니다.

□ **민원요지**
○ 대기환경보전법 시행규칙 [별표 14] 비산먼지 발생을 억제하기 위한 시설의 설치 및 필요한 조치에 관한 기준 (제58조4항 관련) 에 따르면 배출공정 3.호 수송(시멘트,석탄,토사,사료,고철...)이 있습니다. 제 라.목에 보면 자동세륜시설 설치, 제 바.목에 보면 수송차량은 세륜 및 측면 살수 후 운행하도록 할 것 이라고 되어있습니다.
- 질의 1) 승용차(세단) 및 SUV 차량의 경우 분체상물질의 수송이라고 보기는 어렵다고 생각하며, 이러한 종류의 차량이 반드시 자동세륜기를 통과해야 하는지요?
- 질의 2) 더블캡(봉고) 등의 경우 사람 운반을 주로 많이 하며, 작업반이 이동시 주로 이용합니다. 통과여부를 알고 싶습니다.
- 질의 3) 레미콘 트럭의 경우 통에 레미콘을 담아서 오며, 분체상물질이라고 보기 어려우며 다 비운 뒤 나갈 때 수송은 아니라고 봅니다. 통과해야 하는지요?
- 질의 4) 토사 덤프 차량의 경우 토사를 현장에 성토 후 빈차로 나갑니다. 통과 여부?
- 질의 5) 자재운반차량(예. 석고보드, 가구 등)등이 대부분 초장축 트럭입니다. 통과 여부?
- 질의 6) 크레인의 경우 수송공정과는 다르며, 크레인에 따라 자중이 커서 세륜기에 과부하나 고장을 유발합니다. 통과 여부?

□ **답변**
○ 대기환경보전법 제58조제4항 관련 시행규칙 [별표 14] 제3호 바목에 수송차량은 '세륜 및 측면 살수 후 운행하도록 할 것'이라고 명시되어 있고, 수송차량의 세륜 및 측면 살수의 취지는 공사장 내에 있는 비산먼지로 인한 도로의 오염을 막기 위함으로 공사장에서 나오는 차량에 대해 해당한다고 볼 수 있을 것입니다. 또한 승용차의 경우 수송차량이 아니므로 해당되지 않을 것입니다. 그러므로 비산먼지 발생 사업장을 나오는 수송차량에 해당하는 3, 4, 5, 6번 차량 등에 대해 세륜 및 측면 살수를 해야 할 것입니다.

□ **민원요지**
○ 시설의 설치 및 조치에 관한 기준의 내용 중 최고저장높이의 1/3 이상의 방진벽을 설치하고, 최고저장높이의 1.25배 이상의 방진망(막)을 설치할 것이라는 문구가 있는데 여기에서 최고저장높이의 1.25배 이상의 방진망(막)의 설치는 어디서부터 측정하는 것을 말하는 것인지 애매합니다. 바닥에서부터 인지 아니면 1/3 이상의 방진벽을 설치한 다음에서부터 인지 해석 부탁드립니다.

□ **답변**
○ 대기환경보전법 시행규칙 제58조제4항 관련 [별표 14] 제1호 나목에 야적물질의 최고저장높이의 1/3 이상의 방진벽을 설치하고, 최고저장높이의 1.25배 이상의 방진망(막)을 설치할 것이라고 명시되어 있습니다.
- 최고저장높이의 1.25배 이상이라는 규정은 방진벽과 방진막 높이의 합계를 말하는 것으로 바닥에서부터 방진벽+방진망(막)의 높이가 최고저장높이의 1.25배 이상이면 기준을 만족하는 것으로 판단됩니다.

□ **민원요지**
○ 당 현장은 일반산업단지 조성공사 현장이며, 대기환경보전법 제43조에 의거 비산먼지를 발생하는 사업으로서 관할구청에 비산먼지발생신고 후 신고증명서를 발급받았습니다.
  (발생사업 : 건설업, 규모 : 4.37Km², 주요 억제시설 : 현장주변 EGI 훼스 및 방진망, 세륜세차시설)
○ 산업단지 조성공사의 특성상 비산먼지 발생과 관련한 공종은 토사운반 및 성토가 대부분이나 당 현장은 부지 내 기존 구조물 철거공사가 일부 있으며, 철거 대상건물 중 대형건물이(지상 3층, 높이16.5m, 연면적 1,498m², 대로변과의 이격거리: 150m) 1개소가 있어 현재 철거를 계획 중입니다. 대형건물 철거에 따른 비산먼지 방지를 위한 추가방진시설 설치필요 여부에 대하여 상반된 주장이 있어 다음과 같이 질의합니다.
- 갑설) 대기환경보전법 제43조에 의거하여 관할구청에 비산먼지 발생신고를 완료하였으나 신고내용은 주로 토공사(야적, 운반)에 대한 내용이므로 시행규칙 제58조(비산먼지 발생사업의 신고 등) 4항 [별표 14] (11. 그 밖의 공종) 기준에 따라 건물해체 작업시 먼지가 공사장 밖으로 흩날리지 않도록 방진막 및 방진벽의 설치가 필요함.
- 을설) 관련 법규에 의거하여 비산먼지 발생신고는 완료하고 신고내용에 따라 이미 현장 주변에 EGI훼스 및 방진망을 설치하였으며, 당 현장은 대기환경보전법 시행규칙 제58조 4항 [별표 14] (11. 그밖의 공종) 내용 중 건축물해체공사장이 아니라 단지조성을 위한 토목공사 현장이므로 별도의 방진시설은 불필요함.
○ 정리
- 당 현장은 단지조성공사현장(토목공사장)이나 부지 내 기존 구조물 철거공사와 관련하여 대기환경보전법 시행규칙 제58조 4항 [별표 14](11. 그밖의 공종)의 건축물해체공사장을 적용하여 별도의 추가 방진시설이 필요한지 질의합니다. 또한 건축물해체공사장에 해당되지 않지만 관할구청에서 당초 신고한 토목공사장으로서 별도의 추가 방진시설을 설치하여 개선을 요구할 경우 이행해야 할 법적 의무가 있는지 질의합니다.

□ **답변**
○ 부지 내 기존 건축물의 철거를 포함하여 단지 조성공사가 이루어지고, 이에 대해 비산먼지 발생사업 신고가 이루어진 경우 건축물 철거에 따른 조치기준(방진막 또는 방진벽 설치 및 물뿌림시설 설치)을 준수하여야 할 것입니다.

□ **민원요지**
○ 저는 건설폐기물 중간처리업의 환경기사입니다. 얼마 전 어느 단체에서 회사의 폐기물사진을 찍어갔는데 궁금한 점이 있습니다. 조업시간 중 폐기물에 방진망을 덮고 일해야 하는 건가요? 그리고 그 폐기물이 건설오니일 경우에 방진망을 안 덮어도 되는 건지 궁금합니다.

□ **답변**
○ 귀 사의 비산먼지 발생사업 신고내역 등이 구체적이지 않아 정확한 답변은 곤란하나, 비산먼지 발생사업 신고내용에 건설오니 등 야적물질 보관시 방진덮개로 덮도록 신고되었다면 이를 준수하여야 합니다. 다만, 야적물에 대한 작업이 이루어지고 있는 부분은 덮개를 덮을 수 없으므로 작업완료 후 덮으면 될 것이나, 작업이 이루어지지 않는 부분은 덮개를 덮고 작업하여야 합니다. 또한, 수분함량에 따라 덮개 및 방진망(막)의 설치 여부를 규정하고 있지 않으나, 수분함량이 높아 비산먼지가 발생되지 않는다면, 변경신고 후 방진덮개 및 방진망 설치를 제외할 수 있습니다.

□ **민원요지**

1. 공사개요
 - 공공기관 발주 대규모 택지개발현장(토목) : 1,320,000㎡
2. 질의 개요
 - 비산먼지 발생 억제를 위해 가설휀스를 전구간(L=9,500m)에 설치하고, 토사를 싣고 내릴 때도 살수를 시행하여야 한다는 지자체 의견과, 환경영향평가서에 준하여 일부구간(L=2,676m)만 가설휀스 설치하고, 토사운반로에 세륜기 및 살수차를 운행하며 시공하여도 문제가 되지 않는다는 시공사 의견의 대립
3. 현 황
1) 설계현황
 - 환경영향평가서 기준을 충족하여 지구계 일부구간(L=2,676m)만 가설휀스(비산,방음,방진)를 설치하고 토사 운반로에 세륜기 설치 및 살수차를 운행하도록 설계 반영함.
2) 지자체 의견
 - 「"대기환경보전법 시행규칙 [별표14] 비산먼지 발생을 억제하기 위한 시설의 설치 및 필요한 조치에 관한 기준", "1. 야적(분체상물질을 야적하는 경우에만 해당한다.) 나. 건축물축조 및 토목공사장의 공사장 경계에는 높이 1.8m(공사장 부지 경계선으로부터 50m 이내에 주거.상가 건물이 있는 곳의 경우에는 3m) 이상의 방진벽을 설치하되, 둘 이상의 공사장이 붙어 있는 경우의 공동경계면에는 방진벽을 설치하지 아니할 수 있다."」에 의거 공사장 경계 전구간(L=9,500m)에 가설휀스(비산방지)를 설치하여야 함. 또한 토사를 싣고 내릴 때도 전구간에 살수를 시행하여야 함. 환경영향평가서는 근거가 될 수 없음
3) 시공자 의견
 - 환경영향평가서를 만족하여 일부구간(L=2,676m)만 가설휀스 설치하고자 하며, 운반로에 세륜기 및 살수차를 설치, 운영하므로 법에 저촉되지 않는 것으로 판단.
4. 질의내용
① 상기 현황 중 시공사와 지자체 중 누구의 의견이 타당성이 있는지요?
② 전 구간(L=9,500m)에 가설휀스를 설치하여야 한다면, 대기환경보전법상 "야적(분체상물질을 야적하는 경우에만 해당한다.)"이라는 뜻은 곡식 단이나 그 밖의 물건을 임시로 한데에 쌓음이라는 뜻인바, 영구적인 인프라 형성을 위한 흙깎기 흙쌓기가 주요 공종인 당현장과 구분되어야 될 것으로 판단되는데 이에 대한 의견은 어떠한지 질의합니다.
③ 전구간(L=9,500m)에 가설휀스(비산, 방음, 방진)를 설치하여야 한다는 정확한 법적근거가 상기사항외 별도로 있는지 질의합니다.

□ **답변**

○ 대기환경보전법 시행규칙 [별표 14]에 따라 건축물축조 및 토목공사장·조경공사장·건축물해체공사장의 공사장 경계에는 1.8m(공사장 부지 경계선으로부터 50m 이내에 주거·상가 건물이 있는 곳은 3m)이상의 방진벽을 설치하도록 규정되어 있으므로, 공사장 경계 전체구간에 대해 방진벽을 설치하여야 할 것이며, 일부구간에 대해 살수시설 운영으로 먼지저감이 가능하다면 관할 행정기관에 변경신고를 하여 인정을 받아야 할 것입니다.

□ **민원요지**

1. 대단히 수고 많으십니다.
2. 일반 건축공사 현장이 아닌 고정식 컨베이어벨트(밀폐)와 선적, 하역기를 이용하여 광석 등 분체상 물질을 부두에서 공장으로 이송하는 시스템을 운영 중이며, 기상청의 예보 평균풍속을 기준으로 작업관리를 하고 있습니다. 실질적으로 해안가의 부두지역이다 보니 타 내륙지역보다 풍속이 센 경우가 많은데 점검기관(해경 등) 에서는 풍속계를 설치하여 한순간이라도 8m/s가 넘으면 작업을 중단해야한다는 의견이 있습니다. 하지만 선적, 하역기의 경우 대체로 안전을 위해 풍속계가 지상 20-30m 높이에 설치되어 있어 8m/s(기상청예보가 2m/s이하일 경우에도)가 넘는 경우가 많습니다.
- 현재 개선안으로 이동식 풍속계를 구매하여 30분간 7 m/s 이상이 지속되거나 10분간 8m/s이상 초과되는 경우가 3회 이상 발생될 경우 작업중단을 하려고 합니다.
3. 대기환경보전법 시행규칙 [별표 14] 2.싣기 및 내리기 중 '다. 풍속이 평균초속 8m 이상일 경우에는 작업을 중지할 것'에서 평균 초속 8m 이상의 기준에 대해 명확히 답변 주셨으면 합니다.
- 기상청에 문의한 결과 풍속에 대한 예보 및 관리는 3가지가 있습니다.
    가. 평균풍속 : 10분단위 측정치의 일일 평균 풍속
    나. 최대풍속 : 10분단위 측정치 중 최대 풍속
    다. 최대순간풍속 : 순간 지시하는 최대 풍속
○ 질의) 별표의 평균 초속 8m 이상은 어떤 기간을 기준으로 한(일일, 시간, 작업간) 평균 풍속을 의미하는 것인지?
- 순간풍속을 기준으로 할 경우 일시적으로 변하는 경우가 많고 1회 작업중단 후 재가동시 1-2시간 이상 소요되는 점을 감안할 때 작업이 어려운 상황입니다.

□ **답변**

○ 대기환경보전법 시행규칙 제58조 제4항 [별표 14]의 싣기 및 내리기 공정에서 풍속이 평균초속 8m 이상일 경우에는 작업을 중지하도록 규정하고 있으며, 평균초속 8m는 평균풍속 8m/sec(10분간 바람의 정도를 측정한 값)을 의미합니다.

3. 비산먼지 관련 행정처분 및 벌칙

□ **민원요지**
○ 대기환경보전법에 의한 비산먼지관련 행정처분(개선명령)을 받고 1년 이내에 같은 위반행위를 받으면 사용중지 처분을 받는다고 하는데요. 야적 시 방진덮개 미흡으로 개선명령 조치 후, 같은 행위인 방진덮개 미흡이 1년 이내에 적발되면 사용중지 맞다고 보여지는데, 그럼 1차로 야적 시 방진덮개 미흡으로 개선명령 후 1년 내 수송시 세륜 미흡으로 개선명령을 할 경우 2회 위반에 해당되어 사용중지가 맞는지 아니면 개개의 행위별로 개선명령 1회인지 질의 드립니다.
○ 사용중지 처분은 그 위반행위에 대한 사용중지인지, 아니면 비산먼지발생에 관한 모든 행위의 중지인지 질의 드립니다.

□ **답변**
○ 비산먼지 발생사업장은 대기환경보전법 시행규칙 별표 36호에 따른 행정처분기준을 적용하고 있으며, 행정처분을 한 날부터 최근 1년 이내에 같은 위반행위로 적발된 경우에는 2차 행정처분행위 기준을 적용하게 됩니다.
○ 귀하가 질의하신 방진덮개 미흡에 의한 행정처분이후 수송 세륜시설 미흡에 의한 사항은 각각의 위반행위로 볼 수 있어 2차 행정처분 행위기준적용이 아닌 1차 행정처분 행위인 경고의 행정처분을 받게 됩니다.

□ **민원요지**
○ 비산먼지발생사업 미신고 처분이 2015.7.21.이전은 과태료 100만원이었는데, 그 이후 300만원 이하의 벌금으로 바뀌었습니다.
- 2015. 7. 21. 이전에 착공하고 완공하였으나 추가 및 인허가 건으로 인해 2015. 7. 21.이후에 비산먼지 발생사업 미신고로 적발됐을 경우, 처벌이 과태료 100만원인지, 아니면 벌금 300만원 이하인지 궁금합니다.

□ **답변**
○ '대기환경보전법 부칙 <법률 제13034호, 2015.1.20>' 제6조에 의거 이 법 시행 전의 행위에 대하여 벌칙 또는 과태료 규정을 적용할 때에는 종전의 규정을 따라 법 시행일인 2015년 7월 21일 이전의 행위(미신고)에 대해서는 과태료 100만원 부과 대상입니다.

□ **민원요지**
○ 건설폐기물처리업을 운영하면서 재활용 골재에 비산먼지발생억제조치가 기준이 맞지 않아 대기환경보전법 제43조 제1항 위반으로 관할 기관으로부터 행정처분 1차 개선명령 처분 후, 1년 이내에 동일 건으로 위법하여 2차 사용중지 행정처분을 받은 경우 야적공정 사용중지명령 행정처분 사항의 범위가 어떻게 되는지 질의 드립니다.
- 현장 내에 야적행위라고 볼 수 있는 폐기물 반입, 폐기물처리시설을 거친 후 생산된 재활용 골재 야적 행위 전체를 할 수 없는 건지?
- 폐기물을 반입 받을 수는 있으되 1일 이상 야적물이 발생되면 안 되므로 당일 생산된 재활용골재를 바로 반출하면 상관없는 건지?

□ **답변**
○ 대기환경보전법 제43조 제1항 위반으로 행정처분 1차 개선명령을 받은 후, 1년 이내 동일 건 위반으로 2차 사용중지 행정처분을 받은 경우, 해당 공정 전체에 대해서 사용을 할 수 없습니다.
○ 따라서 귀 사업장이 야적 공정에 대해서 사용중지 처분을 받았다면 사업장 내 야적행위라고 볼 수 있는 폐기물 반입, 폐기물처리시설을 거친 후 생산된 재활용 골재의 야적행위 등 야적과 관련된 모든 행위가 중지됨을 알려드립니다.

□ **민원요지**
○ A석산에서 골재를 받아 다른 곳으로 운송하는 덤프트럭 개인사업자 B가 있습니다. 덤프트럭이 적재함 상단으로 부터 5cm 이상으로 토사를 적재하여 운반하였을 경우, 행정처분사항으로 43조제1항에 따른 시설이나 조치가 기준에 맞지 아니할 경우 개선명령이 있고 또한, 과태료 규정에 제43조제1항에 따른 비산먼지의 발생억제시설의 설치 및 필요한 조치를 하지 않고 시멘트, 석탄, 토사 등 가루상태 물질을 운송한 경우가 있습니다. 그럼 여기서 행정처분과 과태료 처분 대상이 누구인지 궁금합니다. A석산인지 B인 트럭운전하는 개인사업자인지요??

□ **답변**
○ 비산먼지를 발생시키는 사업을 하려는 자는 특별자치도지사·시장·군수·구청장에게 신고하고 비산먼지의 발생을 억제하기 위한 시설을 설치하거나 필요한 조치를 하여야 합니다.(대기환경보전법 제43조 제1항)
○ A석산이 비산먼지 발생 사업으로 신고한 사업장인 경우 비산먼지 발생을 억제하기 위한 시설의 설치 및 필요한 조치를 하여야 하는데 사업장 내의 자동식 세륜시설, 수조를 이용한 세륜시설 등의 설치의무는 A석산에 있고, 적재함 상단으로부터 5cm 이상으로 토사를 적재하여 운반할 의무는 덤프트럭 개인사업자 B에 있습니다.
○ 따라서 위반행위의 내용에 따라 A석산 및 덤프트럭 개인사업자 B가 행정처분 및 과태료 처분대상이 됨을 알려드립니다.(대기환경보전법 시행규칙 제58조 제4항 관련 [별표 14])

□ 민원요지
1. 대기환경보전법 시행규칙 [별표 36] 행정처분기준 2.개별기준 중 다. 비산먼지 발생사업 행정처분기준 중 1차 이후 2차시에 사용중지의 정확한 의미를 알고 싶습니다.
 - 공사 중지의 의미 인지 해당 위반사항의 작업의 중지인지 알고 싶습니다.
 - 사용중지의 기간은 언제까지 인지 알고 싶습니다.
 - 사용중지 명령시 공사현장에서 조치해야 할 사항이 무엇인지 알고 싶습니다.
 - 사용중지 명령을 위반시 어떤 제재를 받게 되나요?
2. 위 법사항에서 2차 이후 3차, 4차, 5차...행정처분 기준은 어떻게 되는 건가요?

□ 답변
○ 대기환경보전법 시행규칙 [별표 36] 행정처분 기준은 해당 위반사항의 공정을 금지하는 것을 의미합니다. 또한, 사용중지의 기간은 해당 사업장의 위반 횟수 등 제반사항을 종합적으로 검토해 관할 시·도에서 정하게 됩니다.
○ 사용중지 명령시 공사현장에서 조치해야 할 사항은 위반했던 해당 공정을 중지하고 위반사항의 개선을 위해서 노력해야 합니다. 사용중지 명령을 위반할 경우에는 1년 이하의 징역이나 500만원 이하의 벌금에 처하게 됩니다.
○ 2차 위법행위 이후 계속해서 3차, 4차, 5차...위반행위가 계속된 경우, 2차 위법행위 후 1년 이내에 같은 위반행위로 처분을 받은 경우는 사용중지를 명하고, 1년이 경과한 후에 위법행위를 하는 경우는 위반행위의 양태에 따라 경고, 개선명령 등을 부과한 후 동 위법행위 후 1년 이내에 같은 위반행위를 하게 되면 재차 사용중지를 하게 됩니다.

□ 민원요지
○ 며칠 전 저는 비금속광물 분쇄물 생산업을 하면서 방진벽 설치를 사업장 앞쪽에만 설치하고, 사업장 뒤쪽부분에 방진벽을 설치하지 않아 비산먼지 발생 억제 조치 부적합으로 행정처분(개선명령) 사전통지 및 의견제출서를 받았습니다. 그런데 몇 가지 궁금한 사항이 있어서 이렇게 질문을 드립니다.
1. 행정처분(개선명령) 사전통지 및 의견제출서 제출 기간이 15일 정도 되는 것 같은데 그 기간에 지적 받은 사항 방진벽을 적정하게 설치하고, 의견제출서에 지적받은 사항을 완료하였음을 처분청에 보고했을 경우 예정된 행정처분(개선명령)은 하지 않나요?
2. 예정된 행정처분(개선명령)을 하지 않는다면, 저희는 아예 행정처분을 받지 않은 상태로 처분청에서 관리하나요?
 - 2년간 같은 위반행위가 있을 경우 행정처분이 중과되는 것으로 알고 있습니다. -
3. 아니면, 저희가 지적 받은 사항을 모두 완료했어도, 의견제출기간이 끝난 후 본 처분인 행정처분(개선명령)을 하나요?

□ 답변
○ 행정처분 사전통지 기간 중에 개선을 완료하여 처분청에 보고한 결과 관할 행정기관에서 개선이 완료되었다고 인정한 경우 관련 자료를 토대로 행정처분(개선명령)없이 종결처리 할 수 있으므로 행정처분과 관련한 자세한 진행사항은 해당 처분청으로 문의하여 주시기 바랍니다. 다만, 위반사항에 대한 개선명령 처분이 이루어지지 않더라도 처분청에서는 위반사항으로 관리됩니다.

□ **민원요지**
○ 안녕하십니까? 도로공사를 관리하고 있는 관리자입니다. 다름이 아니오라 도로공사를 진행하고 있는데 아스팔트 도로포장이 거의 완료가 되어가고 있는 상태입니다. 그런데 포장 완료된 도로 주변으로 개인 땅주인들이 개발허가를 내고 복토 및 성토를 작업 중이며 저희 포장된 도로에 작업차량이 이동하면서 흙먼지를 발생시키고 있습니다. 물론 저희는 비산먼지발생사업 신고 및 오염예방 대책을 성실히 이행하였습니다.
- 질문 1) 이때 도로오염 및 비산먼지발생시 처벌대상자는 누가 되는 것인지(개발행위자 & 도로시공자)
- 질문 2) 책임은 누구에게 있는지 궁금합니다. (개발행위자 & 도로시공자)

□ **답변**
○ 복토 및 성토를 하는 작업이 대기환경보전법 제43조 및 같은 법 시행규칙 제57조에 따른 비산먼지 발생사업인 경우 해당 사업자는 관할 시·도지사에게 신고하고, 비산먼지 발생을 억제하기 위한 시설을 설치하거나 필요한 조치를 하여야 합니다.
따라서, 비산먼지 발생사업자가 비산먼지 발생을 억제하기 위한 시설의 설치 및 필요한 조치를 하지 않은 경우 관련규정에 따라 행정처분 및 벌칙을 받을 수 있습니다.

□ **민원요지**
○ 제43조의 1항의 "대통령령으로 정하는 사업을 하려는 자"의 주체는 누구인지요"에 대해서는 제44조(비산먼지 발생사업)의 5항과 6항에서 명확히 명기되어 있습니다. 법 제44조5항의 건설업(지반조성공사, 건축물축조 및 토목공사 조경공사로 한정한다)입니다. 또한, 제58조(비산먼지 발생사업의 신고 등)에 의하면 비산먼지 발생사업을 하려는 자(영제44조제5호에 따른 건설업을 도급에 의하여 시행하는 경우에는 발주자로부터 최초로 공사를 도급 받은자를 말한다"라고 명시되어 있습니다.
○ 본 법에서 발생사업의 주체가 지반조성공사 및 토목공사를 목적으로 사업의 시작이어야 적용이 되는 바, 단순 성토(복토) 작업에 대해 비산먼지 방지막 및 세륜시설 미설치로의 적용은 과도한 것 같습니다. 단지 제44조6항의 성토용 토사운송업을 하는 운반차량이 별표 제14조 2항의 위배로 개선명령이 이루어져야 할 것 같습니다.
○ 상기 사연 관련 LH공사의 대단위 택지개발과 연계하여 신도로건설 및 상하수도 관련 토목공사가 이루어지는 경계면에 야산을 절개하여 LH공사의 택지개발지와 공동경계면을 이루는 위치입니다. 민가는 없으며, 법보호의 목적인 국민건강과 환경에 위해되는 조건은 아닙니다. 단지 저는 건설업자에게 정식 발주를 줄 수가 없어서 지반시설의 높이를 안 시점에서 바닥높이를 위해 성토를 진행하였습니다.
○ 종합하여 지반조성공사도, 토목공사도 아닌 단순성토작업에 건축업, 운송업자들이 전문성을 가지고 방지조치를 해야 하는 것을 사전 권고도 없이, 더욱이 민원소지도 없고, 대단위 택지 개발지역 내에서 단순복토를 비산먼지 방지조치 미이행으로 고발까지 하는 것은 법의 목적을 잠시 잊은 처사인 것 같습니다.
○ 따라서 법에서 규정하는 건축업자의 지반조성공사 또는 토목공사를 개인의 성토공사에 대해서도 해석 및 적용이 되는지와 운송업자의 토사운반이 토지주의 책임인지 궁금합니다. 건축업자, 운송업자와 계약관계는 없습니다. 법조항의 추이를 검토한 결과 건축업 또는 운송업자는 전문적으로 사업을 영위하는 주체로 방지시설의 주체로 생각됩니다만, 부디 궁금한 사항을 풀어주세요

□ **답변**
○ 대기환경보전법 제43조 및 동법 시행령 제44조, 시행규칙 제57조 [별표 13]에 따라 비산먼지 발생사업을 규정하고 있으며, 비산먼지 발생사업을 하려는 자는 관할 행정기관에 신고하고 비산먼지 발생을 억제하기 위한 시설을 설치하거나 필요한 조치를 하여야 합니다.
- 성토의 경우 대기환경보전법 시행규칙 [별표 13]의 건설업 중 토공사 및 정지공사(공사면적의 합계가 1,000제곱미터 이상)로 볼 수 있으며, 해당 규모 이상의 경우 비산먼지 발생사업 신고와 비산먼지 발생 억제시설 설치 및 필요한 조치를 하여야 합니다.
- 또한, 비산먼지 발생사업 신고는 건설업을 도급에 의해 시행하는 경우에는 발주자로부터 최초로 공사를 도급받은 자가 하며, 개인이 도급에 의하지 않고 비산먼지 발생사업을 하려는 경우에는 개인이 신고하여야 합니다.

□ **민원요지**

○ 택지개발지구에서 토목건설공사(지반조성공사)를 하는 업체입니다. 아래의 문의사항에 대하여 빠른 답변 바랍니다.

1. 택지개발지구로 이미 수용이 된 공사장 내의 도로이나 시민 편의를 위하여 현재는 일반차량이 통행하고 있습니다. 이 도로에 토사가 유출되어 도로가 오염된 경우 대기환경보전법상 행정처분 대상이 되는지 여부,
2. 공사장 부지 내 도로이나 현재 일반차량이 통행하고 있으므로 도로 양쪽에 방진벽을 설치해야 하는지, 미설치시 행정처분 대상인지 여부,
3. 대기환경보전법 시행규칙 별표 14호 규정(비산먼지 발생을 억제하기 위한 시설의 설치 및 필요한 조치에 대한 기준)에는 공사장 경계에는 모두 1.8m 이상의 방진벽을 설치하도록 규정하고 있으나, 환경영향평가에서 산 쪽이나 인근에 주거·상가 건물이 없는 지역에 대하여는 방진벽을 설치하지 아니하는 것으로 받았습니다. 환경영향평가를 근거로 공사로 인한 주변 피해가 없다는 전제하에 산 쪽이나 주거·상가 건물이 없는 지역에 방진벽을 설치하지 아니한 경우, 대기환경보전법상 행정처분 대상이 되는지 답변 부탁드립니다.

□ **답변**

○ 1) 대기환경보전법 제43조 및 동법 시행규칙 제58조에 따라 비산먼지 발생사업자는 비산먼지의 발생을 억제하기 위한 시설의 설치 및 필요한 조치에 관한 기준을 준수하여야 합니다. 따라서 귀 사업장에서 비산먼지 발생 억제시설 및 필요한 조치를 하지 않아 토사가 유출된 경우 관련법 위반에 따라 행정처분 대상이 될 수 있으나, 위반법령 적용은 구체적인 위반행위 등에 따라 달라질 수 있으므로 보다 자세한 사항은 관할 행정기관에 문의하여 주시기 바랍니다.

○ 2) 대기환경보전법 시행규칙 [별표 14]에 따라 공사장 경계에 높이 1.8m(부지경계선으로부터 50m이내에 주거·상가 건물이 있는 곳의 경우 3m) 이상의 방진벽을 설치하도록 하고 있으며, 당초 관할 행정기관에 비산먼지 신고 시 도로 주변에 방진벽을 설치토록 신고되었다면 이를 준수하여야 할 것이며, 위반시 행정처분 대상이 될 수 있습니다.

○ 3) 공사장에 산 등이 인접하여 방진벽을 설치하는 것과 같거나 그 이상의 효과를 가진다고 인정되는 경우 방진벽 설치를 제외할 수 있으므로 관할 행정기관에 관련 내용을 신고하시기 바랍니다.

□ **민원요지**
○ 당사는 OO지구 재개발 사업현장에서 사업시행자로부터 철거공사를 도급받아 철거공사를 진행하고 있습니다. 그러므로 당사는 대기환경보전법에 따라 비산먼지 발생신고 후 비산먼지를 억제하기 위한 조치를 시행하고 있습니다. 이때 당사와는 별도로 사업시행자가 분리발주한 폐기물처리업체가 폐기물처리를 위하여 당사가 철거 후 발생한 건설폐기물을 상차, 운반하는 행위를 하고 있습니다. 이러할 때 폐기물처리업체가 비산먼지를 억제하기 위한 조치를 시행하지 않을시 처벌대상은 누가되는지에 관하여 질의합니다.
- 갑설) 비산먼지발생신고를 행한 철거업체가 처벌받아야 하다.
- 을설) 비산먼지발생신고는 철거업체가 하였지만 폐기물처리는 폐기물처리업체가 시행하는 것이지 철거업체가 시행하는 것이 아니므로 건설폐기물을 상차, 운반시 비산먼지를 억제하기 위한 조치를 시행할 의무는 없다.

□ **답변**
○ 비산먼지를 발생시키는 사업을 하려는 자는 특별자치도지사·시장·군수·구청장에게 신고하고 비산먼지의 발생을 억제하기 위한 시설을 설치하거나 필요한 조치를 하여야 합니다.(대기환경보전법 제43조 제1항)
○ 일반적으로 비산먼지 발생신고 대상 사업장에서의 비산먼지 억제 조치 기준의 준수 등은 신고를 한 자의 책임 하에 수행됩니다.
○ 다만, 문의하신 철거사업장의 경우 건설폐기물 처리가 분리발주 되어 있는 상황으로 분리발주 된 업무의 범위, 수행방식 및 그에 따른 책임관계 등에 대한 내용을 알지 못하는 상황에서 억제조치 미이행에 따른 처벌대상에 대하여 판단하여 답변 드리기 어려운 점 양해해 주시기 바랍니다.

4. 기타

☐ **민원요지**
○ 수송(시멘트, 석탄, 토사, 곡물, 고철)에 관한 사항으로 레미콘회사에 납품하는 자갈, 모래도 상기 시행규칙의 대상에 포함되는 것인지 문의 드립니다.

☐ **답변**
○ 분체(粉體)형태의 물질이란 토사·석탄·시멘트 등과 같은 정도의 먼지를 발생시킬 수 있는 물질을 말합니다.
○ 모래는 분체상물질에 해당되고 자갈은 토사 등이 묻어 있어 먼지를 발생시킬 수 있는 경우에 분체상물질에 해당되어 상기의 수송 관련 시설의 설치 및 조치에 관한 기준을 준수하여야 합니다.

☐ **민원요지**
○ 대기환경보전법 시행규칙 제52조 3항에 따른 자가측정을 하여야 하는 오염물질의 대상에 대한 질의를 신청하오니 상세히 답변해주시면 감사하겠습니다.
1. 동법 39조에 따라 자가측정을 하여야 하는 오염물질 중에 비산먼지가 포함되는지 여부
2. 1의 사항이 맞는다면 배출허용기준은 동법 시행규칙 [별표 8]에 따라야 하는지 여부
3. 1의 사항이 맞는다면 비산먼지의 측정주기는 동법 시행령 [별표 1]의 사업장 분류기준에 따른 측정주기대로 측정하여야 하는지 여부
4. 2의 사항에 대하여 비산먼지 항목의 "그 밖의 배출시설" 이 포함하는 사업장에 어떤 것들이 있는지 여부

☐ **답변**
○ 자가측정의 대상·항목 및 방법은 대기환경보전법 시행규칙 [별표 11]과 같으며, 비산먼지는 자가측정 대상항목에서 제외됨을 알려드립니다.

□ **민원요지**

1. 대기환경보전법 제43조 제1항 규정에 따라 비산먼지발생사업 신고를 한 자는 비산먼지 발생 억제하기 위한 시설 설치 및 필요한 조치를 하여야 한다고 규정되어 있습니다.

   비산먼지 발생사업 중 「5.건설업」에 해당되어 야적, 싣기 및 내리기, 수송, 그 밖의 공정에 대하여 저감대책을 수립하여 비산먼지발생사업을 신고한 자의 공사장에서 발생한 토사를 적재함 상단으로부터 5cm 이하까지 수평으로 적재하지 않고 공사장 밖으로 수송할 경우에는,
   - 대기환경보전법 제43조 규정에 따라 「5.건설업」에 해당되어 비산먼지발생사업 신고를 한 자에게 처분할 벌칙, 행정처분, 과태료 사항이 있는지요?
   - 혹은, 토사를 운송한 덤프차량 운전자에게 처분할 벌칙, 행정처분, 과태료 사항이 있는지 궁금합니다.

2. 비산먼지발생사업 신고 공사장 혹은 토사 반출 장소가 확인이 안 되는 덤프차량이 토사를 적재함 상단으로부터 5cm 이하까지 수평으로 적재하지 않고 1번 국도를 운행하던 중 이를 발견한 시민이 동영상, 사진 등으로 촬영하여 민원신고를 할 경우,
   - 덤프차량 차고지의 관할 시장, 군수, 구청장이 덤프차량 주인에게 처분하여야 하는지요? 동영상, 사진 등이 촬영된 장소의 관할 시장, 군수, 구청장이 덤프차량 운전자를 처분하여야 하는지요?
   - 아니면 비산먼지발생사업 신고 공사장 혹은 토사 반출 장소를 확인한 후 그 장소의 관할 시장, 군수, 구청장이 처분하여야 하는지요?
   - 상기사항에서 적발일시, 장소, 당시 덤프 운전자(주인 혹은 운전자)가 확인이 안 될 경우에는 처분 가능여부는?

3. 대기환경보전법 제43조에 따라 「5.건설업」에 해당되어 비산먼지발생 사업 신고를 한 공사장에서 자동세륜시설을 설치하고 정상적으로 운영하는 등 필요한 조치는 하고 있으나, 그 공사장의 토사를 운반하는 덤프차량의 운전자가 임의로 세륜시설을 이용하지 않고 세륜시설 옆으로 운행하여 세륜 및 측면 살수를 하지 않은 경우가 있다면,
   - 「5.건설업」에 해당되어 비산먼지발생 사업 신고자의 위반사항이 있는지요? 있다면 처분 조항은 무엇인지요?
   - 덤프차량 운전자가 위반한 사항이 있다면 위반 조항과 처분 조항이 무엇인지 궁금합니다.

□ **답변**

○ 1, 3) 대기환경보전법 제43조 제2항에 따라 비산먼지 발생을 억제하기 위한 시설의 설치 또는 필요한 조치를 하지 아니한 경우 조치이행명령처분을 받게 되며, 대기환경보전법 제94조 제2항에 따라 비산먼지 발생억제시설의 설치 및 필요한 조치를 하지 아니하고 시멘트·석탄·토사 등 분체상물질을 운송한 자는 200만원 이하의 과태료가 부과됩니다.

○ 2) 비산먼지 발생 억제조치 미이행 사항에 대한 동영상 및 사진자료 등을 시·군에 신고한 경우 위반자에 대한 비산먼지 발생사업 신고여부 및 관련법 위반여부 등을 조사하여 위반이 확인된 경우 처분을 실시하는 행정기관은 비산먼지발생사업 신고 및 관리업무를 관할하는 지자체가 될 것으로 판단됩니다. 또한, 동영상 및 사진자료 등으로 처분가능 여부는 관할 시·도에서 종합적으로 판단하여야 할 것이나, 동영상 등의 자료로 위반장소 및 위반행위 등이 불명확한 경우 처분이 어려울 것입니다.

민원요지
- 환경부 질의회신 신청번호 1AA-1301-052940호에 의거 지구 내 건축물이 산재되어 있는 경우 각각의 건축물 연면적을 합산하여 3,000㎡ 이상인 경우 비산먼지 발생사업장 신고를 하여야 할 것이라는 의견을 받았고
- 대기환경보전법 시행규칙 [별표 14]의 11에 "다. 건축물해체공사장에서 건물해체작업을 할 경우 먼지가 공사장 밖으로 흩날리지 아니하도록 방진막 또는 방진벽을 설치하고 물뿌림 시설을 설치하여 작업시 물을 뿌리는 등 비산먼지 발생을 최소화 할 것"을 준용하고자
- 위 질의회신 내용에 의거 공사장의 의미를 사업지구 전체로 보아 사업지구 외곽에 가설휀스를 시공하여 먼지가 공사장 밖으로 흩날리지 아니하도록 하였고, 건축물 해체시 비산먼지 발생을 최소화하기 위해 물뿌림 시설도 가동하고 있음

○ 질의내용 :
- 갑설) 사업장 전체를 하나의 공사장으로 보아 사업지구외곽에 휀스를 설치할 경우 사업장 부지 내 산재되어 있는 개별건축물 철거시 비산먼지 발생 최소화를 위한 물뿌림 시설 가동시 개별건축물 철거시 개별건축물에 대해 휀스를 설치하지 않아도 됨(예를 들어 사업지구 내 총 1,000가구 중 999가구는 이주를 완료하였고, 1가구만 미이주 했을 경우 1가구 때문에 999가구 철거시 999가구 각각에 대해 휀스를 설치할 경우가 발생)
- 을설) 사업장 전체를 하나의 공사장으로 보아 사업지구외곽에 휀스를 설치를 하였을 경우라도 미이주 주민이 있을 경우 비산먼지에 대한 피해가 우려되므로 지구 내에 산재되어 있는 개별건축물 철거시 개별건물마다 휀스를 설치해야 됨
- 병설) 만약 을설에 따라서 지구외곽에 휀스를 설치하고도 지구 내 산재되어 있는 개별건축물 철거시 각각 휀스를 설치해야한다면 휀스설치에 필요한 철거건축물과 미이주 주민과의 이격거리는 어떻게 되는지? 예를 들어 철거건축물과 미이주 주민과의 이격거리가 1km 이상 되어도 철거건축물에 휀스를 설치하여야 하는지?

답변
○ 대기환경보전법 시행규칙 [별표 14] 제11호 다목에 따른 방진막 또는 방진벽 설치 등에 대한 기준은 건축물 해체작업에 따른 먼지가 공사장 밖으로 나가는 것을 억제·저감하기 위한 조치입니다. 귀 사업장의 경우 사업지구 내에 해체대상 건축물과 주거건물이 공존하고 있는 상황으로, 이러한 경우에 어떠한 조치를 해야 하는가에 대하여 명확히 규정되어 있지는 않으나 비산먼지 억제를 통한 지역주민의 건강보호라는 법의 취지로 볼 때 어떠한 형태로든 사업지구 내 주민피해 예방을 위한 조치는 필요한 것으로 판단됩니다. 구체적인 방안에 대해서는 관할 지자체에 문의하시기 바랍니다.

부록 2. 용어해설

용어	정의
개축	기존 건축물의 전부 또는 일부[내력벽·기둥·보·지붕틀(제16호에 따른 한옥의 경우에는 지붕틀의 범위에서 서까래는 제외한다) 중 셋 이상이 포함되는 경우를 말한다]를 철거하고 그 대지에 종전과 같은 규모의 범위에서 건축물을 다시 축조하는 것을 말함
건축	건축물을 신축·증축·개축·재축(再築)하거나 건축물을 이전하는 것을 말함
격벽	몇 개의 구획으로 나누는 칸막이벽
계근	어떤 물건의 무게를 재는 것
고압살수기	건설현장에서 비산먼지나 오염물질 제거를 위해 고압펌프로 살수하는 기계
고압살수차	물 분사장치(노즐)를 통해 고압으로 도로의 토사 및 먼지 등을 빗물받이로 유출시켜 제거하는 방식(실트 또는 점토입자를 제거하는데 효과적)
고층건축물	층수가 30층 이상이거나 높이가 120미터 이상인 건축물을 말함
골재	모르타르 또는 콘크리트의 뼈대가 되는 재료로, 견고하고 화학적으로 안정된 것이어야 하며 주로 모래와 자갈을 사용
규사	유리원료 중의 제 1의 주원료이며 규사만으로도 유리를 만드는 것이 가능함(석영유리)
규산질	규산이 65% 이상 포함된 것
그라인더 (연삭기)	고속도로 회전하는 연삭 숫돌을 사용해서 공작물의 면을 깎는 기계
내열성	고열에서 재료가 변형이나 변질이 일어나지 않고 견딜 수 있는 특성
내화성	화재 또는 연소에 대한 저항성
대수선	건축물의 기둥, 보, 내력벽, 주계단 등의 구조나 외부 형태를 수선·변경하거나 증설하는 것으로서 대통령령으로 정하는 것을 말함
도장	목제품의 외관이나 내구성의 증진, 표면보호 등의 목적으로 목제품의 표면에 페인트, 락카, 왁스 등을 칠하는 것
도정	현미·보리 등 곡립의 등겨층(과피·종피·외배유·호분층을 합한 것)을 벗기는 조작
리모델링	건축물의 노후화를 억제하거나 기능 향상 등을 위하여 대수선하거나 일부 증축하는 행위를 말함
마쇄	갈거나 찢어서 가루로 만드는 것
망입유리	두꺼운 판유리에 철망을 넣은 것
모르타르 (mortar)	시멘트, 석회, 모래, 물을 섞어서 물에 갠 것이다. 벽돌·블록·석재를 접합하는데 쓴다.
목형	주형을 만들 때 사용하는 나무로 만든 모형
바켓엘리베이터	수직 방향 운반용의 양동이 컨베이어. 양동이를 여럿 단 사슬이나 벨트를 상하로 이동·회전하게 하여 물건을 양동이에 담아 운반하게 된 장치
방청	금속에 녹이 발생하는 것을 방지하는 것
배합사료	두 종류 이상의 사료원료를 특정한 목적을 위해 일정한 비율로 혼합한 사료.
벨트컨베이어	두 개의 바퀴에 벨트를 걸어 돌리면서 그 위에 물건을 올려 연속적으로 운반하는 장치
보양(또는 양생)	콘크리트 치기가 끝난 다음 온도·하중·충격·오손·파손 등의 유해한 영향을 받지 않도록 충분히 보호 관리하는 것을 말함
블룸(BLOOM)	대형 장방형의 반제품으로 대강편이라고도 한다. 절단면은 거의 정방형으로, 한 변이 130~430m 길이는 최소 1m에서 최고 6m까지. 대형 또는 중형 봉 형강에 그대로 압연하든지 다시 분괴, 조압연해서 빌릿, 시트 바, 스켈프 등 소형 반제품으로 만들어짐
비계공사	건축물 등을 건축하기 위하여 비계를 설치하거나 높은 장소에서 중량물을 거치하는 공사

용어	정의
비료	식물에 영양을 주거나 식물의 재배를 돕기 위하여 흙에서 화학적 변화를 가져오게 할 것을 목적으로 토지에 베풀어지는 물질과, 식물에 영양을 줄 것을 목적으로 식물에 베풀어지는 물질
빌릿(BILLETS)	전단면의 한 변의 길이가 60~160mm인 장방형의 소형 반제품으로 소강편이라고도 함
발파	공사장에서 물체를 파괴하는 것
사료작물	가축에게 먹이기 위하여 재배되는 작물
산세(pickung)	산 수용액을 이용하여 표면을 세정하는 것
샌드블라스트	주물 등 금속제품의 표면을 깨끗하게 마무리 손질을 하기 위해 모래를 압축공기로 뿜어대는 공법
생석회	산화칼슘(CaO)으로, 수분을 잘 흡수하며 물에 용해되면 염기성을 나타냄 -공장굴뚝에서 배출되는 이산화황의 제거에 사용, 석회플라스터로서 토목 건축재료로 사용
서냉	고온으로부터 서서히 냉각하는 조작
석고	황산칼슘($CaSO_4$)을 주성분으로 하는 매우 부드러운 황산염 광물로 황산칼슘의 2수염을 주로 일컬음
석영	실리카 또는 이산화규소(SiO_2)로 주로 구성되어 많은 변종이 존재하는 광물
석재	건축재, 석공예, 토목용 그밖에 석제품으로 사용할 가치가 있는 산림 안의 암석
석회	횟돌이나 백악, 조개껍질 따위의 석회석을 태워 이산화탄소를 제거하여 얻는 생석회와 생석회에 물을 부어 얻는 소석회를 통틀어 이르는 말임
석회석	탄산칼슘($CaCO_3$)을 주성분으로 하는 수성암의 일종으로 품질의 규격은 용도에 따라 다르지만 CaO가 45% 이상인 것이 채굴되고 있음
선적	해외에 보낼 목적으로 물품을 선박에 실제로 싣는 작업 또는 실린 화물을 선내에 적절히 배치하는 행위
성토공사	흙을 쌓아 올려 지반이나 노상 또는 둑을 조성하는 토목공사
소다회	용융점이 낮아 용제로서 작용하여 융점을 낮춘다. 규사와 소다회로만 만든 유리를 물유리 또는 규산소다라고 함
소석회	수산화칼슘($Ca(OH)_2$)을 말함. 백색의 분말로 물에 약간 녹으며, 그 수용액을 석회수라고 한다. 용도에 따라 건축용 소석회, 비료용 소석회, 공업용 소석회 등이 있음
쇄석	석재를 파괴해 만든 불규칙한 형상의 거친 골재
쇼트블라스트	주조한 후 주물표면에 붙어 있는 모래를 떨어내어 깨끗이 하는 장치. 숏 또는 그릿(grit)이라고 하는 금속·비금속의 미세한 입자를 매분 약2,000회전의 고속으로 회전시켜 모래가 녹아붙은 주물에 투사하면 원심력에 의해 자동적으로 주물 표면이 깨끗해진다. 숏 또는 그릿 대신 모래를 사용한 샌드블라스트(sandblast)보다 10분의 1정도의 시간으로 작업을 끝낼 수 있음
수경성 석회	점토질 석회석을 태워 제조하는 일부 수경성이 있는 소석회
수경성	시멘트류가 물과 혼합된 상태에서 수화 경화하는 성질(수경성을 가진 시멘트의 대표적인 것에 포틀랜드 시멘트, 알루미나 시멘트가 있음)
수력	물의 낙차 에너지를 이용하여 발전기를 돌려 전력을 얻는 방식
수용성 물질	소금, 설탕 등과 같이 물에 녹는 물질로 물을 뿌리지 못하는 사료 및 곡물이 포함됨
수화	수용액 속에서 용해된 용질 분자나 이온을 물 분자가 둘러싸고 상호작용하면서 마치 하나의 분자처럼 행동하게 되는 현상을 말하는데, 물이 양극성 물질이기 때문에 일남
순항선	섬들을 정기 또는 부정기로 순회하는 배
슬래브(SLAB)	열연강판 및 후판의 소재로 사용되는 철강 반제품. 납작하고 긴 직사각형 모양의 강판으로 통상 고로에선 두께 200~350mm로, 전기로에서는 두께 50~70mm로 생산됨
시멘트	건축·토목 공사에 사용되는 수경성(水硬性)의 고운 분말
식각	화학약품의 부식작용을 응용한 소형이나 표면가공의 방법
아스콘	모래, 쇄석, 자갈 등의 골재 90~95%의 가열 혼합물
암모니아(NH_4)	고약한 냄새가 나고 약염기성을 띠는 질소와 수소의 화합물로서 물에 잘 녹음
압맥	보리를 정백하여 적당한 수분과 열을 가하여 납작하게 누른 것

용어	정의
압착	곡류를 롤러 사이로 통과시켜 납작하게 만드는 공정
압출	컨테이너에 소재를 넣고 가압하여 컨테이너 틈새로 소재를 밀어내어 봉, 관, 선 등을 만드는 조작
야적	눈·비에 젖어도 상관없는 화물을 일시 또는 장기에 걸쳐 쌓아 두는 것
언로더	항만이나 운하에서 석탄 등 대량의 재료를 육지로 부리기 위한 전용 기계장치
역청	천연산의 고체·반고체·액체·기체의 탄화수소 화합물의 총칭을 말하며, 넓게는 석유·천연가스·석탄이나 그것들의 가공물을 말함
연마	고체의 표면을 다른 고체의 모서리나 표면으로 문질러 매끈하게 하는 것
연마재	재료를 깎거나, 갈고 닦기 위해 사용하는 재료
연삭	목재 표면의 나이프 마크와 절삭결점 등을 제거하거나, 또는 도장을 위한 평활한 재면을 얻기 위해 연마재로 표면을 절삭하는 것
염화암모늄 (NH_4Cl)	암모니아의 염으로 순수한 상태에서 맑은 흰색의 수용성 결정이다. 천연으로는 화산지대나 온천지대에 존재
요소	$CO(NH_2)_2$인 유기화합물. 무색의 결정성 물질이며, 모든 포유동물과 일부 어류의 단백질 대사 최종분해산물
용융	고체 물질이 가열되어 액체가 되는 것
용융석영	자외, 가시, 적외의 스펙트럼 영역에 걸쳐 투과율이 높은 광학용의 부품으로서 쓰이는 광학 재료인데 석영을 용융시켜 만듦
용접	열을 가하여 금속재료들을 직접 결합시키는 방법
용해	금속을 가열하여 액상으로 녹이는 것
원료 Silo	분입체를 흩어진 상태로 저장하는 용기
원자력	원자핵이 분열해서 나오는 에너지를 이용해 증기를 만들고 이 증기로 터빈을 돌려 전기를 얻는 방식
유약처리	도자기 표면을 피복시키기 위해 유리질의 잿물을 도자기 표면에 바르는 것
유조선	석유·경유·당밀·포도주원액·화공약품 및 액화석유가스(LPG)·액화천연가스(LNG) 등 액체화물을 용기에 넣지 않은 비포장 상태로 산적하여 대량 수송하는 선박
의장품	함정의 작업 절차와 조함을 돕기 위하여 또는 승조원의 안전과 편의를 제공하거나 단순한 장식용으로 선체에 부착된 여러 가지 형태의 구조물과 기구 등의 총칭
재축	건축물이 천재지변이나 그 밖의 재해(災害)로 멸실된 경우 그 대지에 다시 축조하는 것
적층유리	2개 이상의 층을 가진 유리
정련(精鍊)	광석을 정제하여 순도 높은 금속을 뽑아내는 과정. 제련 공정의 후반에 해당하는 과정으로, 조제련(粗製鍊) 다음에 이루어짐
제강분진	철강에서 불순물을 제거하는 제강(製鋼) 공정에서 발생하는 분진임. 아연, 납, 카드뮴등 중금속 물질이 포함된 지정폐기물로, 유해 중금속을 포함하고 있어 철저한 관리가 필요함, 철강 제품 제조법은 철광석을 이용하는 방법과 스크랩(고철)을 원료로 하는 방법으로 구분되는데, 일반적으로 스크랩을 전기로에 녹이는 과정에서 발생하는 분진이 더 많은 유해물질을 포함함
제련(製鍊)	광석을 용광로에 녹여서 함유된 금속을 뽑아내는 것
제분	곡류를 분쇄하여 조리가공하기 쉬운 분말 또는 거친 가루로 만드는 일
제품치장	제품을 매만져 곱게 꾸미거나 모양을 냄
조력	조수 간만의 차를 이용해서 전기를 생산하는 발전 방식
조쇄	채광장에서 채광된 원광을 일차적으로 파쇄하는 것
주조	주물을 만들기 위하여 실시되는 작업으로 주물의 설계, 주조 방안의 작성, 모형(模型)의 작성, 용해 및 주입, 제품으로의 끝손질의 순서로 진행됨
중정석	무색 투명하거나 반색 반투명한 사방정계에 속하는 광물
증축	기존 건축물이 있는 대지에서 건축물의 건축면적, 연면적, 층수 또는 높이를 늘리는 것
진수(launching)	육상의 조선소에서 건조된 선박을 수상에 처음으로 띄우는 일

용어	정의
착암	암반에 구멍을 뚫는 것
채광	광물을 채취하는 작업
철강	철과 강을 합쳐서 일컫는 말로, 순도가 높은 철은 구리나 알루미늄보다 만들기 어려우며 보통 철재라고 하는 것은 실제로 강을 의미
칼리	칼륨비료의 성분, K_2O의 성분으로 표시함
코크스(COKES)	특정 형태의 역청탄을 공기와 접촉시키지 않고 고온으로 가열하여 휘발성 성분이 모두 날아가고 남은 고체 잔류물을 말함
콘크리트	시멘트가 물과 반응하여 굳어지는 수화반응을 이용하여 골재를 시멘트풀(시멘트를 물로 개어 풀처럼 만든 것)로 둘러싸서 다진 것
클링커	점토와 석회석 따위를 섞어서 불에 구워 굳힌 덩어리. 가루로 잘게 부수어 시멘트를 만듦
타르	목재, 석탄, 석유 등 유기물을 분해 증류할 때 나오는 점성의 검은색 액체
탈지(degreasing)	재료나 가공 부품 표면의 기름기를 제거하는 표면처리 방법
탑재	배, 비행기, 차 등에 물건을 실음
태양광	태양의 빛 에너지를 변환시켜 전기를 생산하는 발전 기술
탱크로리	주로 액체를 운반하기 위한 목적으로 만들어진 트럭
텀블러	주조(鑄造) 공장에서 소형 주물의 모래를 떨어내는 회전 기계
토련	흙의 수분과 입자를 균일하게 하는 것
페이로더	셔블로더 또는 셔블트럭이라고도 함. 광석·석탄 등을 셔블로 퍼올려서 목적지까지 운반하여 배출하는 적재기
플라스터(plaster)	모르타르나 시멘트와 비슷한 물질이다. 플라스터라는 용어는 일반적으로 석고 플라스터, 석회 플라스터, 시멘트 플라스터를 가리킴
플럭스(FLUX)	용해를 촉진하기 위하여 섞는 물질. 화학 분석이나 야금(冶金), 요업(窯業) 따위에 쓰임
필터프레스	가압식의 거르개
하소	하소의 영어 낱말 calcination은 석회를 태운다는 뜻의 라틴어 낱말 calcinare에서 유래한다. 이는 석회석(탄산칼슘)을 산화칼슘(석회)과 이산화탄소로 분해하여 시멘트의 원료를 만드는 과정에서 비롯되기 때문이다. 가열 대상에 관계없이 하소를 통해 생성된 것을 아울러 가소(calcine)라고 함
하역	화물수송 과정에서 화물을 싣고 내리는 일, 옮기는 일, 창고에 쌓고 꺼내는 일, 기타 화물의 이동에 관한 일체의 현장처리작업
합성수지	합성 고분자 물질 중에서 섬유, 고무로 이용되는 이외의 것
현도	선체의 모양을 실제 치수로 그려서 수정하고 그것으로부터 실물 크기로 전개하거나 가공용 본을 뜨는 작업
호퍼	한 쪽의 입이 다른 쪽보다 큰 각추상의 통
화력	중유·석탄·천연 가스(LNG) 등을 연료로 사용하여 발전하는 방식
활석	무르고 광택이 있으며 백색 또는 녹회색 인규산염 광물. 분자식은 $Mg_3Si_4O_{10}(OH)_2$이며 단사정계에 속함
흑연	결정구조가 육방정계인 광물로 흑색을 띠며 금속광택을 가진 것
흙막이공사	흙쌓기나 터파기의 붕괴나 미끄럼을 방지하기 위한 공사

부록 3. 비산먼지 신고대상 여부 확인이 필요한 한국표준산업분류(9차)

비산먼지 발생 사업(대기환경보전법 시행령 별표 13)		신고대상 여부 확인이 필요한 한국표준산업분류(9차)	
비산먼지 발생 사업	신고대상사업	KSIC-9 코드	항목명
1. 시멘트, 석회, 플라스터 및 시멘트 관련 제품의 제조업	가. 시멘트제조업·가공 및 저장업	23311	시멘트 제조업
		23324	섬유시멘트 제품 제조업
	나. 석회제조업	23312	석회 및 플라스터 제조업
	다. 콘크리트 제조업	23321	비내화모르타르제조업
		23322	레미콘 제조업
		23325	콘크리트 타일, 기와, 벽돌 및 블록 제조업
		23326	콘크리트관 및 기타 구조용 콘크리트제품 제조업
		23329	그외 기타 콘크리트 제품 및 유사제품 제조업
	라. 플라스터 제조업	23323	플라스터 제품 제조업
2.비금속물질의 채취·제조·가공업	가. 토사석광업	05100	석탄 광업
		07111	석회석 광업
		07112	고령토 및 기타 점토 광업
		07121	건설용 석재 채굴업
		07122	건설용 쇄석 생산업
		07123	모래 및 자갈 채취업
		07290	그외 기타 비금속광물 광업
	나. 석탄제품제조업 및 아스콘제조업	23991	아스콘 제조업
		19101	코크스 및 관련제품 제조업
		19102	연탄 및 기타 석탄 가공품 제조업
	다. 내화요업제품제조업	23221	구조용 정형내화제품 제조업
		23229	기타 내화요업제품 제조업(내화모르타르제조업 등)
	라. 유리 및 유리제품 제조업	23110	판유리 제조업
		23121	유리섬유 및 광학용 유리 제조업
		23122	판유리 가공품 제조업
		23129	기타 산업용 유리제품 제조업
		23191	가정용 유리제품 제조업
		23192	포장용 유리용기 제조업
		23199	그외 기타 유리제품 제조업
	마. 일반도자기제조업	23211	가정용 및 장식용 도자기 제조업
		23212	위생용 도자기 제조업
		23213	산업용 도자기 제조업
		23219	기타 일반 도자기 제조업
	바. 구조용비내화 요업제품 제조업	23231	점토 벽돌, 블록 및 유사 비내화 요업제품 제조업
		23232	타일 및 유사 비내화 요업제품 제조업
		23239	기타 구조용비내화 요업제품 제조업
	사. 비금속광물분쇄물생산업	23911	건설용 석제품 제조업
		23919	기타 석제품 제조업
		23992	연마재 제조업
		23993	비금속광물 분쇄물 생산업
		23994	석면, 암면 및 유사제품 제조업
		23999	그외 기타 분류안된 비금속 광물제품 제조업
	아. 건설폐기물 처리업	38230	건설폐기물 처리업
3. 제 1차 금속제조업	가. 금속주조업	24311	선철주물 주조업
		24312	강주물 주조업
		24321	알루미늄주물 주조업
		24322	동주물 주조업
		24329	기타 비철금속 주조업
	나. 제철 및 제강업	24111	제철업
		24112	제강업
		24113	합금철 제조업
		24119	기타 제철 및 제강업

비산먼지 발생 사업(대기환경보전법 시행령 별표 13)		신고대상 여부 확인이 필요한 한국표준산업분류(9차)	
비산먼지 발생 사업	신고대상사업	KSIC-9 코드	항목명
	다. 비철금속 제1차 제련 및 정련업	24211	동 제련, 정련 및 합금 제조업
		24212	알루미늄 제련, 정련 및 합금 제조업
		24213	연 및 아연 제련, 정련 및 합금 제조업
		24219	기타 비철금속 제련, 정련 및 합금 제조업
4. 비료 및 사료제품의 제조업	가. 화학비료제조업	20201	질소, 인산 및 칼리질 비료 제조업
		20202	복합비료 제조업
		20209	기타 비료 및 질소화합물 제조업
	나. 배합사료제조업	10800	동물용 사료 및 조제식품 제조업
	다. 곡물가공업(임가공업을 포함한다)	10611	곡물 도정업
		10612	곡물 제분업
		10613	제과용 혼합분말 및 반죽 제조업
		10619	기타 곡물가공품 제조업
		16101	일반 제재업
		16102	표면가공목재 및 특정 목적용 제재목 제조업
		16103	목재 보존, 방부처리, 도장 및 유사 처리업
		16211	박판 합판 및 유사적층판 제조업
		16212	강화 및 재생 목재 제조업
		16221	목재문 및 관련제품 제조업
		16229	기타 건축용 나무제품 제조업
		16231	목재 깔판류 및 기타 적재판 제조업
		16232	목재 포장용 상자, 드럼 및 유사용기 제조업
		16291	목재 도구 및 기구 제조업
		16292	목재 도구 및 기구 제조업
		16293	장식용 목제품 제조업
		16299	그외 기타 나무제품 제조업
		16301	코르크 제품 제조업
5. 건설업	가. 건축물축조공사, 굴정공사 나. 토목공사 다. 조경공사 라. 지반조성공사 중 건축물해체공사 라. 토공사 및 정지공사 마. 그 밖에 공사	41111	단독 및 연립주택 건설업
		41112	아파트 건설업
		41121	사무 및 상업용 건물 건설업
		41122	공업 및 유사 산업용 건물 건설업
		41129	기타 비주거용 건물 건설업
		42122	보링, 그라우팅 및 굴정 공사업
		42209	기타 건물설비 설치 공사업
		41210	지반조성 건설업
		41221	도로 건설업
		41222	교량, 터널 및 철도 건설업
		41223	수로, 댐 및 급·배수시설 건설업
		41224	폐기물처리 및 오염방지시설 건설업
		41225	산업플랜트 건설업
		41229	기타 토목시설물 건설업
		41226	조경 건설업
		42110	건물 및 구축물 해체 공사업
		42121	토공사업
		42123	파일공사 및 축조관련 기초 공사업
		42129	기타 기반조성 관련 전문공사업
		42131	철골 공사업
		42132	철근 및 철근콘크리트 공사업
		42133	조적 및 석축 공사업
		42134	포장 공사업
		42135	철도궤도 전문공사업
		42137	비계 및 형틀 공사업
		42139	기타 시설물 축조관련 전문공사업
		42411	도장공사업

비산먼지 발생 사업(대기환경보전법 시행령 별표 13)		신고대상 여부 확인이 필요한 한국표준산업분류(9차)	
비산먼지 발생 사업	신고대상사업	KSIC-9 코드	항목명
6.시멘트·석탄·토사·사료·곡물·고철의 운송업	시멘트·석탄·토사·사료·곡물·고철의 운송업	49100	철도운송업
		49311	일반 화물자동차 운송업
		49312	용달 및 개별 화물자동차 운송업
		38130	건설폐기물 수집운반업
7. 운송장비 제조업	가. 강선건조업과 합성수지선 건조업	31111	강선 건조업
		31112	합성수지선 건조업
	나. 선박구성부분품제조업 (선실블록제조업만 해당한다)	31114	선박 구성부분품 제조업
	다. 그 밖의 선박건조업	31113	비철금속 선박 및 기타 항해용 선박 건조업
		31119	기타 선박 건조업
		31120	오락 및 스포츠용 보트 건조업
8. 저탄시설의 설치가 필요한 사업	가. 발전업	35113	화력 발전업
		35119	기타 발전업
	나. 부두, 역구내 및 기타지역의 저탄사업	46711	고체연료 및 관련제품 도매업
	나. 부두, 역구내 및 기타지역의 저탄사업	52101	일반 창고업
	나. 부두, 역구내 및 기타지역의 저탄사업	52109	기타 보관 및 창고업
	다. 석탄을 연료로 하는 사업	35200	가스 제조 및 배관공급업
9.고철.곡물.사료.목재 및 광석의 하역업 또는 보관업	수상화물취급업	52942	수상 화물 취급업
10. 금속제품 제조가공업	가. 금속처리업	24191	도금, 착색 및 기타 표면처리강재 제조업
		24199	그외 기타 1차 철강 제조업
		24221	동 압연, 압출 및 연신제품 제조업
		24222	알루미늄 압연, 압출 및 연신제품 제조업
		24229	기타 비철금속 압연, 압출 및 연신제품 제조업
		24290	기타 1차 비철금속 제조업
		25921	금속 열처리업
		25922	도금업
		25923	도장 및 기타 피막처리업
		25924	절삭가공 및 유사처리업
		25929	그외 기타 금속가공업
	나. 구조금속제품 제조업	25111	금속 문, 창, 셔터 및 관련제품 제조업
		25112	구조용 금속판제품 및 금속공작물 제조업
		25113	금속 조립구조재 제조업
		25119	기타 구조용 금속제품 제조업
		25122	설치용 금속탱크 및 저장용기 제조업
11.폐기물매립시설설치·운영사업	가.「폐기물처리시설 설치 촉진 및 주변지역지원 등에 관한 법률」에 따른 폐기물 매립시설을 설치·운영하는 사업	38220	지정 폐기물 처리업
	나.「폐기물관리법」에 따른 폐기물 최종처분업 및 폐기물 종합처분업	38210	지정외 폐기물 처리업

부록 4. 참고문헌

<국내>

강현석 외(2007), Polyvinyl Alcohol-계면활성제를 이용한 저탄장내 비산먼지 저감
구자건 외(2009), 건설사업장의 날림먼지 및 소음저간 기술 적용사례 비교분석
국토교통부(2004), 건설환경관리 표준시방서
한국서부발전 외(2017), 석탄화력발전소 저탄장 비산먼지 최적관리방안 연구, 2017.1.31. 발행예정
서울시(2014), (비산먼지 교육자료) 공사장 비산먼지 점검요령
서울연구원(2015), 서울시 건설공사장 소음·대기오염 개선
안종구(2012), 옥외 저탄장에서 발생하는 석탄분진의 효율적인 저감방안 연구
인천시(2013), 2013 먼지 저감 대책
인천시(2006), 특별관리공사장 비산먼지 저감 교육 자료
한국건설환경협회(2015), 2015년 건설환경관리 우수사례 경진대회 자료집
환경부(2016), 도로청소 가이드라인
환경부(2016), 비산배출저감을 위한 시설관리지침 사업장 세부이행지침
환경부(2015), 국민건강보험 빅데이터 연계 기후변화 건강영향평가
환경부(2014), (사업별·공정별) 비산먼지 관리 매뉴얼
환경부(2012), 비산먼지 저감대책
환경부(2009), 시멘트 사업장의 비산먼지 관리 요령
국립환경과학원(2013), 대기정책지원시스템(Clean Air Policy Support System, CAPSS)

<국외>

Central Pollution Control Board(2007), ENVIRONMENTAL GUIDELINES FOR PREVENTION AND CONTROL OF FUGITIVE EMISSIONS FROM CEMENT PLANTS
Countess Environmental(2006), Western Regional Air Partnership Fugitive Dust Handbook
Jay F. et al.(2010), Best Practices for Dust Control in Coal Mining, Department of Health and Human Services
Katestone(2011) NSW Coal Mining Benchmarking Study: International Best Practice Measures to Prevent and/or Minimise Emissions of Particulate Matter from Coal Mining
Mohammad Movahedan et al.(2012), Wind erosion control of soils using polymeric materials
U.S EPA(1995) Fugitive Dust
U.S EPA, complication of air pollutant emission factors part B
U.S EPA(2004), Potential Environmental Impacts of Dust Suppressants: Avoiding another Times Beach," An Expert Panel Summary, May 30~31, 2002, Las Vegas, Nevada(modified from Bolander, 1999a).

<온라인 자료>
구글 이미지 검색 www.google.com
네이버 지식백과 http://terms.naver.com/
법제처 www.law.go.kr
서초뉴스(2016.07.21.), 먼지없는 서초, 비산먼지 제로화!를 위해 공사장 세륜시설 상단 『안개식 스프링클러』로 먼지 흩날림 방지
수도권대기환경청 보도자료(2012.01.31.), '수도권 비산먼지 저감, 건설사업장이 앞장선다!'
알리바바 홈페이지 www.alibaba.com
인천서구청 보도자료(2015.03.11.) 미세먼지 발생을 줄이는 스마트한 「실시간 풍속알림」 서비스 운영 실시
중앙환경분쟁조정위원회(ecc.me.go.kr) 통계자료
한국동서발전(2015), 지속가능경영보고서
환경부 www.me.go.kr 고시·훈령·예규

비산먼지 관리매뉴얼

초판 인쇄 2017년 04월 06일
초판 발행 2017년 04월 12일
저　자 환경부
발행인 김갑용
발행처 진한엠앤비
주소 서울시 서대문구 독립문로 14길 66 205호
　　　(냉천동 260, 동부센트레빌아파트상가동)
전화 02) 364 - 8491(대) / 팩스 02) 319 - 3537
홈페이지주소 http://www.jinhanbook.co.kr
등록번호 제25100-2016-000019호 (등록일자 : 1993년 05월 25일)
ⓒ2017 jinhan M&B INC, Printed in Korea

ISBN 979-11-290-0026-2 (93530)　　　　[정가 25,000원]

☞ 이 책에 담긴 내용의 무단 전재 및 복제 행위를 금합니다.
☞ 잘못 만들어진 책자는 구입처에서 교환해드립니다.
☞ 본 도서는 [공공데이터 제공 및 이용 활성화에 관한 법률]을 근거로
　 출판되었습니다.